气象灾害丛书

冰雪灾害

沈永平　王国亚　魏文寿　等　编著

气象出版社
China Meteorological Press

内容提要

冰雪灾害是由冰川引起的灾害和积雪、降雪引起的雪灾两部分组成，包括冰雪洪水、冰川泥石流、暴风雪、冰湖溃决、雪崩、风吹雪等造成的灾害。本书从冰冻圈角度，论述了冰雪灾害的形成条件和成灾规律，对雪灾、冰川灾害、冰塞和凌汛、冰湖溃决洪水等主要冰雪灾害类型的形成、分布和灾害程度等进行了详细描述，全面总结了我国冰雪灾害的成因、分布类型和易损程度，并论述了冰雪灾害的监测和预报、灾害的评估、灾害的防治及防灾的能力建设。

图书在版编目(CIP)数据

冰雪灾害/沈永平等编著. —北京:气象出版社,2009.10

(气象灾害丛书)

ISBN 978-7-5029-4713-2

Ⅰ.冰…　Ⅱ.沈…　Ⅲ.①冰害-研究-中国②雪害-研究-中国

Ⅳ.P426.616

中国版本图书馆 CIP 数据核字(2009)第 162743 号

Bingxue Zaihai

冰雪灾害

沈永平　等编著

出版发行：气象出版社

地　　址：北京市海淀区中关村南大街 46 号　　**邮政编码**：100081

总 编 室：010-68407112　　**发 行 部**：010-68409198

网　　址：http://www.cmp.cma.gov.cn　　**E-mail**：qxcbs@263.net

总 策 划：陈云峰　成秀虎

责任编辑：成秀虎　　**终　　审**：章澄昌

封面设计：燕　彤　　**责任技编**：吴庭芳

印　　刷：北京中新伟业印刷有限公司

开　　本：700 mm×1000 mm　1/16　　**印　　张**：13.5

字　　数：252 千字

版　　次：2009 年 10 月第 1 版　　**印　　次**：2009 年 10 月第 1 次印刷

印　　数：1～6000　　**定　　价**：33.00 元

本书如存在文字不清、漏印以及缺页、倒页、脱页等，请与本社发行部联系调换

丛书编辑委员会成员

评审专家组成员（按姓氏笔画排列）

丛书编委会办公室成员

《冰雪灾害》分册编写人员

主　　笔：沈永平

参加人员：王国亚　魏文寿　丁永建
苏宏超　王　欣　刘景时
陈晓清

序

据世界气象组织统计，全球气象灾害占自然灾害的86%。我国幅员辽阔，东部位于东亚季风区，西部地处内陆，地形地貌多样，加之青藏高原大地形作用，影响我国的天气和气候系统复杂，我国成为世界上受气象灾害影响最为严重的国家之一。我国气象灾害具有灾害种类多，影响范围广，发生频率高，持续时间长，且时空分布不均匀等特点，平均每年造成的经济损失占全部自然灾害损失的70%以上。随着全球气候变暖，一些极端天气气候事件发生的频率越来越高，强度越来越大，对经济社会发展和人民福祉安康的威胁也日益加剧。近十几年来，我国每年受台风、暴雨、冰雹、寒潮、大风、暴风雪、沙尘暴、雷暴、浓雾、干旱、洪涝、高温等气象灾害和森林草原火灾、山体滑坡、泥石流、山洪、病虫害等气象次生和衍生灾害影响的人口达4亿人次，造成的经济损失平均达2000多亿元。2008年，我国南方出现的历史罕见低温雨雪冰冻灾害，以及“5·12”汶川大地震发生后气象衍生灾害给地震灾区造成的严重人员伤亡和财产损失，都说明进一步加强气象防灾减灾工作的极端重要性和紧迫性。

党中央国务院和地方各级党委政府对气象防灾减灾工作高度重视。“强化防灾减灾”和“加强应对气候变化能力建设”首次写入党的十七大报告。胡锦涛总书记在2008年“两院”院士大会上强调，“我们必须把自然灾害预报、防灾减灾工作作为事关经济社会发展全局的一项重大工作进一步抓紧抓好”。在中央政治局第六次集体学习时，胡锦涛总书记再次强调，“要提高应对极端气象灾害综合监测预警能力、抵御能力和减灾能力”。国务院已经分别就加强气象灾害防御、应对气候变化工作做出重大部署。在2008年全国重大气象服务总结表彰大会上，回良玉副总理指出，“强化防灾减灾工作，是党的十七大的战略部署。气象防灾减灾，关系千家万户安康，关系社会和谐稳定，关系经济发展全局。气象工作从来没有像今天这样受到各级党政领导的高度重视，从来没有像今天这样受到社会各界的高度关切，从来没有像今天这样受到广大人民群众的高度关心，从来没有像今天这样受到国际社会的高度关注。这既给气象工作带来很大的机遇，也带来很大的挑战；既面临很大压力，也赋予很大动力，应该说为提高气象工作水平创造了良好条件”。

我们一定要十分珍惜当前气象事业发展的好环境，紧紧抓住气象事业发展的难得机遇，深入贯彻落实科学发展观，牢固树立“公共气象、安全气象、资源气象”的发展理念，始终把防御和减轻气象灾害、切实提高灾害性天气预报预测准确率作为提升气象服务水平的首要任务。面对国家和经济社会发展对加强气象防灾减灾工作的迫切需求，推进防灾减灾工作快速发展，做到“预防为主，防治结合”，很有必要编写一套《气象灾害丛书》，从不同视角吸收科学、社会以及管理各方面的研究成果，就气象灾害的发生、发展、监测、预报和预防措施，普及防灾减灾知识，提高防灾减灾的效益，为我国防灾减灾事业、构建社会主义和谐社会做出贡献。

2003年中国气象局组织编写出版了《全球变化热门话题丛书》，主要立足宣传和普及天气、气候与气候变化所带来的各方面影响以及适应、减缓和应对的措施。这套书的出版引起了很大反响，拥有广大的读者群。《气象灾害丛书》是继《全球变化热门话题丛书》之后，中国气象局组织了有关部委、中科院和高校的气象业务科研人员及相关行业领域的灾害研究专家，编写的又一套全面阐述当今国内外气象灾害监测、预警与防御方面最新技术成果、最新发展动态的科学普及读物。《气象灾害丛书》分21分册，在内容上开放地吸收了不同部门、不同地区和不同行业在气象灾害和防御方面的研究成果，体现了丛书的系统性、多学科交叉性和新颖性。这对于进一步提高社会公众对气象灾害的科学认识，进一步强化减灾防灾意识，指导各级部门和人民群众提高防灾减灾能力、有效地为各行业从业人员和防灾减灾决策者提供参考和建议都具有重要意义。同时，根据我国和全球安全减灾应急体系建设这一大学科的要求，“安全减灾应急体系”共有100多部应写作的书籍，《气象灾害丛书》的出版为逐步完善这一科学体系做出了贡献。

在本套丛书即将出版之际，谨向来自气象、农业、生态、水文、地质、城乡建设、交通、空间物理等多方面的作者、专家以及工作人员表示诚挚的感谢！感谢他们参与科学普及工作的高度热忱以及辛勤工作。

郑国光

编著者的话

通过两年的努力，《气象灾害丛书》终于编写完毕。丛书由 21 册组成，每一册主要介绍一个重要的灾种，整个丛书基本上将绝大部分气象以及相关的衍生灾害都作了介绍，因而是一套关于气象灾害的系统性丛书。参加此丛书编写的专家有 200 位左右，他们来自中国气象局、中国科学院、林业部和有关高等院校等部门。他们在所编写的领域中不但具有丰硕的研究成果，而且也具有丰富的实践经验，因而，丛书无论是从内容的选材，还是从描述和写作方式等方面都能保证其准确性和适用性。编写组在编写过程中先后召开了六次编写工作会议，各分册主编和撰稿人以高度负责的态度和使命感热烈研讨，认真听取意见和修改，使各册编写水平不断提高，从而保证了丛书的质量。另外，值得提及的是，丛书交稿之前，又请了 46 位国内著名的院士、专家和学者进行了评审。专家们一致认为，《气象灾害丛书》是一套十分有用、有益和十分必要的防灾减灾丛书。它的出版有助于政府、社会各部门和人民群众对气象灾害有一个全面、深入的了解与认识，必将大大提高全民的防灾减灾意识。丛书的内容丰富、全面、系统、新颖，基本上反映了国内外气象灾害的监测、预警和防御方面的最新研究成果和发展动态，可以作为各有关部门指导防灾减灾工作的科学依据。

在丛书包括的 21 个灾种中，除干旱、暴雨洪涝、台风、寒潮、低温冷害、冰雪等过去常见的气象灾害外，丛书还包括了近一二十年新出现的或日益受到重视的新灾种，如霾、生态气象灾害、城市气象灾害、交通气象灾害、大气成分灾害、山地灾害、空间气象灾害等。这些灾害对于我国迅速发展的国民经济已越来越显示出它的重大影响。把这些灾害包括在丛书中不但是必要的，而且也是迫切的。另外，通过编写这些书，对这些灾种作系统性总结，对今后的研究进展也有推动作用。

为了让读者对每一种灾害都获得系统而正确的科学知识以及了解目前最

新的防灾减灾技术、能力和水平，编写组要求每一册书都要做到：(1) 对灾害的观测事实要做全面、正确和实事求是的介绍，主要依据近 50 年的观测结果。在此基础上概括出该灾种的主要特征和演变过程；(2) 对灾害的成因，要根据大多数研究成果做科学的说明和解释，在表达上要深入浅出，文字浅显易懂，避免太过专业化的用语和用词；(3) 对于灾害影响的评估要客观，尽可能有代表性与定量化；(4) 灾害的监测和预警部分在内容上要反映目前的水平和能力，以及新的成就。同时要加强实用性，使防灾减灾部门和人员读后真正有所受益和启发；(5) 对每一灾种，都编写出近 50 年（有些近百年）国内重大灾害事件的年表，简略描述出所选重大灾害事件发生的时间、地点、影响程度和可能原因。这个重大灾害年表对实际工作会有重要参考价值。

在丛书编写过程中，所有编写者亲历了 1 月发生在我国南方罕见的低温雨雪冰冻灾害和“5·12”汶川大地震。在全国可歌可泣的抗灾救灾精神的感召下，全体编写人员激发了更高的热情，从防大灾、防巨灾的观念重新审视了原来的编写内容，充分认识到防灾减灾任务的重要性、迫切性和复杂性。并谨以此丛书作为对我国防灾减灾事业的微薄贡献。

丛书编写办公室与编写组专家密切配合，从多方面保证了编写组工作的顺利完成，在此也表示衷心感谢。另外，由于这是一套科普丛书，受篇幅所限，各册文中所引文献未全部列入主要参考文献表中，敬请相关作者谅解。

编写组长　丁一汇

2008 年 10 月 21 日于北京

前 言

2008年1月10日，中国南部和中部19个省普降大暴雨和大暴雪，持续时间长达20多天，低温、雨雪和冰冻的共同交织，造成了中国50年以来最严重的冰雪冻雨灾害。暴雪给我国南方地区的生产生活造成了巨大的影响：飞机停飞，道路封闭，成千上万的旅客被困冰雪之中；电杆倒塌，电线断裂，许多地方陷入寒冷和黑暗之中；水管冻结，菜市萧条，许多地方的生活供给打了折扣；雪堆街面，路面打滑，缺少除雪治冰设备的南方小城陷入窘境。面对突如其来的雪冻灾害，不少地区显得手忙脚乱……印象尤深，这就是冰雪灾害给我们的警示！

其实，冰雪灾害在我国是一种常见的气象灾害，我国属季风大陆性气候的国家，冬、春季天气、气候诸要素变率大，导致各种冰雪灾害每年都有可能发生。在全球气候变化的影响下，冰雪灾害成灾因素更加复杂多变，致使对雨雪预测预报难度不断增加。研究表明，我国冰雪灾害种类多、分布广，东起渤海，西至帕米尔高原；南自高黎贡山，北抵漠河，在纵横数千千米的国土上，每年都受到不同程度冰雪灾害的危害。历史上我国的冰雪灾害不胜枚举，1951—2000年我国发生范围大、持续时间长且灾情较重的雪灾就达到近10次。我国冰雪灾害呈线、面状分布，且多数发生在经济基础较薄弱的西部少数民族地区，抗灾能力差，因灾经济损失相对较大，已成为制约我国国民经济发展的重要因素之一。

当前全球气候正经历着以变暖为主要特征的显著变化，人类活动导致了全球近50年来气温的普遍增加。持续的气候变暖已经对全球的生态系统以及社会经济系统产生了明显和深远的影响，极端天气气候事件的频繁发生以及气候突变发生的潜在可能性将造成地球及其生态系统对人类社会承载能力的降低，进而对人类生存和发展产生重大影响，从而对国家安全和社会经济可持续发展构成严重威胁。联合国政府间气候变化专门委员会（IPCC）评估报告指出，在受气候变化影响的诸环境系统中，冰冻圈变化首当其冲，是全球变化最快速、最显著、最具指示性、也是对气候系统影响最直接和最敏感的圈层，被认为是气候系统多圈层相互作用的核心纽带和关键性因素之一。冰冻圈对于气候变化的响应极为敏感，受季节性气温变化的影响，积雪和海冰范围的季节性变化很大。卫星遥感监测表明，北半球陆地积雪面积最大为 4550 万 km^2，最小为 3300 万 km^2；晚冬时南极的海冰面积为 1700～2000 万 km^2，夏末时仅为 300～400 万 km^2，而北极则分别为 1400～1600 万 km^2 和 700～900 万 km^2。随着工业化以来的人类温室气体排放引起的全球气候变暖，1850—1970 年阿尔卑斯山脉的冰川总量减少了 35%，1970—2000 年又缩减了 15%；1912—2000 年间非洲乞力马扎罗山冰川面积减少了约 80%；1950 年以来北半球冬季最大季节冻土面积减少了约 7%，我国减少 10%～15%。冰冻圈变化已经对全球环境带来了重大影响，如果全球冰川融化，海平面将要比现在高 60 多米，世界沿海城市和低地将被淹没。IPCC 第四次评估报告的结果认为，1993—2003 年期间海平面总上升速率为每年 2.7～3.5 mm，其中冰冻圈的贡献率占 30%～60%。

我国是中、低纬度地区冰冻圈最发育的国家，冰川面积达 59425 km^2，占全球中、低纬度冰川面积的 50%以上；多年冻土区面积约 220 万 km^2；稳定季节积雪区面积 420 万 km^2。近百年来，我国冰冻圈显著萎缩，已对区域气候、水资源、生态与环境产生了重大影响。我国冰冻圈的主体为冰川、冻土和积雪，分布范围广泛，不仅有重要的气候效应，还是维系干旱区绿洲经济发展和确保寒区生态系统稳定的重要水源保障。受气候变化的影响，冰冻圈变化的气候效应、环境效应、资源效应和生态效应在我国正日趋显著，冰冻圈的未来变化势必对西部生态与环境安全和水资源持续利用产生广泛和深刻的影响。研究表明，青藏高原冻土和积雪对区域气候有重要影响，如青藏高原冬春季积雪的多寡影响我国气候变化，与我国长江洪水与伏旱密切相关，1998 年长江特大洪水、2006 年受到全国关注的川、渝大旱就与青藏高原冬春积雪存在着气候上的内在关联。

冰川变化研究结果表明，小冰期以来我国冰川变化幅度从海洋性冰川区向大陆性冰川区呈减小的趋势，20 世纪 90 年代以来约 82%的冰川处于退缩或消失状态，不同山区冰川的面积缩小比例在 2%～18%左右。最新研究结果表明，在全球变暖背景下，我国西部积雪并没有减少，反而略有增加。随着 20 世纪上半叶全球气候变暖，我国大部分山地冰川强烈退缩、冰舌变薄，于是在后退冰川的末端与小冰期终碛垄之间形成湖盆，由于冰碛坝（或埋藏死冰）阻塞，冰川融水被拦蓄成湖，冰川继续退缩引起冰碛阻塞湖不断扩大。冰湖溃决形成的突发洪水是高山冰川作用区常见的灾难性洪水，这些冰川湖一旦突然排水即可酿成灾难性突发洪水。新疆塔里木河流域的叶尔羌河发源于喀喇昆仑山北坡，下游出口处的卡群水文站自1953年建站以来到2006年观测到25次突发性洪水。在1990年代以来的剧烈增温过程中，冰川消融加剧，冰川融水量增加，冰温升高，冰川流速加快，冰川再次阻塞河道形成冰湖，发生频繁的大冰湖溃决洪水。随着全球气温的持续变暖，预计叶尔羌河的冰湖的规模相应扩大，溃决的危险程度也在增加，冰川湖溃决洪水的频率和幅度将会继续增加，对下游的人们的生命财产和社会经济发展产生严重威胁。喜马拉雅山中段是我国冰湖突发性洪水高发区之一，这里的冰湖主要属于冰川终碛阻塞湖，约占这一带各类高山湖总数的1/2和总蓄水量的2/3。近50年来喜马拉雅山中段南北坡的冰碛阻塞湖至少发生过20次较大的溃决事件，其中3/4发生在我国西藏境内。喜马拉雅山区冰湖溃决洪水常常诱发泥石流并波及下游数百千米的河谷，冲毁、淹没包括日喀则、江孜、亚东等较大的城镇在内的近百个居民点以及大量的农田及交通、水利设施，损失严重。总的来说，在喜马拉雅山中段南、北坡及其他地区，随着气温持续升高，冰川继续后退和冰川消融增加，冰碛阻塞湖的规模相应扩大，溃决的危险程度也在增加。1990年代以来的冰川全面和大幅度的退缩，使得冰川泥石流灾害发生的频率增加。

气候变暖最直接的威胁就是极端气候灾害异常，未来全球气温增高的趋势仍将持续，这将使我国极端气候灾害发生的频率、强度和区域分布变得更加复杂和难以把握，所造成的灾害也更为严重，经济社会发展将面临更多复杂难题：气候灾害更为极端，防灾形势不容乐观；雨雪时空分布异常，水资源安全形势堪忧。为更好地提高全社会应对气候变化能力，我们应该制定适应气候变化、防御极端气候灾害的长期国家战略。加强气候变化对经济社会发展和重大工程建设、城市发展等的气候影响评估，引导整个社会在发展中适应气候变化，进而走上人与气候系统和谐发展的道路。

为了进一步普及气候和气象灾害知识，增强全社会对抵御和预防气象灾害知识的了解和学习，中国气象局启动了气象灾害从书的编写。本书是冰雪灾害分册，由中国科学院寒区旱区环境与工程研究所牵头编写，组织了来自中国气象局乌鲁木齐沙漠气象研究所、中国科学院青藏高原研究所、中国科学院成都山地灾害与环境研究所、新疆水文水资源局的相关专家共同编写。全书由中国科学院寒区旱区环境与工程研究所沈永平编审提出总体编写方案并做主笔编写，中国科学院寒区旱区环境与工程研究所王国亚博士参与了资料搜集和第3章的编写，中国气象局乌鲁木齐沙漠气象研究所魏文寿研究员参与了第2章和第4章的编写，中国科学院寒区旱区环境与工程研究所丁永建研究员参与了前言和第一章的编写，中国科学院青藏高原研究所刘景时研究员参与了第6章和第7章的编写，新疆水文水资源局苏宏超教授级高级工程师参与了第 6 章、第 7 章和第 9 章的编写，中国科学院成都山地灾害与环境研究所陈晓清博士参与了第 8 章的编写，中国科学院寒区旱区环境与工程研究所王欣博士参与了第 6 章的编写。全书最后由沈永平修改和统稿，《冰川冻土》编辑部祝国存女士清绘全书图件。在全书编写过程中，由于编辑体例和编写要求的建议，文中引用的相关资料没有一一标注，但对提供资料的各位作者在此表示谢意！本书编写得到中国科学院寒区旱区环境与工程研究所和中国气象局国家气候中心相关领导和部门的大力支持，在此衷心感谢！

沈永平

2008 年 8 月 18 日于兰州

目 录

引 言

亚洲中部内陆干旱地区的高原及其高山，其丰富的山区降水与冰雪融水使该地区成为世界上规模最大的灌溉农业区，冰雪水资源成为中亚干旱地区经济发展最重要的自然制约因素。然而，任何事物都具两重性，冰川的进退变化、冰雪融水河道的变迁、冰川湖溃决洪水、冰川泥石流、跃动冰川的快速前进、高山区冰崩、暴风雪及风吹雪、雪崩等，对经济发展（特别是山区）造成一系列程度不等的危害。冰雪灾害由冰川引起的灾害和积雪、降雪引起的雪灾两部分组成，包括冰雪洪水、冰川泥石流、暴风雪（雪灾）、冰湖溃决、冰塞和凌汛、雪崩、风吹雪等造成的灾害。

所谓自然灾害是站在人类的立场而言，因此，在无人烟地区的这些冰雪过程并不成灾。由此，冰雪灾害可分成实际灾害（actual）和潜在性（potential）灾害。随着社会经济发展和工程建设增多，以及进行登山、科考、旅游影响范围的不断延伸，很多潜在性灾害将逐渐变成实际灾害，灾种也在不断增加，灾害危害也日益严重。不同类型的冰雪灾害在发生的时间尺度上并不一致，其影响的空间尺度亦有明显差别，包括：1）大尺度灾害，如冰川融化和冰盖跃动、融化而引起全球性的海平面上升，冰陆架与漂浮冰舌崩解形成巨大数量的冰山外泄、暴风雪等；2）区域性的灾害（线状灾害），如冰川洪水、冰川泥石流对所流经的流域造成灾害；3）局部灾害（点状灾害），如冰崩、雪崩。不同冷暖干湿气候时期，不仅冰雪灾害的危害程度有别，而且冰雪灾害类型亦有所差异。在某种意义上说，气候变暖，冰川退缩所造成的间接影响可能比冰川前进所造成的影响更为严重。例如，冰川普遍退缩，中亚广大灌溉农业地区的大批田地将因融水减少而被迫弃耕，特别是极地冰盖由于变暖引起崩解，将使全球海平面上升，将形成全球性灾难。

我国冰川、积雪广布，一方面作为水资源的冰川、积雪融水是河川径流的重要补给来源，是我国西部干旱地区绿洲农业赖以生存和发展的生命线；另一方面，若干地区过量积雪造成牧区雪灾、道路风吹雪、雪崩灾害以及冰湖溃决洪水、冰川泥石流等灾害严重影响我国西部地区农、牧业生产和交通、通讯的安全。而黄河、松花江等河流的冰凌和渤海的海冰，则威胁着沿河人民的生命安全以及海上采油、航运等活动；另外，多变的冰、雪以其在可见光区具有很高的反射率及其不良的热导率等物理特性，成为陆面过程的强迫源，故大范围冰雪覆盖对区域气候形成与变化具有深刻的影响。

在我国北方漫长的农、牧业经济发展历史长河中，人们在与各种冰雪灾害抗争中积累了丰富的防灾、减灾经验。根据历史资料记载，从公元前122年至1949年，对发生在内蒙古各地59次特大雪灾的日期、地点及灾情等都有详细的记录，而西藏地区牧区雪灾灾情记录也有一百多年历史（1824—1957年）。至于中原对冰雪灾害的记载则更早，如《竹书》纪年记载公元前903年和897年长江支流汉水两次严寒结冰并紧接着大旱。远在公元前四百多年，对于黄河的冰情已有详细的记载："孟冬之月，水始冰，地始冻。仲冬之月，冰益坚，地始坼。季冬之月，冻方盛，水泽腹坚，命取冰，冰以入。孟春之月，东风解冻，蛰虫始振，鱼上冰"。这是世界上最早的有关结冰、封冻和解冻的冰情文字记录。

从20世纪50年代以来，为了适应西部经济开发和国防建设的需要，我国科技工作者逐步对冰雪灾害的形成、分布规律及防灾、减灾措施等进行了深入的研究。在天山、藏东南、滇北等地开展雪崩、道路风吹雪调查与防治研究；在叶尔羌河上游、喜马拉雅山中段的中尼公路、藏东南的川藏公路及新疆天山独库公路和帕米尔高原中巴公路、阿克苏地区等开展冰湖溃决洪水，冰川泥石流的成因、分布及防治对策研究；在西藏、内蒙古等地，探讨牧区雪灾形成与分布规律并利用卫星遥感与地理信息系统技术方法，建立可操作的"我国主要牧区雪灾遥感监测与评价系统"；水利部黄河水利委员会、松花江—辽河水利委员会以及海洋局开展江河冰凌、海冰监测及预报研究，取得了重要进展。这些研究为政府和生产部门防灾减灾提供了科学依据，并为今后我国冰雪灾害防治与减灾对策研究奠定了基础。

根据中国科学院寒区旱区环境与工程研究所对我国冰雪资源与灾害50年来的研究，我国冰雪灾害类型繁多，其中主要灾害种类及其分布具有以下规律：1）雪崩。主要分布在青藏高原边缘山区和天山、东北的长白山等中、高山与极高山地带；2）风吹雪。主要分布在天山、阿尔泰山、西藏东南部、滇北、燕山北麓、大兴安岭及长白山等地；3）牧区雪灾。内蒙古的锡林郭勒盟和西藏的那曲地区为我国牧区雪灾高发中心；其次为新疆的阿尔泰、天山北坡、西藏的阿里，青海的玉树、果洛，甘肃的甘南、肃北以及四川的甘孜、阿坝等地；4）冰湖溃决洪水。喀喇昆仑山是我国冰湖溃决洪水危害最为严重的地区，其次是喜马拉雅山中段及天山西段等；5）冰川泥石流。主要沿川藏公路，中尼公路以及天山的独库公路、中巴公路沿线分布；6）江河冰凌。在黄河中游的河套地区及下游的天津一带以及东北的松花江河流等，每年都发生程度不同的冰凌、凌汛；7）海冰。仅分布在渤海和黄海北部。此外，个别年份的冬季，因受强寒潮和西南气流的影响，在华北、华中、华东或云贵高原、四川盆地等可出现大范围强降雪天气过程，局部地区的道路、机场因积雪过厚而短暂影响车辆通行或飞机起降等。

我国冰雪灾害有如下特点：1）冰雪灾害种类多、分布广。我国各种冰雪灾害分布，东起渤海，西至帕米尔高原；南自高黎贡山，北抵漠河，在纵横数千千米的国土上，每年都受到不同程度的冰雪灾害的危害；2）冰雪灾害发生频率高。在全球气候变化的背景下，我国又属季风大陆性气候的国家，冬、春季天气、气候诸要素变率大，导致各种冰雪灾害每年都有可能发生；3）各种冰雪灾害出现的周期不明显，成灾因素复杂，预测预报困难。随着全球气候变暖，有的灾种如牧区雪灾将加剧，有的灾种如冰川阻塞湖溃决洪水将趋缓；4）冰雪灾害时限性强。除了冰碛阻塞湖溃决洪水和冰川泥石流以外，其他冰雪灾害均发生在秋末至次年初春之间；5）受灾面广，危害严重。我国冰雪灾害呈线、面状分布，且多数发生在经济基础较薄弱的西部少数民族地区，抗灾能力差，因灾经济损失相对较大，灾后复苏困难。因此，冰雪灾害是制约我国国民经济发展的重要因素之一，应予高度重视。

与雪、冰和冰川有关的灾害，通常不太引人注目，但是，冰雪灾害地区累计的损失代价却相当大，以新疆为例，每年用于防冰川洪水的经费少则数百万，多则数千万元。据统计，在安底斯山、喜马拉雅山、阿尔卑斯山和其他大山系与冰川有关的死亡人数已超过 3 万人，受影响地区的经济损失超过 10 亿美元，1941 年南美洲科迪勒拉山的冰碛阻塞湖洪水使 6000 余人罹难。

西部山地冰川积雪广泛分布，在其融水补给河川径流的同时，也常伴生有冰崩、雪崩、冰湖溃决洪水和冰川泥石流等突发性灾害。随着全球气候变暖，冰川退缩加剧，融水量增大，冰雪灾害呈明显增强趋势。预计随着气候变暖在今后 30—50 年，西部山地的冰川洪水和冰川泥石流灾害将随着冰川融水径流的增加而增多，还可能形成若干新的灾害点。冰湖溃决洪水的爆发强度及其频率主要取决于冰川状态，而后者则与气温和降水变化有关（图 0.1）。以小冰期冰碛垄为堤坝的现代冰碛阻塞湖的变化与冰川进退有关，并随冰川后退而扩大其规模。冰碛阻塞湖集中发育的喜马拉雅山区的冰川以退缩为主要趋势，冰湖的规模日渐扩大。在湖水的浸润和融蚀作用下所产生的冰崩，可能对冰碛堤产生巨大的涌波压力，因而增加了这类冰湖溃决的危险程度。雪崩和风吹雪灾害的形成以降雪的多寡为主要条件。在降水量增加 10%～20%的气候背景下，即使到 2050 年气温再升高 1.7～2.5℃，西部中高山区冬春季节的气温仍维持在0℃以下，有利于雪崩和风吹雪的形成。因此，在西部大开发中，强化基础设施建设的同时，应谨防山地冰雪灾害的干扰与破坏。在一些重大工程区和开发区，要特别重视对冰雪灾害的研究和监测。譬如塔里木河流域的开发，必须要搞清上游冰湖溃决洪水爆发的频率和强度对下游工程的影响。

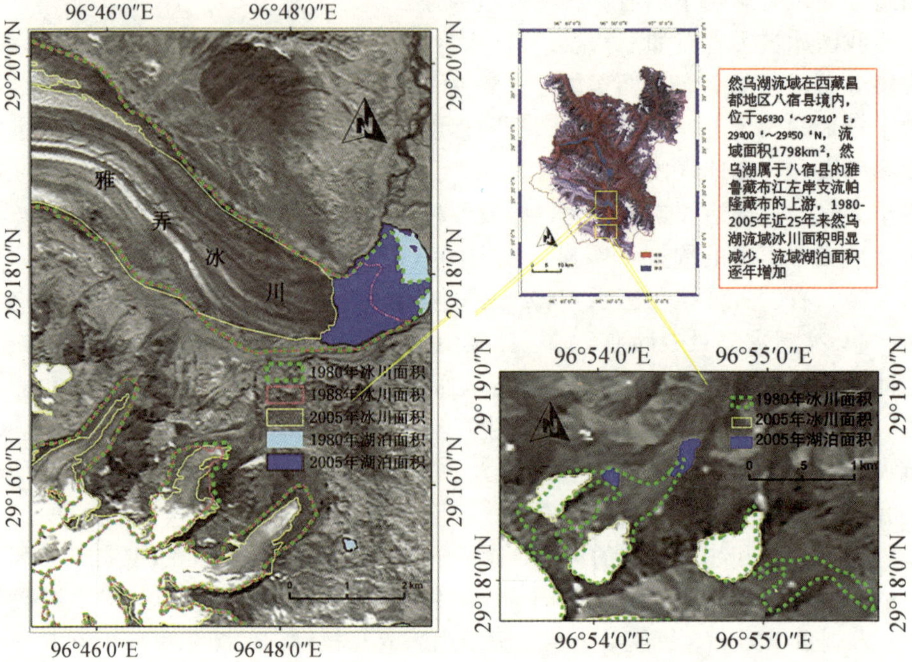

图0.1　西藏雅鲁藏布支流帕隆藏布上游然乌湖流域冰川退缩及其冰湖（据辛晓冬等，2009）

在全球气候变暖的背景下，各类极端气候事件频频发生。温度增加，强降水频繁出现，我国西部地区积雪变化出现长期增加的趋势。当大量降雪出现时，就可能造成大范围积雪成灾的现象。冰雪灾害可能引起交通阻塞、通讯受损、输电设施被破坏、农田被冲毁或掩埋、畜牧业减产、牧区生活发生困难等极为严重的危害，造成极大的经济损失。这种特大自然灾害若不及时预警预防，并迅速采取救灾措施，所带来的影响不仅仅是经济上的损失，更为严重的是大量人员的伤亡以及对经济基础和人民财产的毁灭性破坏，由此必然影响全面建设小康社会的进程，处理不好甚至引发严重的社会问题。因此，在全球气候变化和经济社会快速发展的形势下，政府决策部门应当高度重视减轻和防御特大冰雪自然灾害的极端重要性，防患于未然。同时也要让各级政府和社会公众认识到，冰雪灾害是一种自然灾害，通过加强预警预报和应急管理，我们能够使雪灾造成的损失降到较低的程度。

防御自然灾害必须以科学发展观为指导，走可持续发展之路。冰雪灾害对基础设施、牧区、山区经济等带来的严重危害可能通过有效的防治和预防而得到减缓，应该充分尊重科学，加强冰雪灾害研究工作，对冰雪灾害造成巨大灾害的自然现象的过程进行科学监测、预测和研究，科学地评估灾害后果并制订科学的防御和应变预案，科学地规划城市建设和制定建筑标准等都是防御特大自然灾害所必须遵循的原则。在防御和减轻自然灾害的科学技术合作上，应该认真学习和借鉴发达国家的经验和科技成果。

第1章

冰雪灾害形成和分布的气候背景

1.1 冰冻圈与冰雪灾害

冰冻圈是指地球表层水以固态形式占据的那部分，包括海冰、湖冰、河冰，积雪，冰川，冰帽，冰盖及冻土（包括多年冻土）（图 1.1）。冰冻圈是全球气候系统的一部分，通过对地表能量和水汽通量、云、降水、水文及大气环流和海洋环流的影响，形成与气候系统的联系和反馈。冰冻圈在全球气候、气候对全球变化的响应以及作为气候系统变化的指示器等方面都具有非常重要的作用。在冰冻圈中，各分量由于受气候和其他因素波动的影响，一直处于不断的变化中。

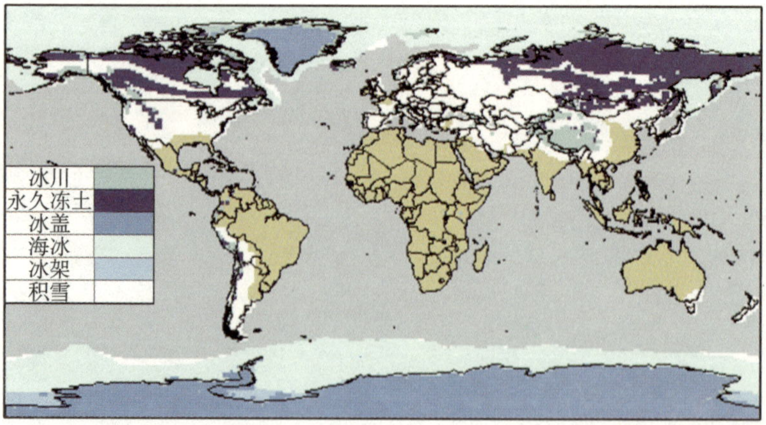

图 1.1　冰冻圈是指地球表层含有固态水的圈层，其中多年雪冰覆盖海洋面积 7%，陆地 10%左右；季节性积雪 1 月覆盖陆地面积 15%，在 7 月为 9%；季节冻土约占陆地面积 2/3、多年冻土 1/4（秦大河等，2007）

（1）积雪。积雪在构成冰冻圈的所有分量中覆盖的面积最大，年平均达2600万km^2范围。地球的大部分积雪分布在北半球，具季节变化周期，北半球平均积雪面积从1月的4650万km^2到8月的380万km^2间变化。

（2）海冰。海冰是由海水冻结而成，大部分分布在极地海洋。在南北半球都具有季节性、区域性和年际变化特征。从季节变化讲，海冰的范围在南半球从2月份最小的300万～400万km^2到9月最大的1700万～2000万km^2，可相差5倍；而北半球的变化要小得多，北冰洋由于大陆地形限制和处于高纬度地区，其海冰大部分为多年冰盖，并且周围的陆地也限制了冬季海冰向赤道方向的扩张。因此，北半球海冰面积从9月最小的700万～900万km^2到3月最大的1400万～1600万km^2，仅相差一倍。

（3）淡水冰。淡水冰是指由于季节变冷在河流和湖泊上形成的冰。其封冻与开河过程受大尺度及局地天气因素影响，冰的出现和消失日期具有年际变化特征。湖冰观测的长时间序列可以用作气候变化的指示器，其封冻与开河的趋势可以提供气候振荡的综合性和季节变化指标。

（4）冻土和多年冻土。季节性冻土像积雪一样，在全球分布的范围非常广泛，其冻结深度和范围变化是气温、雪深和植被覆盖、土壤水分等的函数，时空变率非常大。多年冻土出现在多年平均地温在－1℃的地区，连续多年冻土一般分布在多年平均地温在－7℃以下地区。据估计，多年冻土面积大约占北半球陆地面积的24.5%，最大区域分布在60°～68°N间。在西伯利亚东北部和阿拉斯加的北极海岸，冻土厚度超过600 m。多年冻土中，只有大约200万km^2的面积是由真正的地下冰组成（富冰），其余地区为干多年冻土，仅仅是在0℃以下的土壤和岩石。

（5）陆地冰。冰盖是地球上最大的潜在淡水源，占全球总淡水量的77%。以冰体储存的淡水相当于71 m的全球海面变化，其中南极冰盖占90%，格陵兰冰盖占10%，其他冰体和冰川占了不到0.5%。南极冰盖的大部分构成了一个海拔3000～4000 m的冰高原，格陵兰在其中心区也是超过3000 m厚的冰。它们对大气环流和气旋系统的运动以及全球能量平衡都具有巨大的影响。

1.2 中国冰雪资源分布及变化

冰冻圈由于其对气候的高度敏感性和重要的反馈作用而倍受关注。我国冰冻圈的主体为冰川、冻土和积雪，分布范围广泛，不仅有重要的气候效应，还是维系干旱区绿洲经济发展和确保寒区生态系统稳定的重要水源保障。受气候变化的影响，全球冰冻圈发生了显著的变化，冰冻圈变化的气候效应、环境效应、资源效应和生态效应在我国日趋显著，冰冻圈的未来变化势必对西部生态与环境安全和水资源持续利用产生广泛和深刻的影响。

我国是中、低纬度地区冰川、积雪最发育的国家，冰川面积达 59425 km²，占全球中、低纬度冰川面积的 50%以上，冬季积雪相当于 750 亿 m³ 水量（图 1.2）。我国西部冰川分布区是亚洲 10 条大江大河（长江、黄河、塔里木河、怒江、澜沧江、伊犁河、额尔齐斯河、雅鲁藏布江、印度河、恒河等）的水资源形成区，冰川和积雪对这些江河水资源的形成与变化有着十分突出的影响。研究表明，中国境内冰储量约为 5.6 万亿 m³，折合水量约为 50000 亿 m³，相当于 5 条长江（出海口年径流量）以固态形式储存于西部高山，通过冰川和积雪的冻融变化，调节着西部的江河径流。每年平均冰川融水量约为 620 亿 m³，与黄河多年平均入海径流量相当。而春季积雪的融化占西部水资源的 38%以上。在西北内陆干旱区，冰川融水的重要性尤其突出，塔里木河各源流区冰川融水补给比例多在 30%～80%左右。实际上正是由于冰川和积雪的存在，才使得我国深居内陆腹地的干旱区形成了许多人类赖以生存的绿洲，也使得我国干旱区有别于世界上其他地带性干旱区。这种冰川积雪—绿洲景观及其相关的水文和生态系统稳定和持续存在的核心是冰雪，没有冰雪就没有绿洲，也就没有在那里千百年来生息的人民。

我国是中、低纬度地区冰冻圈发育最好的国家

冰川	冻土	积雪

冰川	冻土	积雪
条数：46377	面积：多年冻土	面积：稳定积雪
面积：59425 km²	220 万 km²	420 万 km²
冰储量：5.6 万亿 m³	（23% 国土面积）	（44% 国土面积）
（长江入海口年	冰储量：9.5 万亿 m³	水当量：750 亿 m³
径流量 5 倍）		

图 1.2　中国的冰冻圈及其分量分布（秦大河等，2007）

关于中国冰冻圈的地理范围，目前在我国没有一个统一的划分。陈仁升等（2005）应用最冷月平均气温<－3.0℃、月平均气温超过 10 ℃的月份不超过 5 个和年平均气温≤5℃等 3 项指标划分的寒区面积为 417.4 万 km^2，占我国陆地面积的 43.5%（图 1.3）。这个划分基本上代表了我国主要的冰冻圈范围，所划分的寒区边界与我国多年冻土、稳定性季节积雪、植被区划和气候区划边界基本一致，包含东北的大兴安岭、小兴安岭、长白山和三江平原，在省区上包含黑龙江省、吉林的东部和北部以及辽宁东部的零星高山如千山、龙岗山等；蒙古高原及附近的阴山、狼山、大青山和贺兰山等；山西太行山高山区、吕梁山高山区及五台山和恒山等；甘肃的祁连山、陇南地区的岷山、河西走廊北山和马鬃山；陕西的秦岭高山区；新疆的哈密北部博格达山系、天山、乌鲁木齐以西的博罗科努山、天山南部的哈尔克山以及中蒙边界的阿尔泰山；青海省全部地区；西藏除最南端山南地区以外的地区；四川西北部地区高大山系如大雪山、邛崃山等，以及云南最北端青藏高原南端的横断山高山区等。

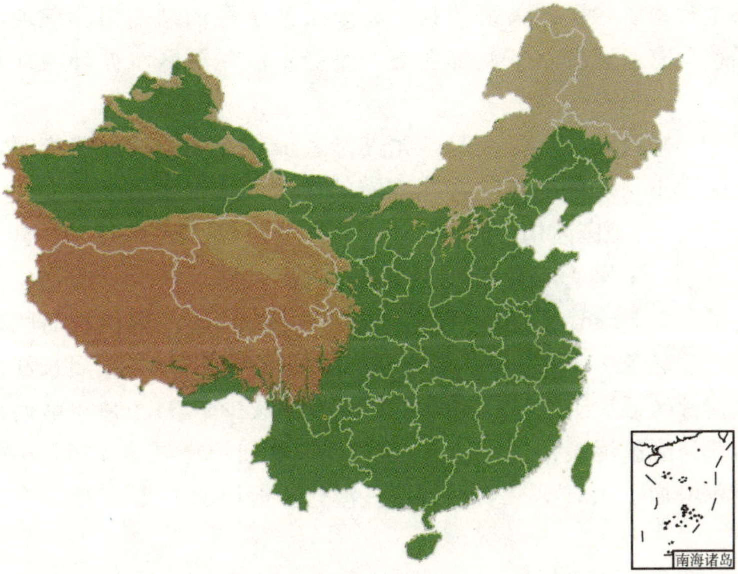

图 1.3　中国的寒区分布（陈仁升等，2005）

作为冰冻圈重要组成部分的冰川，近几十年来变化显著，尤其是近十几年来冰川呈现出加速退缩之势，对我国西部的江、河、湖、沼已产生了明显影响。研究表明，近十几年新疆出山径流增加显著，最高增幅可达 40%。据天山 1 号冰川长期观测结果分析，乌鲁木齐河源区径流增加的 70%来自于冰川加速消融补给，南疆阿克苏河1990年代径流增加的1/3左右来源于冰川径流增加。预估未来50年我国西部冰川将普遍退缩，冰川面积平均将减少近30%，这些结果表明，冰川退缩将会对山区水资源变化带来巨大影响。冰川变化对水资源的影响表现为：在短期内，冰川的加速退缩可导致河川径流增加；随着冰川的大幅度萎缩，冰川径流趋于减少，势必引发河川径流的持续减少；不仅减少水资源量，更使冰川失去对河川径流的调节作用，导致水资源—生态与环境恶化的连锁反应，进而影响人类发展。

以青藏高原为主体的我国多年冻土区面积约220万 km^2，占国土面积的23%。据估算，青藏高原多年冻土含冰量达9500 km^3，折合水当量约为86000亿 m^3，是我国冰川储量的1.7倍。近几十年青藏高原多年冻土由于退化每年释放的水量达到50亿～110亿 m^3，加上冻土每年冻融过程参与到水循环中的水量，其对水文、生态和气候的影响十分显著。正是由于青藏高原多年冻土的存在，才有了高原面上降水量不足400 mm的江河源区广泛分布的高寒沼泽湿地和高寒草甸生态系统，冻土变化是导致江河源区高寒草甸与沼泽湿地大面积退化的主要原因。冻土所产生的土壤活动层特殊的水热交换是维持高寒生态系统稳定的关键所在，冻土及其孕育的高寒沼泽湿地和高寒草甸生态系统具有显著的水源涵养功能，是稳定江河源区水循环与河川径流的重要因素。

近几十年来，随着气候变暖，尤其是近十几年气候的加速变暖，我国冰冻圈作用区生态与环境也伴随着冰冻圈的加速变化发生着显著变化。资料显示，近30年长江源区冰川面积减少1.7%，黄河源区减少17%，喜马拉雅山区减少8%～9%；青藏公路沿线多年冻土温度升高了0.1～0.5℃，多年冻土下界升高了40～80 m，安多—两道河公路两侧2 km范围内的岛状多年冻土面积缩小了35.6%；近20年，高原湖泊面积减少了0.4%，而长江源区减少10%，黄河源区减少5%；长江源区泥炭沼泽减少了34.9%，草甸沼泽减少27.6%，黄河源区泥炭沼泽减少了44.2%，草甸沼泽减少7.5%；长江源区沙漠化面积增加了12.6%；黄河源区沙漠化土地增加了25.6%。

1.3 冰冻圈的作用

冰冻圈作为冻结的水体，对气候变化十分敏感，气候变化影响冰冻圈的变化。反之，冰冻圈的扩展或萎缩会导致参与局地、区域或全球能水循环的能量和水量减少或增加，并伴随着能水平衡的改变使其与气候、水文、环境和生态等之间产生一系列相互作用过程。研究表明，青藏高原冻土和积雪对区域气候有重要影响，主要表现在高原冬、春季积雪与南亚、东亚季风及其与ENSO事件的关系方面。如，青藏高原冬春季积雪的多寡影响我国气候变化，与我国长江洪水与伏旱密切相关，1998年长江特大洪水、2006年受到全国关注的川、渝大旱就与青藏高原冬春积雪存在着气候上的内在关联。近些年来，我国学者对青藏高原积雪以及欧亚积雪变化对大气环流、季风和降水等的影响做了大量研究。结果表明，青藏高原积雪变化对大气环流的反馈作用显著，对印度气压场和热带东风急流强弱存在明显影响，高原积雪多（少）会造成夏季风弱（强），进而影响到我国长江流域涝（旱）。

雪冰、冻土等冰冻圈要素的变化在气候系统中起着重要作用。雪冰具有极高的反照率，其时空变化显著地影响着全球能量平衡及水循环过程，从而改变区域或全球尺度的气候动力过程，影响气候变化；全球冰量的变化通过改变海洋盐度和温度而触发大洋环流逆变、改变全球气候格局；多年冻土的变化不仅通过改变地气水热交换过程而影响气候系统，同时会通过改变冻土碳库的变化而影响到全球碳循环和气候变化，等等。早期研究发现喜马拉雅山脉冬春季积雪变化对随后的印度夏季风存在影响。随着研究程度的深入，人们已经认识到欧亚大陆不同区域积雪变化与季风变化之间存在着复杂的关系。鉴于冰冻圈在气候系统中的重要性，以及人们对冰冻圈与气候之间联系机制认知的不足，世界气候研究计划（WCRP）于2001年开始实施了“气候和冰冻圈（clic）计划”，其目标就是：1）提高对冰冻圈与气候系统之间相互作用物理过程与反馈机制的理解；2）提高对冰冻圈过程模型描述能力，以减少气候模拟和气候变化预测的不确定性；3）评估和量化过去和未来气候变化所导致的冰冻圈各分量的变化及其影响；4）强化冰冻圈的观测与监测，以便于对其变化过程的模拟与诊断研究。

冰川是我国西北干旱区的重要水资源，出山口径流的变化与流域内冰川面积大小及其变化密切相关。冰川对河流的调节作用主要表现在夏季稳定和足量的冰川融水补给。流域内冰川规模和冰川覆盖率等决定了冰川径流的年际和年代际波动。研究表明，当流域冰川覆盖率超过5%时，冰川融水就会对河川径流产生重要影响。在近期气候明显向暖湿变化的天山南坡地区，出山径流增加量中的1/3以上来自冰川退缩增加的冰川融水。近40年来我国冰川储量减少了450~590 km^3，已对中国西部干旱区水资源产生了很大影响，估计自20世纪90年代以来因冰储量减少而导致的冰川融水径流增加值超过5.5%。值得注意的是，随着冰川的加速萎缩最终将会造成河川径流的迅速减少。山区积雪和冻土对径流变化也有重要影响，积雪和冻土对径流年内过程影响可使河流年内分配发生改变。在气候变暖背景下，未来50年我国冰冻圈将发生巨大变化，必将对我国乃至相邻国家的水资源、生态与环境产生重大影响。

1.4 作为气候产物的雪冰分布特征

目前全球冰川面积约为1550万km^2，占陆地总面积的10%以上。冰川总体积2400万～2700万km^3，如果这些冰全部融化，将使世界洋面上升70 m左右。南极大陆是世界上冰川最集中的地区，冰盖面积约1260万km^2，包括四周的边缘冰棚，则为1320万km^2，冰盖平均厚度为2000 m。北极地区包括格陵兰岛、加拿大极地岛群和斯匹次卑尔根群岛，冰川总面积约200万km^2，其中格陵兰冰盖面积达173万km^2，巴芬岛上的巴伦斯冰帽面积达5900 km^2，得文岛冰帽面积超过15500 km^2。亚洲冰川面积共114000 km^2，主要分布在兴都库什山、喀喇昆仑山、喜马拉雅山、青藏高原、天山和帕米尔。其中，我国冰川面积共57000 km^2，占50%。北美洲冰川面积共67000 km^2，主要分布在阿拉斯加和加拿大地区。南美洲冰川面积约25000 km^2。欧洲8600 km^2，主要分布在斯堪的纳维亚、阿尔卑斯山。大洋洲1000 km^2，主要分布于新西兰。非洲是全世界冰川最少的大陆，冰川面积只有23 km^2。这是由于非洲大陆纬度低，气温高而降水少，雪线位置高所致。

冰川分布的高度受雪线高度的严格制约，任何地区如果地表没有高出雪线就不可能形成冰川。就山区而论，在气候变化不明显的若干年内，每年最热月积雪区的下限大体上总是位于同一海拔高度，这个高度以上为多年积雪区，以下为季节积雪区。多年积雪区和季节积雪区之间的界线就叫做雪线，雪线上年降雪量等于年消融量，所以雪线也就是降雪和消融的零平衡线。但是，要在降雪量很小的情况下达到平衡，就必须有较低的负温以减小消融和蒸发；而当降雪量很大时，雪线处的年平均气温就必须比较高，才能融化大量积雪，以保持平衡。

气温、降水量和地形是影响雪线高度的三个主要因素。多年积雪的形成要求近地面空气层的温度长期保持在0℃以下。地球表面的平均温度具有从赤道向两极递减和自平地向高山递减的规律，所以低纬地区雪线位置比较高，高纬和极地雪线位置则比较低。雪线位置最高处并不在赤道，而在南北两个副热带高压带。这两个高压带同赤道带的温度差别并不大，降水量却相差悬殊，副热带高压带降水量的急剧减少，使雪线上升到最大的高度。南美20°～25°S间的安第斯山雪线海拔高达6400 m，是世界上雪线最高的地方。北半球的山地，一般北坡雪线比南坡低。我国祁连山南坡雪线海拔在4700～5000 m，北坡海拔仅约4400～4600 m，表现了地形的影响。但是地形不仅影响温度，也影响降水分布，如东西走向的喜马拉雅山阻挡了印度洋的西南季风，致使南坡多雨，雪线海拔为4400～4600 m，北坡降水量很少，雪线上升到海拔5800～6000 m。

在冰川上雪线又叫粒雪线。夏季冰川上来年粒雪的下限，称为粒雪线。海洋性冰川粒雪线和零平衡线的位置比较吻合，大陆性冰川粒雪线通常高出零平衡线数十米或100～200 m。和雪线高度相一致，地球上冰川分布高度也表现出明显的自低纬向两极降低的趋势。在东西走向的山脉中，朝向极地的山坡冰川分布高度低于朝向赤道的山坡。通常情况下，迎风而降水量丰富的山坡冰川分布高度低于背风而降水量比较少的山坡。

在冰冻圈中，积雪的地理分布最为广泛。根据美国国家海洋和大气局卫星遥感积雪监测结果，北半球冬季积雪鼎盛时期大陆积雪面积平均达4600万km^2，覆盖着陆地面积的46.0%；夏季8月份永久积雪面积约为4万km^2。北半球年平均积雪面积为2540万km^2，其中亚欧大陆为1470万km^2，北美为1060万km^2。此外，面积达1220万km^2南极大陆冰盖终年是一片冰雪世界，在1760万～2540万km^2海冰表面也多为积雪所覆盖。积雪在全球水循环中也起着重要作用，全球淡水年补给量大约5%来自降雪，北半球冬季大陆积雪贮量（水当量）为20000亿km^3。亚洲、欧洲、北美洲的大江大河，包括我国的长江、黄河，春季补给主要来自融雪径流。因此，雪冰覆盖的大河源头地区积雪水资源对气候变暖的响应对全球环境和径流能产生举足轻重的影响，尤其是中亚和北美西部干旱半干旱区工农业用水高度依赖山区冬季积雪。中国西北干旱区冬季积雪贮量相当于该区年径流总量的38.2%。春季融雪在我国东北、新疆、西藏等地区形成春汛及时地满足了春灌的迫切需要，为农业发展提供了得天独厚的水资源条件。黄河流域冬小麦越冬，内蒙古、新疆、青海、西藏广大牧区冬季牲畜的饮用水和放牧都与积雪休戚相关，“瑞雪兆丰年”的谚语正是积雪重要作用的真实写照。相反，积雪异常引起的冬季干旱和大雪灾害经常给这里的农牧业带来巨大的损失。

1.5 雪冰形成的气候影响因子

水（降水）、热（气温）及其组合是影响冰川发育的主要气候因子。降水决定冰川积累，气温决定消融，因而降水的多寡及其年内分配和年际变化影响冰川的补给和活动性，而气温的高低影响成冰作用和冰川融水，和降水共同决定冰川的性质、发育和演化。降水与大气环流关系密切。按水汽来源的方向，中国西部山地盛行西风环流和南亚季风环流。受亚洲中部高山高原的地理位置所决定，青藏高原本身所形成的高原季风气流，以及山区局地环流对山地降水也有重要影响。

南亚季风环流是青藏高原东南部山地冰川的哺育者。西藏东南部察隅一带雨季开始于3月，这时季风环流尚未建立，其时降水乃是南支西风急流在阿萨姆低压区活动频繁，吸引了孟加拉湾水汽的结果。5月底6月初，南支西风急流北撤至30°N以北的地区，南亚季风爆发，雅鲁藏布江大拐弯以南通往印度的河谷，成为湿润季风气流进入高原的门户。季风云团密集，并沿若干西北—东南向谷地进入青藏高原，向北伸延至青海省东部的长江和黄河上游，以及祁连山东段的冷龙岭地区，使青藏高原进入雨季。而西藏东南部的察隅、波密、嘉黎一带又首当其冲，雨季最长，雨量最多，形成一个向北突出的罕见的舌状多雨区，雪线附近年降水量据积雪年层及降水梯度推算在2500～3000 mm左右，雪线一般降至海拔4400～4800 m，使之西藏东南部发育了中国典型的季风海洋性冰川。

冬季，西风环流分南北两支控制着整个青藏高原，使其成为冷高压区，天气晴好，降水稀少。但在青藏高原西部边缘的喜马拉雅山、喀喇昆仑山、帕米尔及西天山，受冬半年形成的巴基斯坦低压槽的影响，使其冬春季节有较多的降水。夏季，西风北撤，塔什干低涡又是形成较多降水的主要活动中心，同时，西风带小槽东移，也影响到青藏高原的降水过程。在地形抬升的影响下，帕米尔高原西缘雪线处的年降水量可达1000～1500 mm；喀喇昆仑山西段巴托拉冰川海拔5000 m的雪线附近，按雪层剖面资料推算，年降水量应在1000 mm以上。由于西风槽在喀喇昆仑山的延伸，强迫气流抬升，在高山带形成气流辐合，使得喀喇昆仑山 K_2 峰附近雪线以上的年降水量可达1000～2000 mm。由此向东进入，西风气流含水量减少，降水量在西昆仑山雪线附近降至300～500 mm，雪线高度升高，冰川更多依赖高大山体所提供的丰富冷储而发育。

高原季风是由巨大的青藏高原和四周自由大气间存在季节性热力差异而产生的。在冬季，高原上大气层对于同高度的自由大气是冷源，形成了一个冷高压，盛行反气旋环流。到夏季，高原上大气转为热源，形成强大的热低压，盛行气旋性环流。夏季高原上强大的热低压使四周气流向高原辐合，在其周围高山地形抬升作用下，凝结降水，形成边缘山地的多雨带，向高原腹地，降水量逐渐减少。这是边缘山地冰川远较高原腹地发育的主原因。山区盛行的山谷风环流对高山区形成多降水带也有重要影响。山区白天的上升气流均很强烈，所形成的积云上升至凝结高度，导致高山带远比谷地或山麓更为丰沛的降水。在天山、帕米尔、喀喇昆仑山和喜马拉雅山等山脉的高山区形成次于海拔1000～2000 m高度处最大降水带的第二大降水带。随着干旱程度增加，水汽含量减少，动力性降水带的高度不断升高。估计在祁连山西段、西昆仑山、青藏高原西部等地区，动力性降水与对流性降水凝结高度衔接，只存在一个高山最大降水带，这个降水带是我国众多大陆型冰川的主要补给来源，在高山冰川形成发育中有重要的作用。

受上述环流形势的影响，中国西部山地降水量明显多于山麓河谷或盆地，而降水量又在边缘山地增多。随着远离水汽补给源地，自西北、西南和东南三个方向上的边缘山地向其内部山区递减，在青藏高原内部山地、西昆仑山东段和祁连山西段，气候的大陆度明显增强，气候十分干燥，是中国西部降水量最少的山区。

在冰川稳定的状态下，平衡线高度处的积累量等于消融量。因此，在这一高度上由降水量所表征的冰川积累量的多少和年内分配形式，是区别冰川性质、类型和其活动性的主要指标。在西藏东南部冰川平衡线高度处的年降水量大于1000 mm，最多可达2000 mm以上，是中国季风海洋性或温性冰川发育的主要地区。位居内陆腹地的西昆仑山东段、祁连山西段和青藏高原内部山地，平衡线高度处的年降水量在300～500 mm左右，是中国典型的极大陆性或极地型冰川发育区。在诸如阿尔泰山、西天山、喀喇昆仑山和帕米尔高原等西部边缘山地，平衡线高度处的年降水量介于上述两种类型之间，大约在600～1000 mm左右，按其冰川发育的水热条件，应属亚大陆性或亚极地型冰川发育区。

降水年内分配形式和最大降水的集中时间，比降落在冰川表面上的固态降水总量更能影响冰川的性质。受大西洋和北冰洋气流输送影响较大的阿尔泰山、西天山、帕米尔和喀喇昆仑山等，冬春季节降水量占有较大比重，夏季降水份额低于40%，最大降水月出现在5—6月，反映在降水年内分配过程线的形态上为多峰型。随着远离水汽补给源地，降水更趋集中于夏季，5—9月降水占全年降水的百分率在80%以上，在西昆仑山中、东段，祁连山西段和柴达木盆地西缘则存在大于90%的夏季降水集中区，最大降水推后到7—8月，年降水过程线的形态为单峰型。在喜马拉雅山南坡、青藏高原东部夏季季风降水丰沛地区，降水也集中于夏季。中国西部大多数山地的降水主要集中于夏季，这就意味着积累和消融同时发生于夏季，和欧洲阿尔卑斯山以冬季补给为主的冰川相比，积累和消融的强度均不大，物质平衡水平较低，冰川稳定性增强；反映在冰川形态指标上，其末端高度和平衡线高度均较其同纬度的欧洲和北美山区冰川高700～1000 m，在青藏高原腹地喜马拉雅北坡，出现了北半球最高雪线位置（海拔 6200 m）。

年降水变率随着气候干旱程度增大和湿润度减小而增大，在塔里木盆地、吐鲁番—哈密盆地、甘肃西北部和柴达木盆地形成了一个相互连结的变差系数大于 0.50 的最大变率区。在此范围内，以吐鲁番、冷湖、民丰和且末为中心，局部出现变差系数大于 0.60 甚至高达 0.70 的年降水变率区。随着海拔高度升高，降水的年际变率减小，在冰川发育的高山带，变差系数一般降到 0.20 以下，这是地形抬升和局地环流使其降水量增多、动力性降水和热力对流性降水相互调节的结果。在各季节的降水变化中，夏季降水的年际变率最小，冬季最大。位于内陆干旱区的山地，较其山麓盆地或河谷具有较多的降水和较小的年际变率，且降水更趋集中于夏季，这对于冰川发育和保持其稳定性十分有利。

年平均气温或夏季平均气温受西部各大山系和高原的明显制约。海拔升高对气温的递减作用、地形屏障所形成的冬季增温和盆地“冷湖效应”及绿洲的“冷岛效应”，破坏了等温线的纬向分布规律，形成沿等高线和山麓或盆地边缘呈各种形态的环状、舌状分布形式。气温随海拔升高而降低，但并非一直呈线性递减，在由非冰川区过渡到冰川表面时，气温递减梯度值增大，通常称之为“温度跃动”，实测变化于 0.2～3.5℃之间，平均 1.8 ℃。按气温递减梯度推算，并考虑到“温度跃动”值，中国西部山区冰川雪线年平均气温可降到－4～－15℃，夏季 6—8 月平均气温变化于－2.5～4.2℃之间，最高值出现在西藏东南部山区为 3.9～4.2℃，最低值出现在西昆仑山和东帕米尔慕士塔格山区一带，为－2.0～－2.5℃。到冰川发育的最高山峰，气温降得更低，前苏联运动员曾在汗腾格里峰（海拔 6995 m）9 月份测到－38℃的低温，其上的夏季平均气温可低达－21℃左右。这样，西部山区就成为镶嵌于河谷或盆地之上的终年负温区，为冰川发育提供了所必需的低温条件。随着湿润度降低，即由湿润或半湿润的边缘山地到内部干旱山区，冰川雪线和末端高度升高，冰川更多依赖于高大山脉所提供的丰富冷储而发育。

在稳定状态下，冰川平衡线处的积累量等于消融量，前者可由这一高度处的年降水量表示，而后者可由夏季平均气温所表征。因此，平衡线处的夏季平均气温和年降水量及其组合，是一定区域气候在冰川状态上的反映，是区别冰川性质、类型及其活动性的重要气候指标。随着平衡线上年降水量或积累量的增加，平衡线上的夏季平均气温上升，藉以增加消融量达到与积累量增加相平衡。据平衡线处主要气候指标和热量平衡组成结构及类型，将中国西部山地划为温和湿润冰川气候区、半湿润冰川气候区和干冷冰川气候区，与此相对应的是季风海洋型、亚大陆型和极大陆型冰川分布区。

近50年来中国积雪的变化呈现出显著的地区差异、不同步性和不一致性。山地与盆地、高山与平原、干燥地区与湿润地区，全球变暖所导致的雪量变化朝着相反的方向发展。1959 /1960 年、1958 /1959 年新疆为大雪年时，东北—内蒙古却是枯雪年，1985/1986 年和 1995/1996 年青藏高原发生特大雪灾时，东北—内蒙古却是平雪年和枯雪年。而当东北—内蒙古 1997/1998 年为最小雪年时，青藏高原反而是丰雪年。新疆积雪年际变化以正常随机波动为特征，丰雪期与枯雪期交替出现，虽然在 20 世纪 80 年代末到 90 年代初积雪有所减少，但仍在正常年际波动范围之内。东北—内蒙古积雪在缓慢减少，从 50 年代末到 60 年代初，以及从 80 年代初到 90 年代初出现了两次长期持续少雪的时期。其中，辽宁省东部与中部、内蒙古中部、吉林和黑龙江两省西部积雪减少比较明显，春季积雪提前消失。积雪变率也发生着显著的年代际变化。1958/1959 年以前和 1992/1993 年之后出现了两个剧烈的振荡时期，8 个大雪年和 5 个小雪年分别有 7 个和 4 个发生在这两个时期，尤其是后者，年际变幅增大得更为显著。青藏高原积雪年际变化则表现为一个显著的年际波动过程叠加在持续而缓慢的增加趋势之上。从 20 世纪 80 年代中期以来，增加趋势更加明显，年振幅也显著增大。

1.6 雪冰界面的地气相互作用

冰雪的存在改变了气候系统中下垫面的热力学特征，使其下垫面与大气间的辐射和湍流交换具有与其他下垫面区别极大的特征，形成了其表面独特的能量平衡过程。特殊的能量交换过程必然会导致特殊的小气候环境，加之气候系统的均衡性作用，在冰雪表面形成一个连续的但影响范围有限的水分与能量循环，形成了冰面微气候。与构成地球表面的其他物体，诸如水体、土壤、植被等相比较，积雪具有高反照率、强热辐射和高绝热性能。它们对地表面辐射平衡的影响导致雪面和低层大气的强烈冷却作用，从而影响积雪地区的气候环境，并对大气环流产生热力强迫作用。气候变化总是伴随以大陆积雪的演变，后者引起的地表反照率的改变，反过来加剧了气候的变化。积雪反照率对气候的正反馈作用在冰期—间冰期气候旋回中起了推波助澜的作用，也形成了地球气候变化的一个重要特征——极地和高纬度积雪带对气候变化的显著放大作用。

冰雪是大气的冷源，它不仅使冰雪覆盖地区的气温降低，而且通过大气环流的作用，可使远方的气温下降。冰雪覆盖面积的季节变化，使全球的平均气温亦发生相应的季变。如果不考虑一年中日地距离的变化，作为全球平均，一年四季接受到的太阳辐射应该是一个常数，全球平均气温也应该接近为一个常数，而没有明显的季节变化。但事实却不然，全球平均的1月气温远低于7月。根据近年日地距离的情况看来，1月接近近日点，1月的天文辐射量比7月约高7%，显然与冰雪覆盖面积有关。北半球和南半球各自的月平均气温均与冰雪覆盖面积呈反相关关系，冰雪面积大，平均气温低。北半球大陆雪盖面积的年际变化与大陆平均气温的对应关系亦很明显，出现雪盖面积正距平的年份，大陆气温即为负距平。而雪盖面积为负距平时，大陆气温即呈现出正距平。

冰雪表面的致冷效应是由于下列因素造成的：1）冰雪表面的辐射性质。冰雪表面对太阳辐射的反射率甚大，一般新雪或紧密而干洁的雪面反射率可达86%～95%；而有孔隙、带灰色的湿雪反射率可降至45%左右。大陆冰原的反射率与雪面相类似。海冰表面反射率约在40%～65%左右。由于地面有大范围的冰雪覆盖，导致地球上损失大量的太阳辐射能。这是冰雪致冷的一个重要因素。地面对长波辐射多为灰体，而雪盖则几乎与黑体相似，其长波辐射能力很强，这就使得雪盖表面由于反射率加大而产生的净辐射亏损进一步加大，增强反射率造成的正反馈效应，使雪面愈益变冷；2）冰雪—大气间的能量交换和水分交换特性。冰雪表面与大气间的能量交换能力很微弱，冰雪对太阳辐射的透射率和导热率都很小。当冰雪厚度达到50 cm时，地表与大气之间的热量交换基本上被切断。在北极，海冰的厚度平均为3 m，在南极海冰的厚度为1 m，大陆冰原的厚度更大。因此，大气就得不到地表的热量输送，特别是海冰的隔离效应，有效地削弱海洋向大气的显热和潜热输送，这又是一个致冷因素。

冰雪表面的饱和水汽压比同温度的水面低，冰雪供给空气的水分甚少。相反地，冰雪表面常出现逆温现象，水汽压的铅直梯度亦往往是冰雪表面比低空空气层还低。于是空气反而要向冰雪表面输送热量和水分（水汽在冰雪表面凝华）。所以冰雪覆盖不仅有使空气致冷的作用，还有致干的作用。冰雪表面上形成的气团冷而干，其长波辐射能因空气中缺乏水汽而大量逸散至宇宙空间，大气逆辐射微弱，冰雪表面上辐射失热更难以得到补偿。此外，当太阳高度角增大，太阳辐射增强时，融冰化雪还需消耗大量热能。在春季无风的天气下，融雪地区的气温往往比附近无积雪覆盖区的气温低数十度。

综合上述诸因素的作用，冰雪表面使气温降低的效应是十分明显的。而气温降低又有利于冰面积的扩大和持久，冰雪和气温之间有明显的正反馈关系。冰雪覆盖使气温降低，在冰雪未全部融化之前，附近下垫面和气温都不可能显著高于冰点温度。因此，冰雪又在一定程度上起了使寒冷气候在春夏继续维持稳定的作用，它往往成为冷源影响大气环流和降水。冰雪覆盖面积对降水的影响还可涉及到遥远的地区。据研究，南极冰雪状况与我国梅雨亦有密切关系。以1972年为例，这一年南极冰雪量正距平值甚大，自南半球跨越赤道而来的西南气流势力甚强，西太平洋赤道辐合带位置偏东、偏北，副热带高压弱而偏东，东亚沿岸西风槽很不明显。而在80°E附近却有低槽发展，这种形势不利于冷暖空气在江淮流域交绥，因此是年梅雨季短、量少，为枯梅年。相反，在1969年南极冰雪量少，行星风带位置偏南，北半球西太平洋赤道辐合带位置比1972年偏南约15°个纬距（在160°E以西），副热带高压西伸，且偏南，我国大陆东部有明显的西风槽，有利于锋区在此滞留，是年梅雨期长，梅雨量高达2800 mm，约相当于1972年的3倍。此外，冰雪覆盖面积和厚度的变化还影响海水水平面的高低。在寒冷时期，降雪多而融化少，这样大陆就把水分以冰雪形式留在大陆上，不能通过河川径流等水分外循环形式如数（海洋表面蒸发数量）还给海洋，导致海洋支出的水分多，收入的水分少，海水就会变少，海平面就会下降。相反，在温暖时期，大陆上的积雪就会融化，这时海洋收入的水分又会多于支出的水分，引起海水增多和海平面上升。

第2章 牧区雪灾

2.1 雪灾的特点和主要规律

牧区雪灾是由于大量的降雪与积雪，对牧业生产及人们日常生活造成危害和损失的一种气象灾害。中国草地面积约占世界草地的13%，占国土面积的40%，其中牧区草地面积为3.13亿hm^2，主要分布在内蒙古、新疆、西藏、青海和甘肃等地。这些省区每年为国家创造约五分之一的畜牧业产值，在我国国民经济建设和人民生活改善中占有重要地位。由于雪灾属突发性自然灾害，不仅影响冬季放牧，而且严重威胁着因前期干旱累积而特别脆弱的冬季畜牧业生产，是制约我国畜牧业持续发展的重要致灾因子。

牧区雪灾亦称白灾，主要是指依靠天然草场放牧的畜牧业地区，由于冬半年降雪量过多和积雪过厚，雪层维持时间长，影响畜牧正常放牧活动的一种灾害。对畜牧业的危害，主要是积雪掩盖草场，且超过一定深度，有的积雪虽不深，但密度较大，或者雪面覆冰形成冰壳，牲畜难以扒开雪层吃草，造成饥饿；有时冰壳还易划破羊和马的蹄腕，造成冻伤，致使牲畜瘦弱，常常造成牧畜流产，仔畜成活率低，老弱幼畜饥寒交迫，死亡增多。同时还严重影响甚至破坏交通、通讯、输电线路等生命线工程，对牧民的生命安全和生活造成威胁。雪灾主要发生在稳定积雪地区和不稳定积雪山区，偶尔出现在瞬时积雪地区，中国牧区的雪灾主要发生在内蒙古草原，西北和青藏高原的部分地区。

根据时间顺序，将每年10月15日至12月31日发生的雪灾称为前冬雪灾；翌年1—2月发生的雪灾称为后冬雪灾；翌年3月至5月15日发生的雪灾称为春季雪灾。雪灾按其发生的气候规律可分为猝发型和持续型两类。根据我国雪灾的形成条件、分布范围和表现形式，雪灾可分为3种类型：雪崩、风吹雪（风雪流）灾害和牧区雪灾。我国的雪灾主要是在牧区，当然也有农业雪灾。农业雪灾主要是积雪深厚时，作物在雪覆盖下受到损害与死亡。当积雪深厚的年份，持续时间很长，冬小麦长时间在雪层覆盖下冬眠。天气变暖后，积雪层下土壤湿度增大，或者积雪重新层上，积雪层下长时间保持0℃左右，引起植物呼吸作用加强，使秋季积累糖分大量消耗造成碳水化合物的亏损，削弱抵抗力，致使冬小麦大片死亡。与雪害的同时由于积雪深厚产生真菌病害（雪霉病、菌核病），导致冬小麦死亡率增大。这种现象多发生在北疆，一般以伊犁、塔城、沿天山北麓一带最严重，而阿尔泰地区、准噶尔盆地、博乐谷地较次之。这是由于这些地区积雪深厚，融雪时间偏早所致。而后者则由于积雪偏浅或积雪偏少、温度低等原因。解决办法应在冬小麦播种时，作好播种预报，调整播期。在春季融雪后进行追肥使受害作物营养得以恢复，在小片面积上对积雪进行压实（特别低洼的小地形）。

我国草原牧区大雪灾大致有十年一遇的规律。至于一般性的雪灾，其出现次数就更为频繁了。据统计，西藏牧区大致2～3 a一次，青海牧区也大致如此。新疆牧区，因各地气候、地理差异较大，雪灾出现频率差别也大，阿尔泰山区、准葛尔西部山区、北疆沿天山一带和南疆西部山区的冬牧场和春秋牧场，雪灾频率达50％～70％，即在10年内有5～7 a出现雪灾，其他地区在30％以下。雪灾高发区，也往往是雪灾严重区，如阿尔泰和富蕴两地区，雪灾频率高达70％，重雪灾高达50％。反之，雪灾频率低的地区往往是雪灾较轻的地区，如温泉地区雪灾出现频率仅为5％，且属轻度雪灾。但不管哪个牧区大雪灾都很少有连年发生的现象。从1954—2000年的全国草原牧区雪灾过程次数历年变化（图2.1）来看，大致2～3 a一次，且多年变化也平稳，周期性较明显。

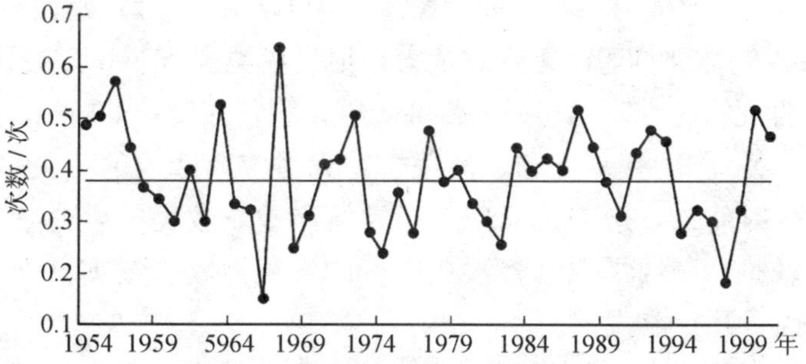

图2.1　1954—2000年全国草原牧区雪灾过程次数历年变化
（细线为1971—2000年平均值）（灾害大典（综合卷），2007）

雪灾发生的时段，冬雪一般始于10月，春雪一般终于4月。危害较重的一般是秋末冬初大雪形成的所谓“坐冬雪”，随后又不断有降雪过程，使草原积雪越来越厚，以致危害牲畜的积雪持续整个冬天。雪灾发生的地区与降水分布有密切关系，如内蒙古牧区，雪灾主要发生在内蒙古中部的巴盟、乌盟、锡盟及昭盟和哲盟的北部一带，发生频率在30%以上，其中以阴山地区雪灾最重最频繁；西部因冬季异常干燥，则几乎没有雪灾发生。新疆牧区，雪灾主要集中在北疆准噶尔盆地四周降水多的山区牧场；南疆除西部山区外，其余地区雪灾很少发生。青海牧区，雪灾也主要集中在南部的海南、果洛、玉树、黄南、海西5个冬季降水较多的州。西藏牧区，雪灾主要集中在藏北唐古拉山附近的那曲地区和藏南日喀则地区，前者常与青海南部雪灾连在一起。

1951—2000年中，范围大持续时间长且灾情较重的雪灾有1965/1966年冬季青海、西藏大雪、1971年秋冬季内蒙古青海雪灾、1985年10月青海、西藏特大雪灾、1988年冬到1989年春西藏、青海、甘肃及长江中下游等地雪灾、1993年1—4月新疆、青海及川西北大雪灾、1995年秋到1996年春西部地区雪灾；南方雪灾以1983年12月西南、华南大雪，1984年1月长江中下游的大雪尤为严重。另外，1977年10月内蒙古暴风雪、1983年4月末黑龙江暴风雪也极为罕见（图2.2）。1956—1996年仅青海省发生的11次严重雪灾，累计死亡牲畜高达854万头（只），造成经济损失为11.87亿元。其中，仅1996年青海省青南牧区发生的特大雪灾死亡牲畜108万头（只），死亡率高达40%，直接经济损失约1.62亿元，相当于青海省当年畜牧业生产总值的1/8。1966年2—3月，新疆北部大雪成灾，使家畜冻、饿死亡100万头（只）以上。1969年3月中旬，甘肃的肃南县降大雪，一般积雪深度33 cm，部分地方厚达66 cm，形成重雪灾，死亡家畜5.49万头（只），死亡率高达19%。1977年内蒙古锡林郭勒盟因重雪灾危害，损失各类家畜300万头（只）。1976年5月上旬西藏的丁青、类乌齐一带降大雪，积雪深度达50 cm，造成母、幼畜大量死亡。另外2000年新疆、内蒙古特大雪灾，造成的损失也相当严重。由于雪灾持续时间长，影响范围广，经常给当地农牧民的生命财产造成严重危害，直接威胁和制约了牧区畜牧业生产的发展，牧区雪灾已严重影响当地畜牧业的持续、稳定和发展。

虽然我国近代雪灾史料很不完整，但从现有收集的史料分析，仍可看出1900—1950年51年中发生雪灾的范围有较大的差别（图2.3，表2.1）。从图2.3中可以看出，平均每年有2个左右的省（区、市）有雪灾的记录。1930年记录发生雪灾的省（区、市）最多，达到8个省（区、市）有雪灾的记录；

1910、1914、1916、1929、1932、1934 年分别有 6～7 个省（区、市）有雪灾的记录。1918 年无雪灾情况的记录，可能该年没有重大的雪灾发生。

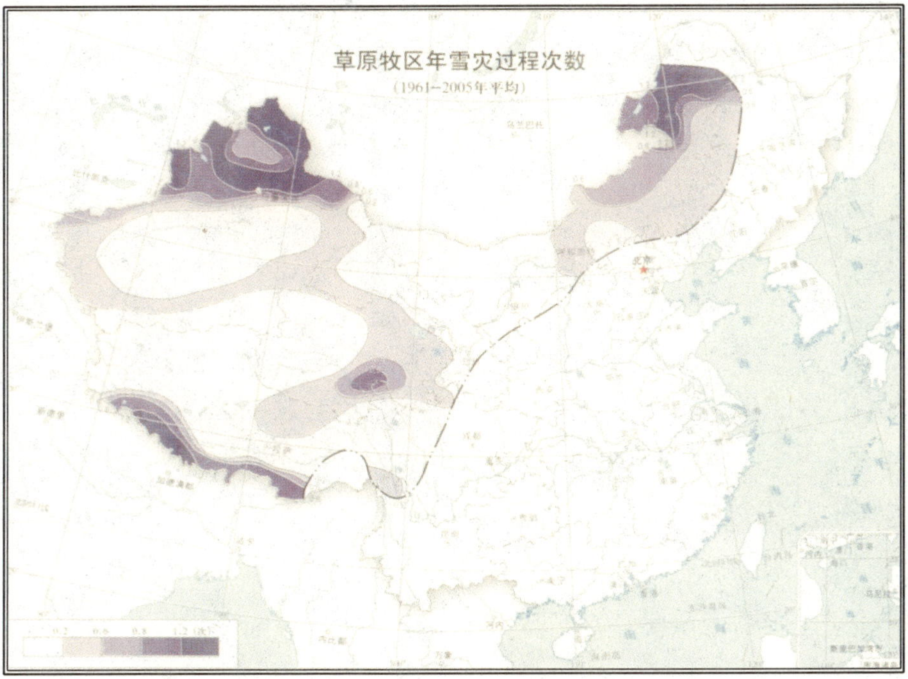

图 2.2　全国草原牧区年雪灾过程次数分布图
（1961—2005 年平均）（中国气象局，2007）

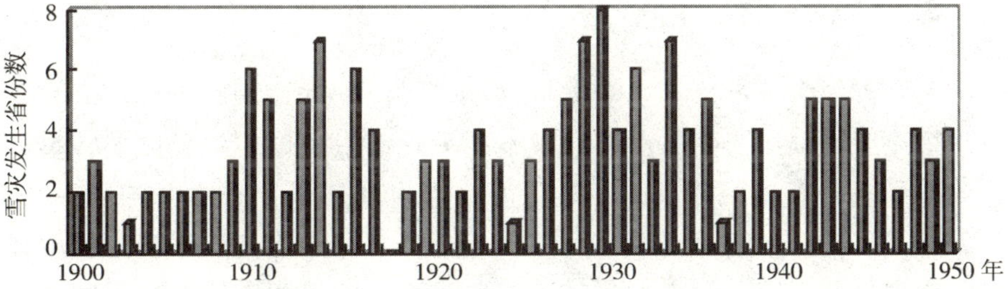

图 2.3　1900—1950 年间各省记录的雪灾发生省份数（灾害大典，综合卷 2007）

从表 2.1 中可以看出，各省发生雪灾灾害的严重程度有很大不同。在北方地区，内蒙古、新疆、黑龙江、西藏是雪灾多发的省区，在 51 年中分别有 30、22、11、11 年有雪灾的记录；南方地区的江西、重庆雪灾记录也比较多。雪灾大部分时间发生在 10 月到次年的 2 月间。但是，有些春季的大雪也容易造成灾害，如宁夏、山西 1908 年 4 月的大雪、山西 1914 年 5 月的大雪、上海 1921 年 2 月的大雪均造成了大的危害。

表 2.1 1900—1950 年各省（区、市）雪灾受灾记录年份数（《中国气象灾害大典·综合卷》，2007）

省份	雪灾受灾记录年份数	省份	雪灾受灾记录年份数
黑龙江	11	浙江	3
辽宁	9	安徽	2
吉林	0	江西	11
内蒙古	30	福建	0
宁夏	8	广东	0
甘肃	1	广西	3
陕西	5	海南	0
新疆	22	贵州	0
青海	6	云南	1
西藏	11	四川	7
山西	10	重庆	15
山东	3	上海	2
河北	3	北京	0
河南	9	江苏	0
湖北	2	天津	0
湖南	8		

2.2 牧区雪灾等级标准

牧区雪灾是由于冬、春季降雪量过多，气温低造成积雪持续不融化，草场被积雪掩埋，致使家畜采食困难或不能采食而发生的不同程度的牲畜伤亡事件，并可能伴有牧民冻伤、交通阻塞、电力和通讯线路中断的一种雪害。冬、春降雪多少，是能否形成雪灾的前提条件，而积雪掩埋草场的程度以及持续时间则是形成雪灾的重要条件。主要表现在当发生雪灾时，积雪掩埋草场，家畜处于饥寒交迫的环境条件下，畜体得不到草料补充，膘情显著下降，对外界不利环境和对疾病的抵抗能力大大降低，常常造成母畜流产、仔畜死亡率增高和老、弱、病畜的伤亡。同时，还将影响家畜放牧，妨碍交通、压损棚舍等。由于各类放牧家畜的生理特性不同，从而表现出在积雪较深的情况下，破雪采食能力有异。因此在遭受雪灾危害的时候，各种家畜损失也不一样。在重雪灾的年份，不同家畜死亡程度是不同的。根据调查资料综合分析：马在积雪深度达 20～30 cm、绵羊为 10～20 cm、牛＜10 cm 时，会造成家畜采食困难。所以在同一灾情年份，各类家畜损失情况各不相同。因为马的破雪采食能力较强，因而抗雪灾能力最大，损失最小；山羊、骆驼次之，绵羊损失较大。牛的破雪采食能力最差，抗雪灾能力最弱，所以死亡率也最高。

据对内蒙古、宁夏、甘肃、新疆、青海、西藏、四川等省区调查，在雪灾发生年份家畜受害程度的分析表明：当积雪持续时间>7 d 时，荒漠、半荒漠草场积雪深度在 5～10 cm 时，雪埋牧草相当于牧草平均高度的 30%～40%，即可形成轻雪灾，此时牛采食困难，对羊影响尚小，而对马则无影响。积雪深度<5 cm 时，一般不发生雪灾灾害；积雪深度>15 cm 时，可以掩埋牧草的平均高度的 2/3 以上，此时对各类家畜都将产生危害。草原草场的牧草平均高度较高，15 cm 以下的积雪一般不会形成雪灾灾害。积雪深度>25 cm时，雪埋牧草也可达到 2/3 以上，形成重雪灾。青藏高原上的草甸草场，因牧草矮小，当积雪持续时间>7 d，积雪深度>3 cm 时，牦牛采食就感到困难，绵羊也稍受影响，可成轻度雪灾；积雪深度>10 cm 时，往往发生重雪灾危害，各类家畜损失均较大（照片 2.1）。

照片 2.1　牧区大雪之后，雪覆盖在草地，看不到任何草，牲畜只有挨饿

考虑雪灾形成是一个复杂的过程，是大降雪、持续低温和积雪叠加后的自然灾害。因此，评估雪灾等级标准选择的气象要素主要有降水、雪深、雪日、积雪日数、雪深与牧草高度之比、气温和最低气温及其降幅、风速和大风日数等。例如，我国积雪强度特征和牧区雪灾的分级标准、危险程度研究中就用冬、春降雪量，积雪深度与牧草之比、可发生雪灾积雪的影响范围以及低温、大风的综合结果作为牧区雪灾分级标准。

雪灾可能发生时期的长短，主要由积雪开始期和终止期所决定，而雪灾可能发生期的始期和终期，就是积雪的初日和终日。所以，凡是积雪初日出现越早，终日结束越迟的地方，雪灾可能发生时段越长，几率也就越大。雪灾可能发生时期长短与初、终雪期间的天数是一致的。牧区雪灾可能发生始、终期具有明显的地域性差异，可能发生始期出现规律是从东北向西南逐渐推迟，而山地以及青藏高寒牧区则随海拔高度的增加而提前。如在青藏高原中部海拔 4500 m 以上的高寒牧区，雪灾可能发生始期在 8 月中旬，成为最早可能发生区，而绝大部分牧区始期都在 10—11 月份。

雪灾可能发生的终止期的地理分布与可能开始期的分布正好相反。分布趋势是从东北向西南逐渐提前，山地以及高寒牧区则随海拔高度的增加而推迟。对我国大部分牧区而言，雪灾可能终止期都出现在 3—4 月份，而青藏高原一般在 5—6 月份，两者之间相差 2—3 个月之久。积雪期的长短虽然能够反映出雪灾可能发生期的长短，但是雪灾的可能发生期与实际发生期一般来讲是不吻合的。因为雪灾实际发生期往往由积雪深度、持续时间、牧草高度和家畜受害情况所决定。据资料分析，我国牧区雪灾的实际发生时期一般出现在 10 月份到第二年的 5 月份。雪灾出现在 11 月份的次数约占年总次数的 50%以上，出现在 3—4 月份的占年总次数的 40%左右，而其他时段出现还不到 10%。由此可见，我国牧区雪灾发生的主要时段在 11 月份前后和 3—4 月份。内蒙古广大牧民就有“10 月（农历）雪赛如铁”之说，其原因在于 11 月份的降雪量大，容易形成时间长而且比较深厚的积雪（照片 2.2）。如果白天气温尚可使表层积雪融化，夜间温度较低，则使已融化的积雪表面再度冻结，结果积雪表面形成了一层“冰壳”，此时，家畜不易破冰雪采食而造成“饿灾”。这种现象西藏牧民称为“结帐”。每年 3—4 月份是季节转换时期，冷空气活动频繁，家畜膘情也最差，部分牧区又处于接羔保育期，这个时期一旦发生雪灾，各类家畜极易受害而造成较大损失。这一时期是成灾次数多、损失严重的时段。

我国牧区每年都有不同程度的雪灾发生。根据雪灾的定义和成灾标准，分析 1961—1990 年各地发生雪灾的次数和频率，并结合实际灾情进行综合分析。结果可将雪灾发生区分为三种区域类型，这就是雪灾常发区、雪灾偶发区和雪灾不发生区。雪灾的常发区主要分布在内蒙古以西的大兴安岭以西、阴山以北的广大牧区；青海省青南地区以及祁连山牧区；北疆部分山区；西藏高原的中北部及西部牧区；川西高原牧区的西部常发区在 20 年内共出现轻、中、重雪灾 5～8 次，频率约为 25%～40%。雪灾的偶发区主要分布在西藏南部边缘地区、青海湖及海西东部地区、内蒙古的阴山以南及巴彦淖尔盟一带；宁夏六盘山区；甘肃的陇中西北部、甘南高原；新疆的南疆部分山区；四川的川西高原牧区部分地方及云南西北部牧区少部分地方。偶发区的雪灾发生频率在20%～25%以下。在我国牧区的其余地方，由于降雪期间降雪量少，或者降雪量虽较多但温度则较高的广大牧区，一般不易形成稳定而深厚的积雪。半农半牧区由于补饲条件好，所以也不容易形成雪灾。

照片 2.2　暴风雪之后的草原，只能看到部分草的草尖出露

由于积雪掩埋牧草使牲畜不能采食或采食困难，在自然放牧条件下，牲畜中断或减少了通过采食而摄取的能量、营养的补充，牲畜只能调用自身积蓄的脂肪等营养物质，维持生命和抵御寒冷状况下的热量散发，牲畜等级下降，持续掉膘，直至死亡。这是雪灾危害牲畜的简单过程。由此可见，无法采食或采食困难是雪灾发生的必要条件，而这种状况的持续时间是雪灾危害程度的充分条件。牲畜采食愈困难，持续时间愈长，雪灾灾情愈严重，反之亦然。多个致灾气象因子中，积雪掩埋牧草的程度、受灾面积和积雪持续时间三个要素比较接近能反映雪灾发生的必要和充分条件。研究表明，积雪深度与优势牧草高度之比＜0.4 为轻度雪灾，0.4～0.5 为中度雪灾，0.5～0.7 为严重雪灾，＞0.7 为特大雪灾。根据在内蒙古和青海省草原的调查，牲畜受困吃不到草，第 5 天老弱病畜开始死亡，第 7 天一般牲畜死亡，到第 10 天大部分牲畜开始死亡。

根据在青藏高原东部牧区青海、西藏、甘肃、四川 7 个站大—暴雪过程结束后积雪持续日数，利用积雪掩埋牧草程度的比值来反映不同草场类型的平均高度的空间分布与草场类型的空间分布之间的对应关系，不同草场类型除反映草群结构外，也反映了草地草群高度和生物量的作用。即：积雪掩埋牧草程度的比值=积雪深度（cm）/草群高度（cm）；利用卫星遥感监测雪灾面积占当地实际土地的面积比，来确定受灾面积。即受灾面积=积雪面积（km^2）/土地面积（km^2）。因此，积雪深度、积雪面积和积雪持续日数可从气象监测中迅速、准确地获取，所以基本符合标准要素选择的原则，确定以这三个要素的不同组合作为雪灾等级标准。依据积雪掩埋牧草程度的百分比、积雪持续时间和受灾面积等三项指标，来制定牧区雪灾发生的等级指标，将灾情等级分为轻灾、中灾、重灾和特大灾四级（表 2.2）。

表 2.2　牧区雪灾等级标准（李海红等，2005）

雪灾等级	积雪状态			家畜受灾情况
	积雪深度（cm）/草群高度（cm）	积雪持续时间/d	积雪面积（km^2）/土地面积（km^2）	
轻灾	0.30～0.40	≥10	S≤30%	影响牛的采食，对羊的影响尚小，而对马则无影响
	0.41～0.50	≥7		
中灾	0.41～0.50	≥10	S≥31%	主要影响牛、羊的采食，对马的影响尚小
	0.51～0.70	≥7		
重灾	0.51～0.70	≥10	≥40%	影响各类家畜的采食，牛、羊损失较大，出现死亡
	0.71～0.90	≥7		
特大灾	0.71～0.90	≥10	≥60%	严重影响各类家畜的采食，如果防御不当将造成大批家畜死亡
	>0.90	≥7		

2.3　雪灾分级评估

根据 1949 年以来的气象资料和各地雪灾发生资料统计，截至 2003 年的 55 a 间，青海牧区共发生 29 次雪灾，严重的有 11 次，特大雪灾 5 次；其中，南部地区发生频率最高，平均两年 1 次，海西地区平均 5～6 a 发生 1 次，小范围局地性雪灾基本上年年都有不同程度出现。如 1985 年 10 月 7—20 日，青海省南部地区发生历史上特大雪灾，共减损牲畜 193 万头（只），死亡牲畜 152.6 万头（只），急宰牲畜 40.4 万头（只），直接经济损失达 1.2 亿元，致使 3000 多户牧民绝畜。所以，以青海牧区为例，建立预报和评价牧区雪灾的等级。

2.3.1　雪灾致灾因子及灾情等级指标分析

雪灾的形成不仅与天气形式、降雪量、积雪深度及持续时间有关，还与牧业年景丰歉、草地植被类型、畜群膘情情况以及适应能力、社会承灾能力等有密切关系。因此，研究分析雪灾成因，必须既考虑各项因子的综合作用和影响，又考虑影响雪灾因子的主成分，才能客观、准确地反映雪灾成灾的实际情况。

冬春季降雪量的多少是造成雪灾的主要因素之一，根据青海省历史雪灾资料，利用主观评定法将雪灾分为特大、重、中、轻四级，并规定对雪灾影响程度最大的为4级，最小的为1级。统计各灾害等级中降雪量的多少，确定上下限，得出各降雪量因子的平均值，作为各等级的中值 ξi。以此进行雪灾预警因子隶属度的计算（其他雪灾预警因子的指标计算也相同），见表2.3。

表2.3 青海省南部地区不同月份不同等级雪灾的降雪量平均值（mm）（颜亮东等，2006）

级别	10月	11月	12月	1月	2月	3月	4月
ξ_1	4.5	3.3	2.7	2.7	3.1	3.2	4.4
ξ_2	10.0	6.6	5.4	5.4	6.2	6.5	8.8
ξ_3	15.0	11.1	9.0	9.0	10.4	10.8	14.7
ξ_4	20.0	16.0	14.0	14.0	15.2	16.0	20.0

2.3.2 积雪深度和持续时间

观测和研究表明，青海高原由于气候寒冷，牧草的生长季相对较短，草层高度较低，积雪深度小于3 cm对家畜影响较小，一般不形成雪灾，且有利于草地土壤的保墒和春季牧草返青，并可解决冬春缺水草场的人畜引水问题。当积雪深度超过3 cm，对各种家畜均产生不同程度的影响，同样的持续积雪时间，地面积雪深度3～5 cm可达到轻灾，6～9 cm达到中灾，10～19 cm为重灾，20 cm以上达到特大灾。

当降雪量达到成灾程度时，积雪持续时间就成为加重灾害的又一个重要致灾因子。从雪灾形成的时间上来看，可分为三种情况：一是秋末或初冬一场降雪达到或超过灾变量，并形成坐冬雪；二是入冬后多次降雪使积雪逐步加厚达到或超过灾变程度；三是春季降雪量达到灾变程度。前者由于影响时间长，危害程度就越大，其次是第二者，后者由于持续时间短，危害程度就较小，属于灾害性天气范畴，不属于气候灾害。但如果一次性降雪超过灾变程度，并持续10 d以上，对承灾能力差的地区仍造成严重灾害。据在内蒙古草原的调查，牲畜受困完全吃不到草，第5天老弱病畜开始死亡，第7天一般牲畜开始死亡，到第10天大部分牲畜死亡。这与其他地区的调查结果比较接近，故将积雪持续时间大于5 d、7 d、10 d和大于30 d可定为小雪灾、中雪灾、大雪灾和特大雪灾的积雪持续时间的雪灾等级指标。

考虑到不能用实际的积雪厚度和持续时间来进行雪灾的预警，因此，需要分析历年来降雪量与雪深、平均气温与积雪持续时间的关系。就降雪产生的积雪深度和持续时间而言，随着季节的不同（平均气温的不同），同量级的日降雪量，其形成的积雪深度和持续时间是不同的，产生的雪灾等级程度也是不同的。从表 2.4 可以计算不同月份一定降雪量下的积雪深度和持续时间，就大雪天气过程（日降水量≥4.9 mm 左右）而言，冬季致灾的等级大于春季致灾的等级。青南牧区积雪融化速率与平均气温的关系表明，当日平均气温≥−5℃时，白天气温在 0℃以上，积雪融化较快，在 5 天内基本能够化完，不会造成雪灾；当日平均气温为−5.1～−10.0℃时，平均积雪融化速率只有日平均气温≥−5.0℃时的一半，可造成轻度雪灾；当日平均气温为−10.1～−15.0℃时，平均积雪融化速率只有日平均气温≥−5℃时的四分之一，可造成中—重度雪灾；当日平均气温≤−15.1℃时，白天气温在 0℃以下，积雪基本上不融化，可直接造成特重雪灾。通过以上分析，结合青海历年来雪灾发生的等级，降雪量与积雪深度、平均气温与积雪持续时间的灾情等级预警指标可确定如表 2.4、表 2.5。

表 2.4　青海省南部地区降雪量与积雪深度、持续时间的关系统计（颜亮东等，2006）

要素	10 月	11 月	12 月	1 月	2 月	3 月	4 月
降雪量（mm）	5	4.8	4.5	4.6	5.2	4.9	5.0
历年平均日融雪率（cm/d）	1.7	0.9	0.4	0.5	1.0	1.1	2.0
降雪量与积雪深度（cm/mm）	0.66r	0.90r	1.11r	1.11r	0.96r	0.92r	0.68r
月平均气温（℃）	−0.1	−7.3	−11.8	−12.7	−9.5	−4.6	0.0
降雪量与积雪持续时间（d/mm）	0.39r	1r	2.78r	2.22r	0.96r	0.84r	0.34r

注：表中 r 为降水量，单位：mm。

表 2.5　青海高原雪灾等级预警指标（颜亮东等，2006）

因子	无灾	ξ_1	ξ_2	ξ_3	ξ_4
温度 λ_1（℃）	≥−5	−7.5	−11.0	−13.5	≤−15.1
积雪日数 λ_3（d）	≤5	6	9	20	≥30
雪深 λ_4（cm）	≤3	4	7	15	≥20
草地现有载畜量 λ_5（万只羊）	≤150	150	180	210	240
草地超载比例 λ_6	≤0.0	0.2	0.4	0.6	0.8
补饲量 λ_7（kg/只）	≥2.0	1.5	1.0	0.5	0

注：λ_1—λ_7 为各种成灾因子预警指标，ε_1—ε_4 为雪灾等级。

2.3.3 雪灾的生物致灾因子及对灾情等级的影响

雪灾形成后，对家畜产生的影响，除受致灾因子本身的作用外，还受不同草地植被类型、畜牧业年景的丰歉（草地地上动态生物量）以及社会承灾能力的大小等其他诸多环境因子的作用。草地产草量（即载畜能力）是一个重要的影响因子。放牧家畜的饲草来源是依靠天然草地，草地产草量的高低直接影响着家畜的单位时间采食量和载畜能力。一般来讲，草地产草量越高载畜能力越大，单位时间内采食量也越多；另外，草地理论载畜量大于实际载畜量，家畜在单位面积草地上采食到的饲草量就越多，对雪灾灾变程度的抑制作用就越大，反之亦然。由此可见，准确掌握草地牧草产量动态，确定合理的载畜量，对于正确评价评估雪灾灾变程度至关重要。从青海省牧业区历年平均、歉年、丰年牧草产量可以看出，在不同的年景，产量相差很大，在出现同等降雪量和相同积雪持续日数的情况下，发生的雪灾等级就会明显不同。

另一方面，当草地超载时，即使是牧草年景较好，产量较高，也使雪灾发生的等级增加。分析历年雪灾等级与载畜量的关系表明，超载量与发生雪灾的概率呈正相关。在平均降雪量 5 mm，没有补饲情况下，当超载率≥60%时，牲畜大量死亡，极容易发生特大重灾；当超载率 40%～60%时，大部分开始牲畜死亡，容易发生重灾；当超载率 20%～40%时，部分开始牲畜死亡，容易发生中灾；当超载率 10%～20%时，老弱病残的牲畜开始死亡，容易发生轻灾，以此作为草地超载比例的划分指标（表 2.5）。

据调查，舍饲的家畜几乎不受雪灾的影响，对在草场上放牧的家畜，如果在入冬前贮备一定数量的草料，并在遭受雪灾时及时进行补饲，则可以大大减轻灾情。近几年来，青海省各地都进行了一定面积的青燕麦种植和冷季草场的围栏建设，贮备了一定数量的饲草，加强了对雪灾的预防和抵御能力。根据单位成年藏系绵羊日食青饲料需要 2 kg 的标准，可进行补饲条件的灾情等级划分（见表 2.5）。由于雪灾的危害主要反映在牲畜上，而各种人类活动又是互相联系的，如交通条件的好坏、草地封育程度的高低等均可影响贮备补饲料的数量。因此，可将补饲料的数量指标作为社会因素对雪灾的影响进行雪灾等级的预警（见表 2.5）。

人类活动与社会经济发展对雪灾形成过程及成灾结果产生的影响是多方面的，主要表现在随着人类生活水平的提高，交通条件的改善，防灾减灾意识的提高，在一定范围内可以削弱雪灾的危害程度。例如，退耕还林还草、封育草地、通过采取修建永久畜舍棚圈，减少冬季存栏头数，储备饲草饲料补饲等措施减轻灾害程度。

2.4 中国畜牧业雪灾承灾体脆弱性与可持续发展

中国草地面积约占世界草地的13%，拥有天然草地3.92亿hm^2，占国土总面积的41.41 %，主要分布在内蒙古、新疆、西藏、青海和甘肃等地，这些省区每年为国家创造约五分之一的畜牧业产值。近年来，畜牧业产值占农业总产值的比重日益增加，已从1952年的11.2%上升至1999年的28.5%，大大超过了林业和渔业产值占农业总产值的比重。然而，作为西部特色经济和支柱产业的畜牧业生产水平却极为低下，原因之一就是雪灾等自然灾害对畜牧业造成的严重危害。由于雪灾属突发性自然灾害，不仅影响冬季放牧，而且严重威胁着由于前期干旱累积而特别脆弱的冬季畜牧业生产，是制约我国畜牧业持续发展的重要致灾因子。因此，在北方干旱化背景下，认识和掌握雪灾灾害系统及其对草地畜牧业的影响，并提出相应的减灾对策，对减轻雪灾损失、保障畜牧业持续发展具有重要意义。

雪灾是我国牧区最主要的自然灾害，我国草原大都处于高海拔中、高纬度带的内陆地区，自然条件严酷。在主要牧区，不同程度的雪灾几乎每年都会发生，已成为严重制约我国这些地区经济建设与牧业发展的重要因素之一。雪灾的形成原因复杂，与很多要素有关，早期的雪灾致灾因子研究侧重在自然致灾因子方面。近年来，人们认识到雪灾是在自然和人为因素的共同作用下形成和发展的气象灾害，雪灾的发生，不仅受降雪量、积雪深度、密度和积雪持续时间的影响，同时和草场状况、补饲条件及生产力水平等紧密相关，是一种多种因素综合作用而致灾的气象灾害。而且，由于各地区资源、气候条件各异，社会经济发展水平不同，土地利用方式不同，所受到的雪灾的影响以及抵御其威胁的能力也存在很大的差异。显然，大多数经济水平相对落后地区最易受到其威胁，一方面这些地区的经济更多依赖于农牧业和自然资源，另一方面它们缺乏抵御雪灾等气象灾害威胁的能力，即区域内系统的脆弱性及适应性较差，从而造成灾情的放大。

2.4.1 畜牧业雪灾承灾体脆弱性

畜牧业雪灾灾害系统是由畜牧业雪灾致灾因子子系统、畜牧业雪灾孕灾环境子系统和畜牧业雪灾承灾体子系统共同组成的一个复杂系统，畜牧业雪灾灾害系统的脆弱性是指畜牧业生产系统易于遭受雪灾威胁和损失的性质和状态。当地的人口、资源和环境组合、农牧业政策、经济发展水平、草场建设情况、畜牧业科技管理水平、种植业结构等，均对畜牧业雪灾脆弱性产生影响。畜牧业雪灾脆弱性的形成和变化是畜牧业雪灾灾害系统整体结构和功能不断变化的结果，与各子系统及其组成要素相互联系、相互制约。

我国草原自然条件严酷，降水量少且时空分布不均，蒸发量大，地表水和地下水缺乏，降水不稳定的气候系统构成了易灾且不稳定的孕灾环境。我国主要牧区至今仍沿袭着“靠天养畜”的被动生产状况，即主要利用天然牧草，以放牧方式为主。因此，畜牧业生产有很大的年际及季节性波动变化，在主要牧区，不同程度的雪灾几乎每年都会发生。畜牧业雪灾主要是由 3 个原因造成的：1）不同年份和季节，由于水热条件时空分布不均，加上年度间降水变率大，导致生物产量低而不稳，草地生产力差距很大。如果牧草长势较差，产草量及打草量低，导致饲草料储备不足，在冬季降雪后无法放牧采食的情况下，牲畜无法及时补饲；2）草原牧区从春末到秋初，大约 3～4 个月有青草，牧畜膘情较好。随后便是长达 8～9 个月的枯草期，饲草供应的质和量都要逐日下降，因此远不能满足家畜本身维持其基本代谢的需求，加之天气寒冷，热量损失大，家畜不得不消耗其体内贮存的物质来维持生命。一旦有持续性大雪降温天气出现，牧草被大雪埋压，草地不能利用，造成家畜采食困难或连枯草也啃不到，则往往瘦弱掉膘，甚至死亡；3）牧区畜棚、畜圈等基础设施差，降雪过程中或降雪后，大多伴随暴风雪，家畜往往因躲避设施差，或来不及躲避，在牲畜棚圈缺乏的条件下导致牲畜掉膘，母畜流产，仔畜成活率降低，老、弱、幼畜死亡率增高。

人类对自然资源和环境的不合理开发和利用，导致生态系统严重失衡，这些不合理的人类活动增加了孕灾环境的敏感性，造成局部和全球天气与气候状况发生变化，从而改变了雪灾等气象灾害发生的地域、频率及强度分布。土地覆盖变化具有较强的累积性，往往带来一系列生态后果，改变孕灾环境的稳定性，如植被覆盖度的减少，裸地的增加，导致草地退化，为雪灾灾情的放大提供了潜在条件。草地退化有全球气候变暖的影响，但更主要的是强大人口压力下的盲目垦殖、超载过牧、樵采、滥搂滥挖及不合理的管理方式造成的。草地退化不仅导致草地载畜能力大大降低，而且其抵抗灾害的能力尤其在极端年份抵抗气候变化的能力极低。

雪灾灾情的形成过程与区域经济发展水平有直接关系。由于各地区资源、气候条件各异，社会经济发展水平不同，土地利用方式不同，所受到的雪灾的影响以及抵御其威胁的能力也存在很大的差异。显然，大多数经济水平相对落后地区最易受到其威胁，一方面这些地区的经济更多依赖于农牧业和自然资源，另一方面它们缺乏抵御雪灾等气象灾害威胁的能力，即区域内系统的脆弱性及适应性较差，从而造成灾情的放大。我国广大牧区对天然草场几乎是全年放牧利用，对自然条件依赖性很强，因此，牧草的供给和家畜的需求之间存在着年份和季节的不平衡。一旦有持续性大雪降温天气出现，往往造成大批牲畜死亡。雪灾对草地畜牧业的危害极为严重，据不完全统计，青海 1956—1996 年雪灾造成牲畜死亡总数达 854 万头（只），直接经济损失约 12 亿元；新疆 1960—1999 年牲畜共死亡 813 万头（只）。1977 年内蒙古锡林郭勒盟大雪灾，使得整个草场完全被冻雪覆盖，数百万牲畜长期不能出牧，又缺饲草补给，造成大批牲畜死亡，使全盟牲畜由 861.3 万头（只）骤降到 523.7 万头（只），之后用了 10 年时间，到 1988 年才恢复到 1977 年的水平。据统计，在过去 50 年里，内蒙古自治区因灾死亡牲畜累计达 8760 万头（只），其中三分之一是由雪灾造成的。图 2.4 为我国在 1990—2000 年期间因雪灾死亡牲畜头数，可以看出因雪灾死亡牲畜年际变幅很大，其中 1992 年死亡牲畜最多，达 88.3 万头（只），其次为 1995 年，为 71.7 万头（只），这说明我国近些年畜牧业对雪灾的抵抗力仍然很差。

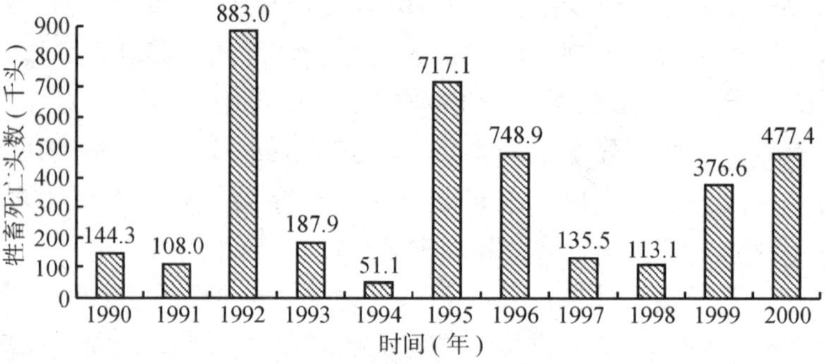

图 2.4　1990—2000 年中国雪灾死亡牲畜头数年际变化（郝璐等，2006）

2.4.2　草原畜牧业区域可持续发展模式

基于草地畜牧业雪灾孕灾环境的不稳定性和畜牧业雪灾致灾因子的风险性，在雪灾防灾、抗灾、救灾组织措施的基础上，构建区域畜牧业雪灾承灾体脆弱性与可持续发展模式，即纯牧业区畜牧业承灾体脆弱性与可持续发展模式（图 2.5）、农牧交错区畜牧业承灾体脆弱性与可持续发展模式（图 2.6）。

草地生态系统的退化受损是气候变化和人类活动共同胁迫的结果。人类活动，特别是长期不合理的畜牧业生产及管理方式，是导致草地生态系统劣变的主要因素，而气候变化加剧了系统劣变的程度。因此，只有不断调整放牧压力和牧草资源的时空分配，以适应由气候因子控制的非平衡生态系统的内在规律，才能合理地利用草地资源，既保护了草地，又避免了自然灾害对畜牧业的毁灭性危害。

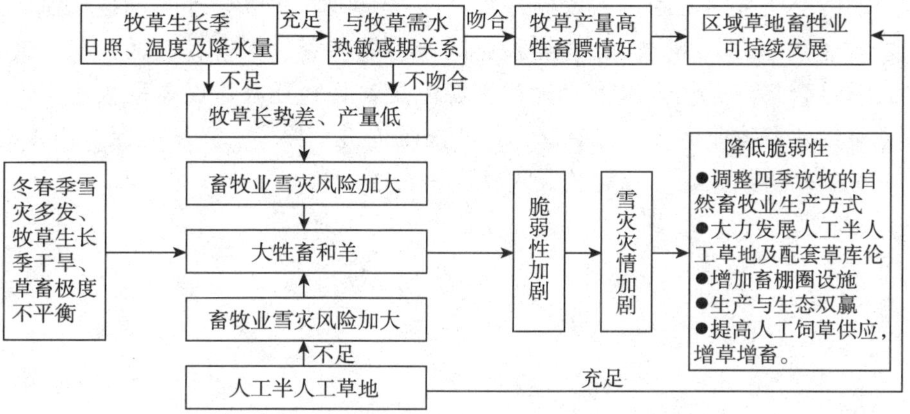

图 2.5　纯牧业区畜牧业承灾体脆弱性与可持续发展模式（郝璐等，2006）

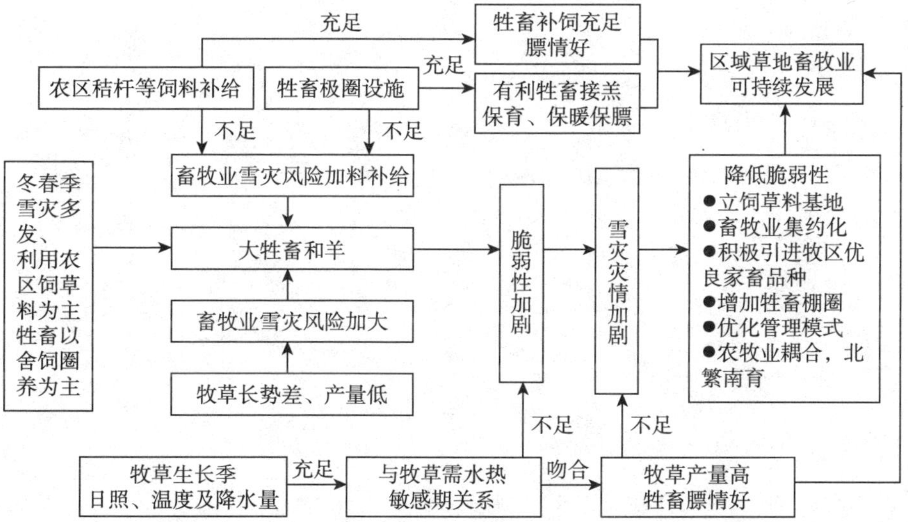

图 2.6　农牧交错区畜牧业承灾体脆弱性与可持续发展模式（郝璐等，2006）

纯牧业区强调调整四季放牧的自然畜牧业生产方式，积极引种入牧，缓解草地春季敏感期放牧压力，通过草原建设解决草畜矛盾。以围封为前提，大力发展人工半人工草地、高标准配套草库伦，从另外的渠道为牲畜寻找饲料，提高冬春饲草的供应量。增加牲畜棚圈，变季节畜牧业为四季出栏，构建既能防止草地退化，又能提高畜牧业经济效益和农牧民收入的生态畜牧业优化经营管理模式，来减轻牲畜对草场的压力。通过改进管理模式，使草地同时具备生态、生产双重功能，从而达到自然生态系统的修复和草原畜牧业经济的可持续发展。

农牧交错区则强调大力发展饲草料生产基地，并以合理的利益机制，推行农牧业耦合的发展方向，把纯牧业区家畜品种资源丰富、农区饲草料充足的优势结合起来，北繁南育，优化资源配置，互利互补，提高畜牧业生产效率，集约化畜牧业生产。只有这样，才能既促进草原生态系统的保护和恢复，同时又提高畜牧业经济效益及农牧民收入。

第3章 暴风雪

3.1 我国暴风雪特点

暴雪是指24小时降雪量超过10 mm的降雪，伴随暴雪而来的往往还有大风、寒潮等恶劣天气。学术专业上讲，暴风雪是对−5℃以下大降水量天气的统称，且伴有强烈的冷空气气流。在冬天，当云中的温度变得很低时，使云中的小水滴结冻。当这些结冻的小水滴撞到其他的小水滴时，这些小水滴就变成了雪，当它们变成雪之后，它们会继续与其他小水滴或雪相撞。当这些雪变得太大时，它们就会往下落。大多数雪是无害的，但当风速达到56 km/h（约15.6 m/s），温度降到−5℃以下，并有大量的雪时，暴风雪便形成了。

我国的中高纬度地区地域广阔，冬季漫长，一旦出现暴雪，并可能伴有的强寒潮、大风天气，对工农业生产、畜牧业、交通运输和人民生活影响较大（照片3.1）。因此，暴雪预报是中高纬气象台站灾害性天气预报中的一项重要内容，对于暴雪的研究也是气象工作者面临的重要问题。

照片3.1　暴风雪中的马车

影响我国的冷空气主要有几大特点：一种是冷空气团是从极地方向过来，比如蒙古国、贝加尔湖方向，冷空气强度比较强，主要是以大风、降温过程为主，不会出现大范围的降水；一种是冷空气团从西伯利亚方向过来，即西北路冷空气，它也是一种大风降温的天气，但强度没有从北路过来的强度强，降水也相对比较少一些；还有一种就是从西路过来的，比如从冰岛过来，经过欧洲地中海这个方向自西向东过来的冷空气，特点就是大范围的降雪过程。导致我国大范围降雪天气的冷空气主要多从西路移过来，再加上东路即贝加尔湖以东的冷空气，两股冷空气合并，与黄淮、江淮、江南北部一带，特别是黄淮一带的暖湿气流结合，很容易出现大的暴雪天气。总之，有充足的水汽和暖湿气流，以及比较明显的冷空气，两者相互结合就很容易使一些地方出现大到暴雪天气。

在冬季当有强冷空气爆发南下时，由于渤海湿暖水面以及山东半岛地形共同作用，常会形成蓬莱以东沿半岛北岸的降雪带，被称之为冷流降雪。它经常会在局部地区形成水平尺度为几十千米的暴雪，这是造成冬季山东半岛气象灾害的主要天气事件，经常给交通运输，工农业生产以及人民生活带来重大影响和损失。如 2005 年 12 月 3—22 日的降雪过程，在烟台、威海出现多次暴雪并造成重大灾情，被列为当年国内十大气象灾害之一。山东半岛冷流降雪是冷空气高空槽移出半岛之后，由 700 hPa 上呈现的东北冷涡或强北支槽使之不断有西北冷空气南下，流经暖湿的渤海海面，使渤海中南部的大片海域上的低层大气呈现浅对流不稳定，在适宜的背景风场及垂直切变情况下，在海面上形成云街和在其下游发展成为对流胞族，它对海面静力不稳定能及热能释放起到了激发和组织作用。

暴风雪是伴随着强风寒潮出现的暴雪天气，发生的机会并不太多，而且它总是伴随着寒潮灾害和大风灾害出现。所以人们常把暴风雪或者作为寒潮天气来研究，或者作为大风天气来研究，或者作为暴雪天气来研究。也就是说，通常只研究了这种天气的一两个侧面，而缺乏全面的针对性的研究。然而，正是由于在暴风雪天气中的风、雪、寒潮三种灾害同时肆虐，才使暴风雪天气所形成的危害特别严重。暴风雪天气的主要特点是雪大、风猛、降温强、灾害重。暴风雪发生时，狂风裹挟着暴雪，呼呼作响，能见度极坏，同时气温陡降。其天气的猛烈程度远远超过通常的大风寒潮和大雪寒潮，一般其风力≥8 级，降雪量≥8 mm，降温≥10℃。1981 年 5 月 10—11 日，内蒙古锡林郭勒盟东部地区，在一场暴风雪中，死亡牲畜 10 多万头（只），并冻死 27 人。

大风、暴雪、强降温联合肆虐是暴风雪灾害的主要原因。根据热力学第二定律，热量总是从高温物体向低温物体传递，不能作反方向传递而不引起其他变化。高温物体因向周围输送热量而形成了自身热量的损耗，损耗的速率跟物体与环境的温差、环境介质的热容及环境介质的流通速度（即风速）有正相关关系。Sipls-Passel 风寒指数公式表明风速和环境温度对人体裸露皮肤热损耗的影响，可用风寒相当温度（T_e）来表示，在不同风速的环境温度下人体所感受到的“视在温度”。风寒相当温度的计算公式为：

$$T_e = 33 - (10.45 + 10V^{1/2} - V)(33 - T_a)/22.4 \tag{2.1}$$

式中 T_e 为风寒相当温度（℃），V 为风速（m/s），T_a 为大气环境温度（℃）。由此式可知，在风速为 6 级、气温为 0℃时，人的体感温度与静风下 −16℃时相当。而在气温为 −5℃、风速达 7 级时，人的体感温度竟与在静风时 −25.0℃相当。

需要指出，上述的风寒指数和风寒相当温度，都没有考虑湿度变化的影响。其实湿度对人的体感温度的影响也是很明显的，高温高湿时，人们感到闷热难耐，而低温高湿，人们会感到异常寒冷。因为饱和湿空气的热容要远大于干空气的热容，在同等风速下，高湿可以带走更多的热量，所以风雪天气下的严寒程度要远远超过单纯的风寒。将式（2.1）改写为：

$$T_e = 33 - (1+\alpha)(10.45 + 10V^{1/2} - V)(33 - T_a)/22.4 \tag{2.2}$$

就变为一个包含湿度影响在内的风寒相当温度公式，其中 α 是湿空气所增加的热容系数。

由于降暴雪时空气的湿度已接近饱和，湿空气较大的热容进一步加大了风寒天人畜的热损耗率，而且融化和蒸发落在地上的冰雪也要消耗大量的热量。因此，风雪天气下人的体感温度比单纯风寒天气还要进一步降低。设湿空气比干空气增加热容 1/5，则由上面讨论可知，当环境大气温度为 −5℃时，暴风雪中人体感受到的寒冷程度已达 −35℃以下，在这种寒冷程度下，若事前没有御寒准备，人畜很快都会被冻伤、冻毙。特别是春天，在人们刚刚脱去冬装，家畜开始换脱绒的时候，突然而至的暴风雪常常会给畜群造成毁灭性的灾难。

虽然严重的暴风雪天气常会在短时间内给野外放牧的畜群带来灭顶之灾，但实践表明，只要能提前数小时得知暴风雪的到来，并采取一些适当的防御措施，就可以大大减少损失。所以，准确的暴风雪预报对防灾减灾具有重大意义。研究表明，狂风、暴雪、强降温联合肆虐，加重了冻害程度，这是暴风雪灾重的主要原因。需要在现有的风寒指数和风寒相当温度公式中，加入湿度对热损耗的影响，才能反映出风雪天气之下真实的严寒程度。

图 3.1 是我国北方中纬度地区 20 年暴雪出现天数的年际变化分布图，从图中可看出，暴雪出现最多的是 1985 年，达 19 d，最少的是 1997 年，只有

4 d。20 年共出现暴雪 213 d，平均每年 10.65 d，其中 1981—1990 年为 125 d，占总数的 58.69%，1991—2000 年为 88 d，占总数的 41.31%，20 世纪 80 年代明显多于 90 年代。暴雪分布具有年际变化特征，特别是 90 年代后期。只是在 1984 年到 1985 年有一个突然的增加，之后连续下降 4 年到 1989 年达到次低点，90 年代起伏不大，但从 1997 年起从最低点有上升趋势。

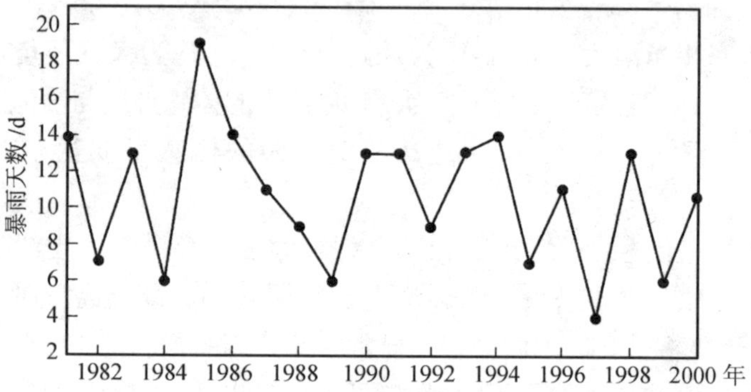

图 3.1　1980—2000 年暴雪天数年际变化（单位：d）(胡中明，2003)

1980—2000 年的 20 年中，暴雪出现最早的为 1994 年 10 月 1 日阿尔山站，最晚结束的为 1993 年 3 月 31 日乌鲁木齐站。表 3.1 是各月及各旬暴雪分布，可看出：11 月出现暴雪最多达 70 d，3 月其次为 51 d，最少的是 1 月份仅 13 d。各旬分布中，最多的是 11 月中、下旬 26 d，最少的是 10 月上旬仅 2 d。按北方特有的气候特点和节气划分，将 10 月和 11 月定为初冬，12 月至次年 2 月为隆冬，3 月份为初春。则初冬和初春出现暴雪共计 154 d，占到总数的 72.3%。可见初冬和初春是中高纬暴雪的盛行期，而整个隆冬暴雪并不多见。

表 3.1　各月及各旬暴雪天数分布（单位：d）(胡中明，2003)

月份	上旬	中旬	下旬	合计
10	2	9	22	33
11	18	26	26	70
12	13	9	7	29
1	7	2	4	13
2	4	7	6	17
3	11	20	20	51

我国中高纬暴雪出现次数较多的站在东北地区和新疆维吾尔族自治区，暴雪出现的次数分布在空间上不与纬度成正比，即并非越北越冷的地区出现越多。表 3.2 的各省 1980—2000 年暴雪出现次数统计表明，20 年中有 5 个站出现暴雪超过 20 次，东北区最多的在通化站为 23 次，其次是本溪 22 次，再

次绥芬河21次。新疆最多的是塔城站22次，其次是乌鲁木齐21次。可见中高纬暴雪的一个多发区在东北的东部，东北区暴雪分布呈自西北向东南增加的态势，特别在长白山脉的迎风坡达到最多，另一个多发区在新疆西北部及沿天山一带地区。出现次数较少的在华北、内蒙古中部、东北西部、甘肃北部，其中图里河、林西、呼和浩特、张家口2次，最少的是辽宁西部的朝阳、甘肃的玉门和北京，20年中只出现1次纯暴雪。

表3.2 各省（区、市）暴雪出现次数（单位：次）（胡中明，2003）

省份	总次数	平均
黑龙江	93	7.8
吉林	112	12.4
辽宁	103	12.9
内蒙古	20	2.9
河北	9	3.0
新疆	115	12.8
甘肃	1	1.0
北京	1	1.0

新疆雪暴主要出现在除准噶尔盆地之外的北疆地区及南疆的帕米尔高原上，年平均日数>1 d的高值中心在北疆北部额尔齐斯河谷的吉木乃、富蕴，西部阿拉山口，天山东段的木垒及南疆西天山的托云。盆地、平原地区几乎没有雪暴发生。出现最多的是吉木乃，年平均4 d，其次是木垒和阿拉山口，年平均2 d。新疆雪暴集中出现在1960年代、1971/1972年、1976/1977年、1979/1981年，1984年后在波动中逐年减少；雪暴集中出现在10—4月，在11月、1月或4月最多。新疆全天都可能有雪暴发生，雪暴出现的时段相对集中在午后，夜晚发生的较少；雪暴持续时间绝大多数在2.5 h之内，持续1 h和1.5 h的最多。新疆雪暴最长持续时间在0.6～28.0 h之间。最长的是额尔齐斯河谷的吉木乃，在1 d以上，其次是高山站托云，最长可持续18 h。最短是哈密盆地的七角井，最长只持续0.6 h，其次是准噶尔盆地南缘的精河，最长持续0.8 h。

内蒙古暴风雪天气的产生，通常与北方冷空气快速南下及蒙古气旋的猛烈发展有关。一般在高空具有强西北急流锋区、强冷平流，而低层水汽又较丰沛的条件下，才易产生暴风雪天气。从引起内蒙古暴风雪天气的环流特征来看，若以欧亚区域环流特点为主分类，大体可分为四类。其中，西西伯利亚脊前不稳定小槽发展类主要出现在春季，数量最多；乌拉尔山阻高崩溃类可发生在整个冬半年的任何时段，数量次多；阶梯槽类主要出现在深秋到初半冬，数量次少。

从理论上说，在内蒙古的降雪期以内的任何时段都可以发生暴风雪天气。然而，这种狂风、暴雪、强降温三种灾害同时发生的剧烈天气，在隆冬时节发生的几率却极小。实际观测资料表明，内蒙古72%的暴风雪天气出现在春季的4—5月份，真正在10月到次年3月期间出现的暴风雪天气还不到总数的30%。内蒙古地区并不是每年都会有暴风雪发生，有风无雪和有雪少风都形不成暴风雪。在过去50年中，有32年内蒙古并未出现暴风雪，这表明，暴风雪这种剧烈天气，只能在少数特定的环流条件下发生。

我国中高纬暴雪分布并不与纬度成正比，相反，较低纬度的地区暴雪出现频次还较多。高值区集中在40°～44°N之间，42°～43°N达到极值。在50个站中，一次暴雪过程最多有13站同时出现暴雪，最少只有1个，而且单站暴雪出现了114次之多，2站的有54次，占总数213次中的78.9%。可见暴雪的空间尺度较小，局地性较强，大范围暴雪次数较少。大于3站的有45次，大于5站的有22次，后者仅占总数的约十分之一。

对我国中高纬50个气象站冬半年的暴雪资料分析表明，我国中高纬地区暴雪分布有以下特征：1）初冬和初春是暴雪的多发时期，隆冬暴雪相对较少；2）暴雪分布具有年际变化的特征，特别是1990年代后期；3）暴雪多发区在东北东部长白山区及新疆西北部和沿天山地区，这为今后重点监测提供了依据；4）暴雪发生有很强的局地性，大范围暴雪出现次数较少。

3.2 我国典型暴风雪案例

3.2.1 2007年3月辽宁省特大暴风雪

2007年3月3—5日，受强冷空气和温带气旋的共同影响，中国出现2006/2007年范围最大、北方地区最强的一次雨雪天气过程。其中，东北东部和南部出现了自1951年有气象记录以来历史同期最强的暴风雪天气。由于风雪交加、气温低、能见度差，对农牧业、工业、交通等造成严重影响。此次暴风雪（雨）和风暴潮灾害，使辽宁、吉林、黑龙江、北京、天津、河北、内蒙古和山东等北方8省（区、市）遭受了巨大的经济损失。辽宁交通几乎瘫痪，机场和高速公路全部封闭，至东北方向的列车全部晚点，部分列车停运。

2007年3月初，由于受贝加尔湖强冷空气和江淮气旋的共同影响，3—5日辽宁省出现了1951年以来同期罕见的大风雪和寒潮天气过程。其中，大连和丹东地区普降暴雨，其他地区降中到暴雪。经统计，全省大部分地区的降水量（48 小时内）都超过了 30 mm，丹东、鞍山、本溪、辽阳、大连超过 50 mm，沈阳达 49 mm（表 3.3）。丹东和东港的降水量达到最大，分别为 99 和 106 mm；在 48 小时内全省大部分地区的平均积雪深度在 20 cm 以上，辽宁中北部的积雪深度达 20～45 cm，局部背风面等涡风地带积雪深度更高，达 60～100 cm。与历年 3 月上旬的平均降水量相比，这次辽宁省各地 3 月 3—5 日的过程平均降水量是常年当地 3 月上旬总降水量的 10 倍以上，均超过了当地 3 月上旬的历史最大值。

表 3.3　2007 年 3 月 3—5 日（48 小时）辽宁省各地的降水（雪）量和积雪深度（李秀芬等，2007）

地区	降水量（mm）	积雪深度（cm）	地区	降水量（mm）	积雪深度（cm）
沈阳	49	36	黑山	36	36
辽中	47	24	义县	20	23
新民	30	33	北镇	26	20
康平	21	15	凌海	38	25
法库	33	20	营口	34	22
大连	57	0（雨）	大石桥	41	17
瓦房店	63	2	盖州	31	15
普兰店	60	0（雨）	熊岳	44	17
旅顺	63	0（雨）	阜新	13	9
长海	62	2	彰武	22	26
庄河	77	0（雨）	辽阳	59	35
鞍山	78	32	灯塔	37	26
海城	41	13	铁岭	30	26
岫岩	66	9	西丰	23	24
台安	28	29	开原	30	26
抚顺	39	32	昌图	16	19
清原	44	44	朝阳	27	20
新宾	48	39	北票	22	14
本溪	60	37	叶柏寿	30	20
本溪县	54	27	凌源	21	18
桓仁	52	34	喀左	31	19
草河口	53	10	盘锦	45	21
丹东	99	2	大洼	42	23
宽甸	55	10	葫芦岛	20	6
东港	106	3	兴城	16	17
凤城	82	8	建昌	21	28
锦州	35	28	绥中	27	19

陆地和各海区出现了平均风力7～8级（13～20 m/s）的偏北大风，沈阳本站5日凌晨出现阵风最大值达26 m/s。在渤海出现了8～9级（17～24 m/s）、阵风11～12级（28～36 m/s）的大风，同时伴有4～5 m的巨浪。辽宁海区还遇到了自1969年以来最强的一次温带风暴潮，风暴增水可达150～250 cm。受冷空气的影响各地气温明显下降，降温幅度达到10～15℃，其中北部、西部地区平均最低气温可达－19～－15℃，中部地区达－15～－13℃。在3月上旬出现如此大的强降雪和大风降温天气是非常罕见的。

从2007年3月3日8:00至4日8:00，除桓仁地区外，全省各地均发生了不同程度的降水（雪）过程。随时间的推移降水（雪）的范围和强度都在增加。本次暴风雪天气的降水特点是范围广、强度大、持续时间长。伴随寒潮而来的暴风雪天气其主要特点是大雪、强风和急速降温。暴风雪发生时，狂风裹挟着暴雪能够造成雪灾、风灾，同时，由于能见度低、道路结冰、海洋风暴潮发生等，也会造成雪灾、风灾以外的灾害。寒潮的强降温使农、林、果、蔬菜等受冻害，甚至造成人畜受冻伤亡。更为严重的是大风暴雪交加的天气在地面上所形成的积雪和雪堆会造成雪阻，可使交通中断数天，甚至可出现交通事故（照片3.2）。2007年3月3—5日发生在辽宁省的特大暴风雪和寒潮天气给全省的各行业造成了巨大的损失。据气象部门不完全统计，灾害造成的直接经济损失约145.9亿元。

照片3.2　暴风雪过后沈阳瘫痪的交通

由于此次暴风雪天气的降雪持续时间长，分布面较宽，强度大，并且伴有大风，使辽宁省大部分地区都受到了不同程度的灾害。全省农业、渔业遭受的损失最为严重，直接经济损失约88.3亿元，占总经济损失的60.5%。受灾最重地区有朝阳、锦州、葫芦岛、沈阳等地，灾害造成全省90个县（市、区）的49万农户受灾，其中，有近45万栋大棚倒塌或严重受损，尤其是那些高投入、高产出的蔬菜日光温室损失更为严重。据不完全估计，经济损失约为48.11亿元，占农（渔）业总经济损失的54.5%。暴风雪还给该省的畜牧业和设施渔业造成了一定的损失。据辽宁省海洋渔业厅初步统计，特大风暴潮使辽宁省渔业设施损失近50万m^2，约占全省渔业设施总面积的1/5，其中养殖用台筏也损失多达 7 万台，直接经济损失达 6.8 亿元。而给畜牧业造成的直接经济损失高达 6.3 亿元。

由于这次暴风雪灾害使东北特钢大连基地等大型骨干企业停产、鞍钢轧钢厂基本处于停产状态，个别高炉停炉、北钢集团等大型企业厂房坍塌、部分设备及原燃材料受损严重，处于停产状态，使全省工业总损失约 30.53 亿元，占总经济损失的 20.9%。交通是辽宁暴风雪过程中损失最严重的行业之一。由于这次暴风雪大的缘故，很多地方降雪厚度达 30 cm 以上（照片 3.3），在背风坡和涡风等地的积雪厚度甚至达到 100 cm，使辽宁省交通大面积受阻，全省海陆空交通接近瘫痪，辽宁几乎成为一个“孤岛”。从 4 日至 6 日，省内 11 条高速公路全线封闭，全省 6200 余条班线的 16350 辆班车、2500 辆包车、813 万辆出租车以及近 30 万辆营运货车停运。据辽宁省交通厅运输管理局统计，仅公路交通一项就造成经济损失 2.24 亿元。铁路局管内列车大面积晚点，机场和高速公路关闭时间长达 48 小时，其中公路、街道被困车辆中的群众达 2.8 万人，数万名旅客滞留，致使辽宁省交通运输及公用基础设施等行业遭受损失约 8.37 亿元。在这场暴风雪天气过程中，辽宁各海区出现 8～9 级的偏北大风，旅顺地区最大瞬时风速达 12 级，是 1951 年以来的极大值，由此导致渤海湾全面停航。至此，辽宁海陆空交通基本中断。

照片 3.3　暴风雪使很多地方降雪厚度达 30 cm 以上

经估算，这次寒潮和暴风雪天气给辽宁省带来的积雪面积约为 14 万 km^2，占全省面积约 96%。全省有 120 多万人受灾，因灾死亡 13 人，紧急转移安置灾民 4 万多人。其中，倒塌和居住危房的农村特困户 1.2 万人；倒塌房屋 1300 多户、4500 多间，损坏房屋 3800 户、5000 多间；辽宁部分市地的中小学停课，例如，在沈阳 90 多万名学生连续放假 2 天；鞍山市百万市民徒步上班。此外，灾害发生时，多数城市出现停水、停电、停气现象，给人民生活带来了极大不便。

3.2.2 天津地区 2007 年大到暴雪对城市交通的影响

2007 年 3 月 3 日到 5 日，受强冷空气影响，天津地区先后出现了强雨雪、大风和寒潮天气。这次天气过程对天津的城市交通造成了一定影响（照片 3.4，3.5），市区道路通行缓慢，途经天津的十条高速公路一度全部关闭，天津滨海国际机场数十个航班受到影响。但由于预报准确，服务及时，天津市各级政府和交通、交管部门提前做好了防御准备，及时启动雪天紧急预案，将这次灾害性天气对交通的影响减到了最小。

照片 3.4　暴雪之后的积雪

照片 3.5　暴雪中上班上学的人群

受强冷空气和气旋的共同影响，3 月 3 日中午前后天津地区开始出现降雨，入夜后逐渐转成雨夹雪，后半夜到 4 日白天以降雪为主。据天津市各区县气象台站的观测统计，天津市 24 小时降雨量（3 日 08:00—4 日 08:00）普遍达到中到大雨，最大降雨量出现在蓟县，为 32.5 mm；有 9 个观测站 24 小时（4 日 08:00—5 日 08:00）降了大雪，最大降雪量出现在汉沽，为 10.6 mm，达到暴雪量级（见表 3.4）。

表 3.4　2007 年 3 月 3—4 日天津各区县逐日降水量（mm）（赵敬红等，2008）

站名	蓟县	宝坻	武清	北辰	西青	市区	宁河	大港	静海	津南	东丽	塘沽	汉沽
3 日	32.5	26.7	24.4	21.8	24.9	25.4	16.7	29.1	24.7	22.2	23.3	31.2	26
4 日	0.1	4.7	3.4	7.4	8.3	7	8.5	6	4.5	8	8.2	8.3	10.6
合计	32.6	31.4	27.8	29.2	33.2	32.4	25.2	25.1	29.2	30.2	31.4	39.5	36.6

3 月上旬，天津地区出现这样的强降水在历史上是罕见的。从 1951—2004 年的历史资料统计结果看，3 月上旬天津各地的旬降水量在 1.6～2.9 mm之间，2007 年 3 月上旬降水量是多年平均值的 11（蓟县）～25 倍（大港）；历史同期最大降水量值普遍在 13～21 mm，今年旬降水量比历史最多年份还偏多 11 mm（宁河）～32 mm（大港）（图 3.2）。

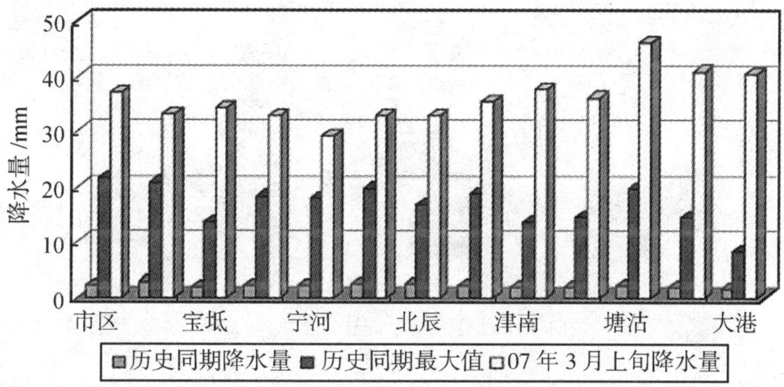

图 3.2　2007 年 3 月上旬降水量与多年平均的比较（赵敬红等，2008）

这次雨雪天气对天津的城市交通造成了较大的影响。3 日白天天津地区主要以降雨为主，且雨量不大，对交通的影响很小。入夜后，转为雨夹雪，气温也持续下降，4 日早晨，部分路面结冰，对交通的影响开始加大，路面湿滑，车行缓慢（照片 3.6），部分路段出现压车现象。4 日白天，天津市大部分区县降了大雪，局部地区达暴雪量级，能见度下降，积雪厚度普遍在 4～18 cm之间。4 日是星期天，又正值中国的传统节日元宵节，串亲访友、购物和赏灯的市民很多，乘坐公共交通工具和自驾车出行的人流达到了一个高峰，据统计，4 日天津市仅出租车载客量就较平日增加了四成。由于降雪，市区各条道路路面湿滑、车行缓慢，部分路口和桥梁出现压车和拥堵现象（照片 3.7），对市民出行影响很大。

照片 3.6　暴雪后路面湿滑，车行缓慢

照片 3.7　由于降雪，市区部分路口和桥梁出现压车和拥堵

从 3 日后半夜开始，途经天津的京沪、京沈、唐津、京晋、京石、京津塘高速等 10 条高速公路已经全都封闭；到 5 日，除津滨高速开启外，途经天津的其他高速公路仍处于封闭状态。4 日上午，天津滨海国际机场关闭。国航、海航、东航等航空公司由天津起飞到上海、深圳、哈尔滨等地的所有航班全部停飞。由上海、深圳等地飞往天津的 10 余个航班也由于本市的这场降雪延误，累计数十个航班受到影响。天津市有关交通部门接到气象部门提供的天气预报后，及时启动灾害性天气交通紧急预案，合理调配警力，疏导交通；市清雪指挥部门启动大雪紧急预案，准备好清融雪的物资，人员全部上岗，及时融雪和清雪，把这次天气对交通造成的影响减到了最小。截至 5 日

上午，全市主干道、立交桥清雪基本完毕，实现畅通，外环线及放射线、国道干线已将路面积雪清除一遍，各区县主要通道、主车道积雪已融化或基本清除。

3.2.3 2008年元月我国南方暴风雪灾害

2008年1月中旬以后，受冷暖空气共同影响，我国出现四次明显的雨雪天气过程，河南、湖北、安徽、江苏、湖南和江西西北部、浙江北部出现大到暴雪；湖南、贵州、安徽南部和江西等地出现冻雨或冰冻天气。4次过程主要发生的时间为：1月10日至16日，18日至22日，25日至29日，31日至2月2日。总体上看，这次气象灾害具有范围广、强度大、持续时间长、灾害影响重的特点，很多地区为50年一遇，部分地区百年一遇，属历史罕见。

范围广：持续的低温雨雪冰冻天气，影响了贵州、湖南、湖北、安徽、江西等20个省（市、区）。我国除华南、东北及云南等地以外的大部分地区均出现冰冻、雨雪天气，其中湖南、湖北大部，江西西北部，安徽中南部，贵州中部等地冰冻日数达10～20 d（图3.3）。根据1月28日我国气象卫星遥感积雪监测显示，沪苏浙皖赣鲁豫鄂湘桂渝川黔滇陕15省（区、市）积雪覆盖总面积为128.21万km^2，其中上海、江苏、安徽、河南、湖北、陕西积雪覆盖面积均占其省面积90%以上，贵州、湖南、重庆占40%～75%。

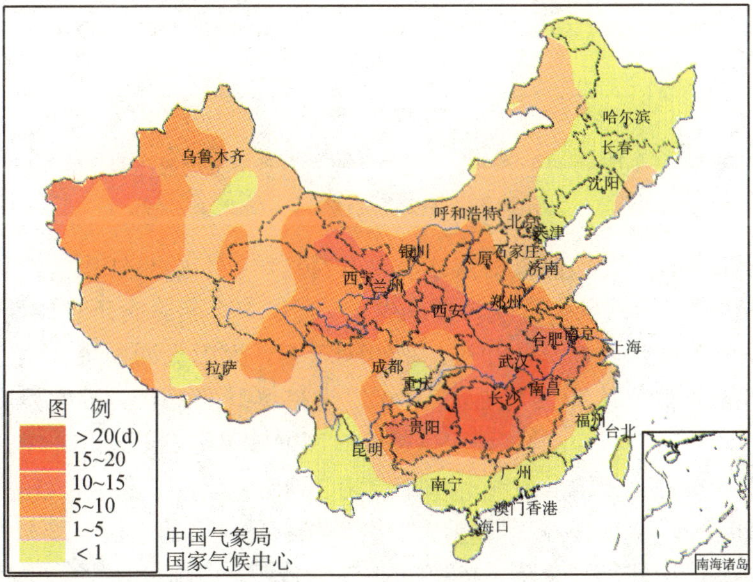

图3.3 2008年1月10日至2月3日全国冰冻日数分布（国家气候中心，2008）

强度大：1月10日—2月2日，全国以及四川、陕西、甘肃、青海四省区降水量达1951年以来同期最大值。江淮、江汉、江南、西南东部的最低气温降至－8～0℃，西北大部以及中东部地区气温普遍比常年偏低1～4℃，其中西北大部、湖北、湖南、广西和贵州等地的气温偏低4℃以上；河南、湖北、湖南、广西、贵州、陕西、甘肃、宁夏平均气温均为历史同期最低值，全国以及安徽、江西、重庆为次低值。江南、华南及西北大部地区过程最大降温幅度达10～20℃，华南西北部超过20℃。长江中下游（江苏、安徽、湖北、湖南、江西、上海）及贵州平均最低气温虽未达历史最低，但平均最高气温异常偏低，较常年同期偏低达5.7℃，明显超过1976/1977年，达历史同期最低值（图3.4）。江淮等地出现了30～50 cm的积雪，浙江暴雪是1984年以来最强的一次，安徽和江苏的部分地区积雪深度创近50年极值。贵州、湖南的电线积冰直径达到30～60 mm。

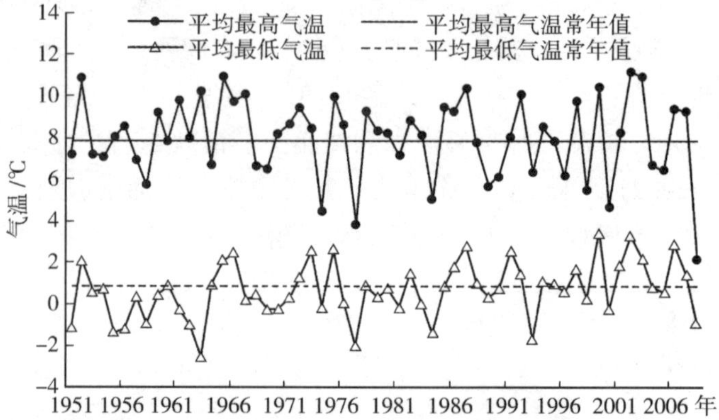

图3.4　1月10日至2月2日长江中下游及贵州平均最高、最低气温历年变化（国家气候中心，2008）

持续时间长：此次低温雨雪冰冻天气持续时间长。长江中下游及贵州日平均气温小于1℃的最长连续日数仅少于1954/1955年，为历史同期次大值；长江中下游及贵州冰冻日数超过1954/1955年，为历史同期最大值。其中湖南、湖北两省雨雪冰冻天气是1954年以来持续时间最长、影响程度最严重的。贵州56个县（市）的冻雨天气持续时间突破了历史记录。

灾害影响重：持续低温雨雪冰冻天气给湖南、湖北、安徽、江西、广西、贵州等20个省（市、区）造成重大灾害，特别是对交通运输、能源供应、电力传输、通讯设施、农业及人民群众生活造成严重影响和损失（照片3.7），据民政部统计，受灾人口达1亿多人，直接经济损失达到了一千多亿元。

持续低温雨雪冰冻天气导致南方地区油菜、蔬菜、甘蔗、红薯、玉米等越冬作物遭受冻害。长时间的阴冷天气使作物光合作用明显减弱，蔬菜生长速度减慢，发生软腐病等病害，并出现霉烂现象，产量和品质下降。江西北部、湖南和贵州的大面积冻雨，使油菜叶片结冰、萎缩，由于雪量过大造成油菜茎杆折断等机械损伤；同时安徽、江苏等地降水量明显偏多，土壤湿度过大，化雪后易发生农田湿害，冬小麦、油菜根系受渍，影响生长发育。根据中国气象局农业产量预报模型计算，此次低温雨雪过程将导致油菜产量损失 35～60 万 t。

照片 3.7　冰冻积雪严重的电力输送塔

持续性强降雪还对设施农业、经济林果、养殖业等农副产业造成不利影响。由于降雪时间过长、积雪过厚，气温持续偏低，日照不足，降低了大棚内温度和透光性，影响大棚蔬菜和花卉的正常生长，导致蔬菜白粉病和灰霉病发生与蔓延，更为严重的是部分蔬菜大棚、食用菌棚等因积雪倒塌（照片 3.8）。南方一些地区茶叶、蜜桔、脐橙、冰糖橙、椪柑、柚子等经济林果普遍受灾，果树因冰冻受到机械损伤，造成落叶、枝干折断、嫩梢萎焉，不少成株、幼苗被冻死，湖南柑橘产区大部减产已成定局。冻雨也给林业生产造成了严重的危害，大量毛竹、杉木等被积雪压断。持续低温冷冻天气影响了家禽、家畜及水产品的安全越冬，导致部分鱼类、牲畜患病甚至死亡。

照片 3.8　安徽巢湖望城村村民从大雪压塌的大棚内抢收蔬菜（据新华网）

1 月 10 日以来，我国南方大部分地区和西北地区东部出现了建国来罕见的持续大范围低温、雨雪和冰冻的极端天气，加上冬季用煤用电增加、春运高峰到来等因素影响，部分地区出现电煤紧张的状况，全国有 17 个省市出现拉闸限电。截至1月25日，全国电煤库存约2142万t，不到正常存煤的一半。全国因缺煤停机3990万kW，国家电网覆盖范围内因缺煤停机2402万kW，南方电网覆盖范围内因燃料供应和自然灾害等问题停机1588万kW。

据电力部门提供的资料显示，我国50万kV输电线路抗覆冰设计标准为30年一遇，22万kV及以下输电线路抗覆冰设计标准为15年一遇。而此次我国南方低温雨雪冰冻灾害为50年一遇，部分地区达百年一遇，积冰厚度远远超过电线覆冰设计要求，如江西抚州、井冈山和南城电线积冰分别为36 mm、45 mm和52 mm，创历史新高；贵州部分县（市）积冰厚度达30～60 mm以上，其中万山积冰厚度最厚达到83 mm。持续的低温雨雪和冰冻天气导致湖北、湖南、江西、安徽、贵州、云南、广西、广东等地区的电网均遭受了历史上最严重的覆冰灾害，其中贵州和湖南两省遭受的损害最为严重。南方电网区域内受冰雪灾害影响，5900多条输电线路因故障停运，其中贵州省就4400余条，并多次发生断线、倒塔事故（照片3.9）。湖南有6000多千米220 kV及以上线路出现严重覆冰，衡阳、永州、怀化、郴州四个市（州）出现大面积停电；湖北境内的咸梦线是三峡电力外送的重要通道，倒塌铁塔8座，另有10座铁塔损坏严重。

照片3.9　贵州丹寨县一座连接电网主干线的铁塔因冰凝重负而被拉断（据新华网）

另外，雨雪冰冻天气导致贵州、湖南、湖北、重庆等10个省（市）通讯设施严重受损，移动通信共有2.1万个基站因停电中断通信；固定通信倒杆3.6万根，受影响用户3316万户，直接经济损失达7908万元。

连日罕见的雨雪、冰冻天气给交通运输及春运工作的正常运行造成不利影响。一般来说，高速公路干燥路面的摩擦系数为0.7，雨天只有0.3～0.4，雪路为0.2，冰路为0.1，路面摩擦系数越小，越容易导致车辆轮胎打滑，引发交通事故。此次冰冻灾害期间，江淮、江南东北部、湖南、湖北等地以及贵州东部、云南西北局地积雪深度 10～17 cm，江西北部、浙江北部等部分地区以及湖南中部局地积雪深度 20～28 cm，安徽中部、江苏南部等地出现了 30～45 cm 的积雪，其中安徽滁县为 47 cm，霍山达 50 cm。长江中下游一带日最高气温异常偏低，白天温度接近 0℃或零度以下冰雪更不易融化，路面结冰现象严重，致使机场和高速公路关闭。1 月 26—30 日受京珠高速公路封闭影响，连续 5 天京珠高速湖北南段滞留车队长达 35 km，滞留车辆超过 2 万台，滞留司乘人员超过 6 万人（照片 3.10）。此次冰雪天气正值春运高峰，对人们出行极为不利，1 月 28 日，湖南、湖北、江苏、江西、安徽等省因雨雪天气共计 21 个机场关闭，仅广州就有 75 个出港航班取消，5000 多名旅客被迫滞留；1 月 30 日，由于雨雪冰冻灾害对电网的影响，京广线南段和沪昆线部分区段受阻，致使铁路运输中断，南方电煤紧张，广州地区滞留旅客达近 80 万人（照片 3.11）。

照片 3.10　滞留车辆在京珠高速公路收费站等待通车

照片 3.11　众多旅客在广州火车站广场边的道路候车（据新华网）

环流异常——引发低温雨雪冰冻灾害的“台前主凶”

大气环流异常形势组合自1月中旬以来已经维持了20多天，持续而稳定的大气环流异常形势，这是中国出现大范围低温雨雪冰冻灾害的直接原因。大气环流异常主要表现在四个方面。

（1）中高纬度欧亚地区的大气环流经向度加大，冬季风偏强，冷空气活动频繁并不断南侵。

2008年1月以来，中高纬度欧亚地区的大气环流异常表现为西高东低的分布，即乌拉尔山地区环流场异常偏高、中亚至蒙古国西部直到俄罗斯远东地区偏低，有利于冷空气自西北向东南活动。这种环流异常型持续日数达20天以上，是多年平均出现日数的3倍多，为1951年以来该环流型持续日数最长的一次。在这样的环流形势下，冷空气从西伯利亚地区连续不断自西北方向沿河西走廊南下入侵我国，为我国自北向南出现大范围低温、雨雪、冻害天气提供了冷空气活动条件。

（2）西太平洋副热带高压异常偏北，向我国输送了大量暖湿空气，并决定了低温暴雪冻雨灾害发生的区域。

冻雨及其危害

冻雨是指过冷却水滴降落在地面或暴露物体时，迅速冻结为冰的天气现象。冻雨与冷暖气流的相遇有关，它的形成通常需要两个条件：

(1) 水汽充足。美国的东北部和加拿大中东部地区是世界著名的冻雨灾害区，靠近它们的五大湖区正是暖湿气流的来源。

(2)地面温度低于0℃，高空则有逆温层。下冷上热的气温条件使雪落到地面之前融化为水滴，而地面低温使水滴落地时又能迅速冻结成冰。冻雨可以在物体表面形成一层透明的冰覆盖层，这种冰覆盖层被称作“雨凇”，又称“冰挂”。

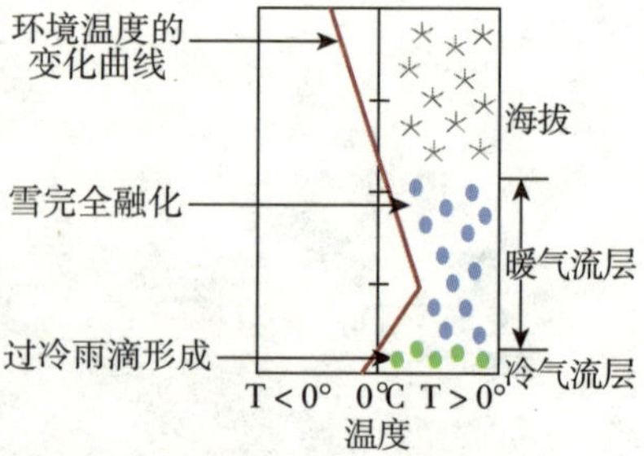

图3.5　两冷包夹一暖的“三明治”气层是冻雨的理想“温床”。冻雨开始时以雪的形式落下，在下降过程中遇到暖气流层而完全融化为雨滴，随后在更低的高度上又遇到温度低于零摄氏度的冷气流层，此时雨滴不再冻结，而是形成过冷雨滴。过冷雨滴一旦遇到低于0℃的任何物体就会立刻冻结，形成细长条状的冰挂。

图片来源：University of Illinois wiki

冻雨会使路面覆冰，铁路、公路、航空等交通运输因此陷入停顿；冻雨落在屋顶以及各种裸露的户外公共设施上，公共设施因为承载过重而倒塌。特别值得一提的是冻雨严重威胁着电网设施，当冻雨附在输电铁塔和输电线路上结冰时，电线因负载超过设计标准而拉断。另外，附在电线上的冰面使得电线在风力作用下“迎风舞动”，很容易拉倒铁塔进而造成供电中断，一旦供电不畅，就会引发一系列连锁反应，如果发生事故的电塔在山区，维修起来极其不便。2008年1月中国南部和中部遭受严重的气象灾害，其中一大部分损失由冻雨造成。来源：City of Illinois wiki

2008年1月，西太平洋副热带高压脊线位置平均达到17°N，异常偏北，为1951年以来之最，远远高于多年平均的13°N。从西太平洋副热带高压脊线逐日演变图中可以看到，副高脊线只有2天位于13°N以南。另一方面，在1月前期，副高强度偏强，这在拉尼娜事件发生的背景下是非常罕见的。由于副高西侧的偏南风是南方暖湿空气的主要引导气流之一，配合中高纬度冷空气活动频繁，强大的副高造成冷暖空气交汇作用的加剧，导致这段时间冷暖空气交汇的主要地区位于我国长江中下游及其以北地区，造成该地区低温多雨雪灾害；1月中旬后期开始，副高主体较前期南移，强度也有所减弱，冷暖空气交汇区域也随之南移，低温雨雪冰冻等灾害性天气主要集中在长江中游沿江及以南地区。

(3) 青藏高原南缘的南支低槽系统活跃，进一步增强了暖湿气流向我国的输送。

进入2008年，青藏高原南缘的南支槽异常活跃，特别是1月中旬以来，南支槽活动频繁，且强度加剧，是近十多年来少有的。南支槽的稳定活跃有利于来自印度洋和孟加拉湾的暖湿气流沿云贵高原不断向我国输送，为我国长江中下游及其南部地区的强降雪天气提供了更加充足的水汽来源。

(4) 南方地区逆温层持续存在，造成严重冻雨灾害。

在冷暖空气交汇区，暖湿空气在上，在对流层中低层形成了稳定的逆温层，即大气垂直结构呈上下冷、中间暖的状态。监测表明，1月中旬以来，湖南、贵州等地出现了明显的逆温层，逐渐加强并维持近20天，地面温度长时间低于0℃，形成了有利于冰冻产生的深厚的冷下垫面。逆温层的长时间维持是上述地区大范围冻雨持续出现的主要原因。

海温异常——引起大范围环流异常及低温雨雪冰冻灾害的“幕后黑手”

(1) 历史少见的拉尼娜。2007年8月，赤道中东太平洋海表温度进入拉尼娜状态后迅速发展（图3.6），至2008年1月，已连续6个月海表温度较常年同期偏低0.5℃以上。2008年1月赤道中东太平洋海温较常年同期平均偏低1.5℃，成为此次事件截至目前的峰值月份。分析表明，这次拉尼娜事件是1951年以来发展最为迅速的一次，也是事件的前6个月平均强度最强的一次，此次事件平均偏低达1.2℃。拉尼娜对天气气候的影响与厄尔尼诺相反。

(2) 拉尼娜对全球气候的影响。拉尼娜出现时印度尼西亚、澳大利亚东部、巴西东北部、印度及非洲南部等地降雨偏多，在太平洋东部和中部地区、阿根廷、赤道非洲、美国东南部等地易出现干旱。

(3) 拉尼娜对我国气候的影响。拉尼娜年，我国容易出现冷冬。入冬以来，我国出现的降水异常分布特征和历史上强拉尼娜事件发生后的冬季气候特征非常相似。分析表明，当前的拉尼娜事件是导致我国大范围持续低温雨雪冰冻灾害的重要原因之一。

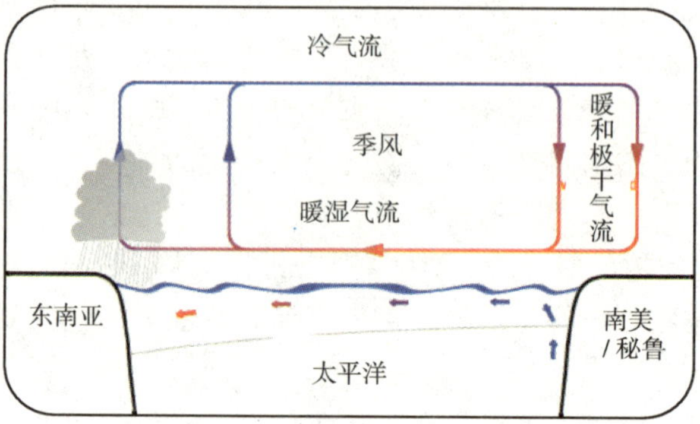

图 3.6　沃克环流造成拉尼娜现象示意图

拉尼娜事件对中国气候的影响主要是间接性的。拉尼娜事件发生的当年冬季，中纬度大气环流的经向度加强，冷空气活动频繁，易造成我国北方和东部大部地区气温偏低，长江以北地区降水偏多。该年的拉尼娜对我国气候影响表现十分突出。

3.3　暴雪预警及防御指南

暴雪指短时间内出现较大的降雪。暴雪预警信号分四级，分别以蓝色、黄色、橙色、红色表示（表 3.5）。

表 3.5 暴雪预警及防御指南（中国气象局，2007）

图标	名称	标准	防御指南
	暴雪蓝色预警信号	12 小时内降雪量将达 4 mm 以上，或者已达 4 mm 以上且降雪持续，可能对交通或农牧业有影响。	1. 政府及有关部门按照职责做好防雪灾和防冻害的准备工作；2. 交通、铁路、电力、通信等部门应当进行道路、铁路、线路巡查维护，做好道路清扫和积雪融化工作；3. 行人注意防寒防滑，驾驶人员小心驾驶，车辆应当采取防滑措施；4. 农牧业等要储备饲料，做好防雪灾和防冻害准备；5. 加固棚架等易被雪压的临时搭建物。
	暴雪黄色预警信号	12 小时内降雪量将达 6 mm 以上，或者已达 6 mm 以上且降雪持续，可能对交通或农牧业有影响。	1. 政府及有关部门按照职责做好防雪灾和防冻害措施； 2. 其他同雪灾蓝色预警信号。

续表

图标	名称	标准	防御指南
	暴雪橙色预警信号	6小时内降雪量将达10 mm以上，或者已达10 mm以上且降雪持续，可能或者已经对交通或农牧业有较大影响。	1. 政府及有关部门按照职责做好防雪灾和防冻害应急工作； 2. 减少不必要的户外活动； 3. 其他同雪灾黄色预警信号。
	暴雪红色预警信号	6小时内降雪量将达15 mm以上，或者已达15 mm以上且降雪持续，可能或者已经对交通或农牧业有较大影响。	1. 政府及有关部门按照职责做好防雪灾和防冻害应急和抢险工作； 2. 必要时停课、停业（除特殊行业外） 3. 必要时关闭道路交通； 4. 做好对牧区的救灾救济工作； 5. 其他同雪灾橙色预警信号。

暴雪来临前的准备

1. 关注气象部门关于暴雪的最新预报、预警信息。

2. 做好道路清扫和积雪融化准备工作。

3. 暴雪来临前要减少外出活动，特别是尽可能减少车辆外出，并躲避到安全地方。

4. 机场、高速公路、轮渡码头可能会停航或封闭，要及时取消或调整出行计划。

5. 做好防寒保暖准备，储备足够的食物和水。

6. 不要待在不结实不安全的建筑物内。

7. 农牧区要备好粮草，将野外牲畜赶到圈里喂养。

8. 对农作物要采取防冻措施，防止作物受冻害。

暴风雪突袭如何应对

1. 大家尽量待在室内，不要外出。

2. 如果在室外，要远离广告牌、临时搭建物和老树，避免砸伤。路过桥下、屋檐等处时，要小心观察或绕道通过，以免因冰凌融化脱落伤人。

3. 非机动车应给轮胎少量放气，以增加轮胎与路面的摩擦力。

4. 要听众交通民警指挥，服从交通疏导安排。

5. 注意收听天气预报和交通信息，避免因机场、高速公路、轮渡码头等停航或封闭而耽误出行。

6. 驾驶汽车时要慢速行驶并与前车保持距离。车辆拐弯前要提前减速，避免踩急刹车。有条件要安装防滑链，佩戴墨镜。

7. 出现交通事故后，应在现场后方设置明显标志，以防连环撞车。

8. 如果发生断电事故，要及时报告电力部门处理。

第4章 雪崩

4.1 雪崩的基本特性

积雪的山坡上，当积雪内部的内聚力抗拒不了它所受到的重力拉引时，便向下滑动，引起大量雪体崩塌，人们把这种自然现象称做雪崩。也有的地方把它叫做“雪塌方”“雪流沙”或“推山雪”。雪崩，每每是从宁静的、覆盖着白雪的山坡上部开始的，突然间，咔嚓一声，勉强能够听见的这种声音告诉人们这里的雪层断裂了。先是出现一条裂缝，接着巨大的雪体开始滑动，雪体在向下滑动的过程中，迅速获得了速度。于是，雪崩体变成一条几乎是直泻而下的白色雪龙，腾云驾雾，呼啸着声势凌厉地向山下冲去（照片 4.1）。

照片 4.1 瑞士阿尔卑斯中山带森林中的干雪崩

雪崩是一种所有雪山都会有的地表冰雪迁移过程，它们不停地从山体高处借重力作用顺山坡向山下崩塌，崩塌时速度可以达 20～30 m/s，具有突然性、运动速度快、破坏力大等特点。它能摧毁大片森林，掩埋房舍、交通线路、通讯设施和车辆，甚至能堵截河流，发生临时性的涨水。同时，它还能引起山体滑坡、山崩和泥石流等可怕的自然现象。因此，雪崩被人们列为积雪山区的一种严重自然灾害。

雪崩常常发生于山地，有些雪崩是在特大雪暴中产生的，但常见的是发生在积雪堆积过厚，超过了山坡面的摩擦阻力时。雪崩的原因之一是在雪堆下面缓慢地形成了深部“白霜”，这是一种冰的六角形杯状晶体，与我们通常所见的冰碴相似。这种白霜的形成是因为雪粒的升华所造成，它们比上部的积雪要松散得多，在地面或下部积雪与上层积雪之间形成一个软弱带，当上部积雪开始顺山坡向下滑动，这个软弱带起着润滑的作用，不仅加速雪体下滑的速度，而且还带动周围没有滑动的积雪。

其实在雪山上一直都进行着一种较量：重力一定要将雪向下拉，而积雪的内聚力却希望能把雪留在原地。当这种较量达到高潮的时候，哪怕是一点点外界的力量，比如动物的奔跑、滚落的石块、刮风、轻微的震动，甚至在山谷中大喊一声，只要压力超过了将雪粒凝结成团的内聚力，就足以引发一场灾难性雪崩。例如刮风，风不仅会造成雪的大量堆积，还会引起雪粒凝冻，形成硬而脆的雪层，致使上面的雪层可以沿着下面的雪层滑动，发生雪崩。然而，除了山坡形态，雪崩在很大程度上还取决于人类活动。据专家估计，90％的雪崩都由受害者或者他们的队友造成，这种雪崩被称为“人为休闲雪崩”。滑雪、徒步旅行或其他冬季运动爱好者经常会在不经意间成为雪崩的导火索。而人被雪堆掩埋后，半小时内不能获救的话，生还希望就很渺茫了。

雪崩的形成和发展可分为三个区段，即形成区、通过区、堆积区（图 4.1）。雪崩的形成区大多在高山上部，积雪多而厚的部位。比如，高高的雪檐，坡度超过 50°～60°的雪坡，悬冰川的下端等地貌部位，都是雪崩的形成区。雪崩的通过区紧接在形成区的下面，常是一条从上而下直直的 U 形沟槽，由于经常有雪崩通过，尽管被白雪覆盖，槽内仍非常平滑，基本上没有大的起伏或障碍物，长可达几百米，宽 20～30 m 或稍大一些，但不会太宽，否则滑下的冰雪就不会很集中，形成不了大的雪崩。堆积区同样是紧接在形成区的下面，是在山脚处因坡度突然变缓而使雪崩体停下来的地方，从地貌形态上看多呈锥体，所以也叫雪崩锥（或雪崩堆）。雪崩分湿雪崩（又称块雪崩）、干雪崩（又称粉雪崩）两种，它们的形成和发生有不同的地貌和气候条件（图 4.2）。

图 4.1　雪崩的形成和发展的三个区段

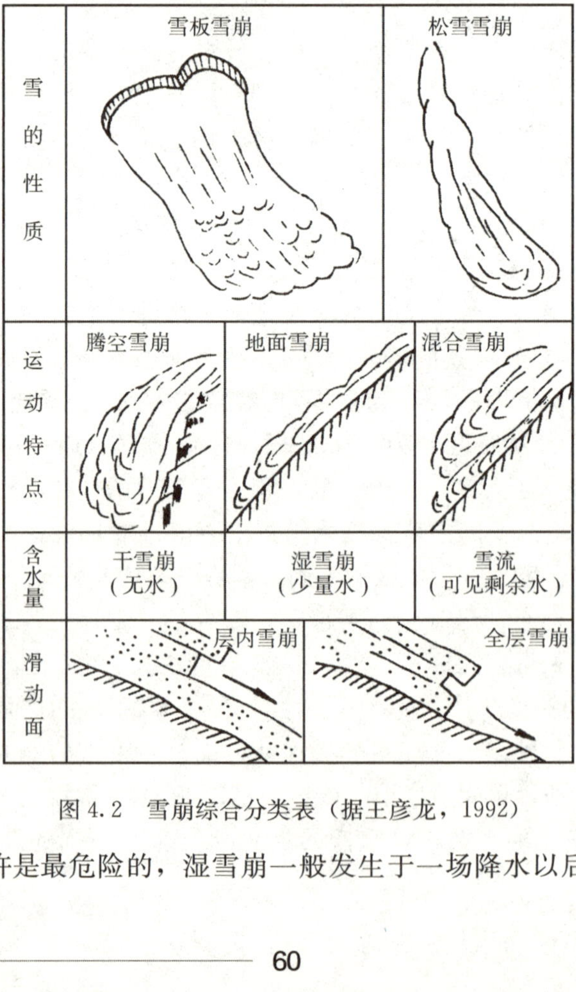

图 4.2　雪崩综合分类表（据王彦龙，1992）

湿雪崩也许是最危险的，湿雪崩一般发生于一场降水以后数天，因表面雪层融化又渗入下层雪中并重新冻结，形成了“湿雪层”。在冬天或春天，下雪后温度会持续快速升高，这使新的湿雪层不可能很容易就吸附于密度更小的原有的冰雪上，于是便向下滑动，产生了雪崩（图 4.3）。湿雪崩都是块状，速度较慢，重量大，质地密，在雪坡上像墨渍似的，愈变愈大，因此摧毁力也更强。这种块雪崩的形成区通常在坡度稍缓的雪坡上。因为陡坡上的粉雪（松散的雪）要几乎崩完了，才会轮到相对的缓坡，发生块雪崩。它的下滑速度比空降雪崩更慢，沿途带起树木和岩石，产生更大的雪砾。但一旦卷入块状的雪崩体中，就决不会有像遇到干雪崩那样幸运了。而且它一旦停止下来会立即凝固，往往令抢救工作十分困难。

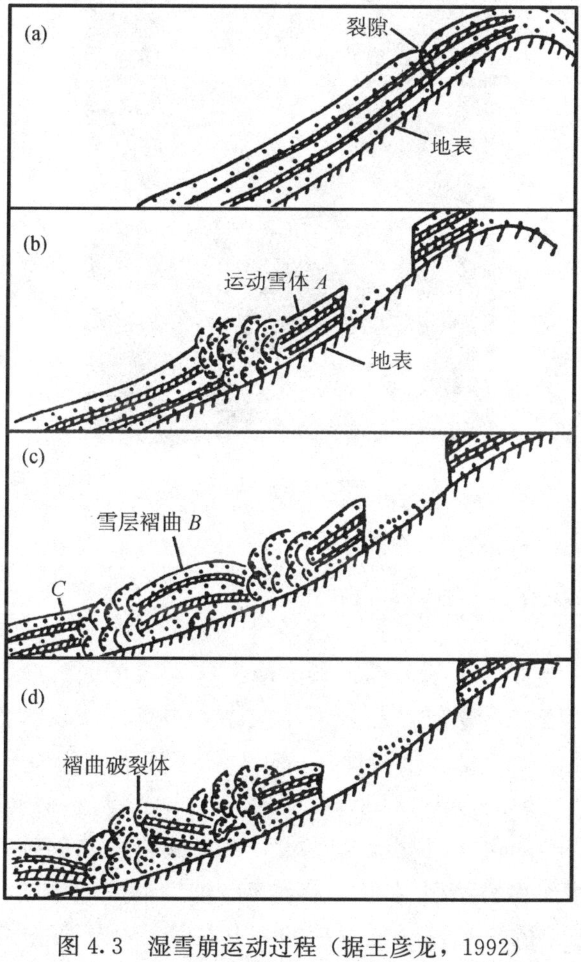

图 4.3　湿雪崩运动过程（据王彦龙，1992）

干雪崩夹带大量空气，因此它会像流体一样。这种雪崩速度极快，它们从高山上飞腾而下，转眼吞没一切，它们甚至在冲下山坡后再冲上对面的高坡。一般而言，大雪刚停，山上的雪还没来得及融化，或在融化的水又渗入下层雪中再形成冻结之前，这时的雪是“干”的，也是“粉”的（照片 4.2）。当此种雪发生雪崩时，气浪很大底层也容易生成气垫层。探险队遭遇此类雪崩时，人可以被裹入雪崩体中并随雪崩飞泻而下。但是干雪崩和粉雪崩对探险者致命的威胁相对较小。

照片 4.2　干雪崩形成的大量流体

4.2　雪崩发生的规律及破坏性

多数的雪崩都发生在冬天或者春天降雪非常大的时候，尤其是暴风雪爆发前后。这时的雪非常松软，黏合力比较小，一旦一小块被破坏了，剩下的部分就会像一盘散沙或是多米诺骨牌一样，产生连锁反应而飞速下滑。春季，由于解冻期长，气温升高时，积雪表面融化，雪水就会一滴滴地渗透到雪层深处，让原本结实的雪变得松散起来，大大降低积雪之间的内聚力和抗断强度，使雪层之间很容易产生滑动。雪崩的严重性取决于雪的体积、温度、山坡走向，尤其重要的是坡度。最可怕的雪崩往往产生于倾斜度为 25°～50°的山坡。如果山势过于陡峭，就不会形成足够厚的积雪，而斜度过小的山坡也不太可能产生雪崩。

雪崩也是可重复发生的现象，也就是说，如果在某地发生了雪崩，完全有可能不久后它又卷土重来。有可能每下一场雪、每一年或是每个世纪都在同一地点发生一次雪崩，这一切都取决于山坡的地形特点和某些气候因素。天山中部冬季积雪和雪崩经常阻断山区公路，而念青唐古拉山和横断山山地经常发生的雪崩是供给现代冰川发育的重要来源之一。在这种地区选择合适的登山时间就比较苛刻。与此同时，在我国西部靠近内陆的昆仑山、唐古拉山、祁连山等山地，降水量比较少，没有明显的旱、雨季之分，雪崩可能也就比较少，选择合适的登山时间也就比较宽裕。另外，这些内陆山地相对高度较低，一般都在1000～1500 m，故山地的坡度也比较缓和。而喜马拉雅山、喀喇昆仑山相对高度在3000～4000 m，甚至达到5000～6000 m，故山地坡度较陡，发生雪崩的可能性和雪崩的势能也就更大。

雪崩的发生还有空间和时间上的规律。就中国高山而言，西南边界上的高山如喜马拉雅山、念青唐古拉山以及横断山山地，因主要受印度洋季风控制，除有雨季（5—10月）和旱季（11—4月）之分外，全年降水都比较丰富，高山上部得到的冬、春降雪和积雪也比较多，故易发生雪崩。此外，天山山地、阿尔泰山山地，因受北冰洋极地气团的影响，冬春降水也比较多，所以这个季节雪崩也比较多。

雪崩对登山者、当地居民和旅游者是一种很严重的威胁（照片4.3）。在高山探险遇到的危险中，雪崩造成的危害是最为经常、惨烈的，常常造成“全军覆没”。因雪崩遇难的人要占全部高山遇难的1/2～1/3。但是，探险者遭遇雪崩的地理位置不同，危险性也不一样。如果所遇雪崩处正是在雪崩的通过区，危险要小一些，如果被雪崩带到堆积区，生还的几率就很小了。雪崩摧毁森林和度假胜地，也会给当地的旅游经济造成非常大的经济影响。

一般讲，山高谷深坡陡、风大、降水较丰富的地方容易发生雪崩，如喜马拉雅山脉作为世界最长大高峻的山脉，包括诸多高峰如珠穆朗玛峰、希夏邦马峰、卓奥友峰、西端的南迦帕尔巴特峰，东端的南迦巴瓦峰等，它们皆属地形陡峭、积雪丰富、冰川发育地带。尤其是南侧濒临印度洋，受海洋性季风气候的影响，冰雪积累丰富，雪崩频繁是冰川赖以发育的主要补给方式，也是主要山地灾害，对登山活动形成最大危险的来源。从大的方面说，雪崩可归纳为自然原因和人为原因两种。自然雪崩主要由大风、暴风雪或暴风雨、大雨、大雪、暴晒、严寒、霜冻、地震等引起。人为原因是由于登山者缺乏经验，误入雪崩区，甚至由于人们在高山上大声呼叫等声浪震动破坏了积雪环境的平衡也会导致突发雪崩；登山者修路横切雪层剖面更容易引起上方积雪的不稳定等等。按雪崩运动的方式又分点雪崩和面雪崩。从雪崩的本身类型又可分干雪雪崩和湿雪雪崩等。根据经验，雪崩一般多发生在坡度25°以上的雪坡；时间多发生在下午和晚间，阴雨和降雪天气，尤其是雾天、大风天、暴风雨这种恶劣天气下最容易发生雪崩。

照片4.3 2005年2月9日，在奥地利阿尔卑斯山脉的阿尔贝格山口附近，一名滑雪者奋力逃离雪崩（引自：www.uua.cn/Discovery/2007/0112/2810.html）

第一次世界大战期间，发生在阿尔卑斯山脉的一幕惨剧，至今让人记忆犹新：奥地利—意大利战线上，沿着积雪的山口发生了雪崩，数以万计的士兵死于非命。有人因此把雪崩称为“白色魔鬼”。1962年南美一场类似的灾难降临到秘鲁，瓦斯卡兰山发生雪崩，300多万吨的“白色魔鬼”在短短几秒钟内吞噬了8个村庄，许多人丧生。1954年冬，美国某车站附近发生大雪崩，雪崩所产生的气浪宛如巨型炸弹的冲击波，将40 t重的车厢举起，并抛到百米之外，同时，使更为笨重的电动机车与车站相撞，车站变成一片废墟。在我国，积雪山区尤其是永久积雪的高山地区，也常年有“白色魔鬼”逞凶，其中以阿尔泰山及天山西部、西藏东南部最为频繁。1950年代，西藏波密地区曾出现过一次大雪崩。当时一个庞大的雪体从海拔6000 m的高山上崩落下来，由于下落的速度快，运动中产生飞跃，翻越一条海拔4000 m的山脊，最后堆积在海拔2500 m的江水中，阻塞了河道，截断了交通。它所到之处，车毁人亡，森林树木一扫而光，至今仍劣迹斑斑，依稀可见。通常雪崩从山顶上爆发，在它向山下移动时，以极高的速度从高处呼啸而下，用巨大的力量将它所过之处的一切扫荡殆尽，直到广阔的平原上它的力量才消失。一旦发生，其势不可阻挡。这种“白色死神”的重量可达数百万吨。有些雪崩中还夹带大量空气，这样的雪崩流动性更大，有时甚至可以冲过峡谷，到达对面的山坡上。比起泥石流、洪水、地震等灾难发生时的狰狞，雪崩真的可以形容为美得惊人。雪崩发生前，大地总是静悄悄的，然后随着轻轻的一声“咔嚓”，雪层断裂，白白的、层层叠叠的雪块、雪板应声而起——好像山神突然发动内力震掉了身上的一件白袍，又好像一条白色雪龙腾云驾雾，顺着山势呼啸而下，直到山势变缓（照片 4.4）。但是，美只是雪崩喜欢示人的一面，美的背后隐藏的却是可以摧毁一切的恐怖。领教过其威力的人更愿意称它为“白色妖魔”。的确，雪崩的冲击力量是非常惊人的，它会以极快的速度和巨大的力量卷走眼前的一切，有些雪崩会产生足以横扫一切的粉末状摧毁性雪云。

照片 4.4　“白色妖魔”雪崩像一条白色雪龙腾云驾雾，顺着山势呼啸而下

雪崩体在高速运动过程中，能够引起空气剧烈的振荡，在雪崩龙头前方造成强大的气浪。这种气浪有些类似于原子弹爆炸时的冲击波，力量是巨大的（照片 4.5）。据测算，一次高速运动的雪崩，会给每平方米的被冲击物体表面带来 40～50 t 的力量。世界上根本就没有哪种物体，能经得住这样的冲击。1981 年 4 月 12 日，一块体积约一栋房子那么大的冰块从阿拉斯加的三佛火山顶部冰川上滑下，落在旁边的雪坡上，造成数百万吨雪迅速下滚，将沿途13 km地区全部摧毁。据有关专家指出，该雪崩产生了长达 160 km 的粉末状雪云，是迄今为止纪录到的最为严重的一次。事实上，一旦这种时速可高达400 km、足以吞没整座城市的自然怪物开始行动，我们就只能束手就擒了。

了解雪崩的人应该知道，其实在雪崩中，比雪崩本身更可怕的是雪崩前面的气浪。因为雪崩由于从高处以很大的势能向下运动，会引起空气的剧烈振荡，故有极快的速度甚至会形成一层气浪。雪流能驱赶着它前面的气浪，而这种气浪的冲击比雪流本身的打击更加危险，气浪所到之处，房屋被毁、树木消失、人会窒息而死（照片 4.5）。因此有时雪崩体本身未到而气浪已把前进路上的一切阻挡物冲得人仰马翻。秘鲁位于南美洲西部，拥有一望无垠的海岸线，长达 3000 多千米。它又是一个多山的国家，山地面积占全国总面积的一半，著名的安第斯山脉的瓦斯卡兰山峰，山体坡度较大，峭壁陡峻。山上长年积雪，“白色死神”常常降临于此。1970 年 5 月 31 日，这里发生了一场大雪崩，雪崩体在不到 3 min 时间里飞跑了 14.5 km，速度接近于 90 m/s，比 12 级台风擅长的 32.5 m/s 的奔跑速度还要快得多。这次雪崩引起的气浪，把地面上的岩石的碎屑席卷上天，竟然下了一阵“石雨”，雪崩将瓦斯卡兰山峰下的容加依城全部摧毁，造成两万居民的死亡，受灾面积达 23 km^2。这是迄今为止世界上最大最悲惨的雪崩灾祸。

照片 4.5　各种雪崩产生的强大冲击波

2007 年 5 月 2 日下午 1 点 15 分左右，迪庆藏族自治州德钦县梅里雪山雨崩村至神瀑山路上，突发严重雪崩，坍塌的积雪掩没了正在山路上徒步探险的 10 余名游客（图 4.4）。事故发生后，当地政府迅速组织救援，距离出事地点最近的下雨崩村民自发组织上山参与抢救。被掩埋的游客中，已确认一人死亡，两人重伤，其他 6 人不同程度受伤。

图 4.4　云南梅里雪山景区雪崩示意图（引自：www.egraphic365.com）

1999 阿尔卑斯山大雪崩

1999 年 1 月下旬起，阿尔卑斯山区气候异常，起初是很反常的温暖，最高温度一直升到了 4～5℃，继而是连续两个多星期的暴风雪，寒风劲吹，最大风力超过了 12 级。这是百年未遇的特大暴风雪，2 月初以来该地区的降雪量达到了往年同期降雪量的 7 倍。地处阿尔卑斯山上的奥地利小镇加尔蒂是欧洲最著名的冬季度假胜地之一，那里三面环绕着险峻的山崖峭壁，一面是开阔而平缓的斜坡，一直延伸到遥远的山脚下，形成了一大片极佳的天然滑雪场地。银装素裹的阿尔卑斯山上漂亮的雪景和一望无际的雪上运动场，是酷爱冬季运动的欧洲人梦寐以求的休闲游乐之地，多少年来，冬季的加尔蒂小镇上一直住满了欧洲度假者。

这场持续两个多星期的暴风雪正在酝酿着大灾情，奥地利有关部门一再发出警报，加尔蒂小镇一带有可能发生雪崩灾情，加尔蒂滑雪场也因此关闭了。游客们几天前已经开始陆续离开加尔蒂小镇，可是由于大雪掩盖了山路，路越来越难辨认，汽车不得不在山路上缓慢行驶，客运能力大为降低了。至 2 月 18 日，加尔蒂小镇上还有一部分游客来不及下山，可是前所未有的特大暴风雪形成了一触即发的潜在雪崩，这迫使奥地利有关部门毅然发出了五级（即最高级）雪崩警戒令（表 4.1），并封闭了通往加尔蒂小镇的惟一道路。于是，大约有 2000 多名游客因此被困在了小镇上，与外界失去了联系。

表 4.1 欧洲和美国雪崩灾害警示等级（据美国雪冰资料中心资料整理）

危害等级	警示颜色		危害程度
	欧洲	美国	
一级（低）	绿	绿	仅有孤立的不稳定积雪区，不可能出现因自然原因或人们活动触发的雪崩，到偏僻地区去很安全
二级（中等）	黄	黄	有某些不稳定积雪区，不会出现因自然原因触发的雪崩，可能出现人们活动触发的雪崩，到偏僻地区活动要注意
三级（较强）	赭	橙	有不稳定积雪区，可能出现因自然原因触发的雪崩，会有人们活动触发的雪崩，到偏僻地区活动要特别注意
四级（强）	橙	红	不同坡度、朝向均存在高度不稳定积雪区，因自然原因或人们活动触发而出现雪崩的可能性很高，避免去悬崖、风口等地方活动
五级（极强）	红	黑	积雪场存在极端不稳定区，肯定会出现因自然原因或人们活动触发的雪崩，有可能出现大规模毁灭性雪崩，应避免去任何险峻地段或已知雪崩地区

逗留在加尔蒂小镇的2000多名游客满以为不久便可回家，因为暴风雪已经持续了两个多星期，也该停止了。可是暴风雪丝毫没有减弱，前两星期每天的降雪量约在15 cm左右，而进入第三周，最高的日降雪量增大到了30 cm，而且风力越来越大，已经超过了12级。加尔蒂小镇所处的阿尔卑斯山区的暴风雨已经肆虐了将近3个星期，环绕加尔蒂小镇的峻峭山崖上大量积雪岌岌可危。2月23日，摇摇欲坠的积雪终于失去了平衡，下午3:59，雪崩突然暴发了。聚积如山的积雪从天而降，沿着山崖倾泻而下，似万马奔腾般地顺坡扫荡，直扑加尔蒂小镇（照片4.6）。

照片 4.6 聚积如山的积雪从天而降，似万马奔腾般地顺坡扫荡，直扑加尔蒂小镇

一切发生得实在太快。事后有幸存者回忆，只感到房屋突然剧烈震动，接着整个人体便全部被掩埋在雪中不能动弹了；也有幸存者回忆，只见一道近100 m高的雪墙铺天盖地般扑了过来，人便失去了知觉……其实整个过程只有两三分钟，原来聚集在山崖顶上的大量积雪一下子冲入了

加尔蒂小镇，在小镇上瞬间堆成了座硕大无比的“雪山”，这“雪山”脚已经侵入了小镇安全区100多米，那里的所有建筑物、汽车、人员等都被压在了“雪山”之下。有幸留在“雪山”外的人们遭到了巨大气流的冲击，感受到了房屋的震颤。虽然只有短短的两三分钟，已经满地都是变了形、翻了身的汽车，到处可见被毁建筑的破碎构件。有些小屋与飞来的“雪山”擦肩而过，“雪山”边缘使它立即倾斜、坍塌；经过特别加固的小木屋被整体掀翻；结构特别坚固的建筑虽然不倒塌，可是雪从门窗贯入，一刹那塞满了整个房间，室内的人和物一下子被雪固定了。至于压在“雪山”下的整条街道、大片建筑物群更是不堪设想。

这场雪崩灾难立即引起了全世界的关注，美国和德国军方及时出动军用直升机，将大批军人运抵加尔蒂小镇，展开了紧急救援。大批无处存身的居民和游客被从冰雪中解救出来，安排到了当地的体育馆等处于安全地带的公共设施中避难。伤者也得到了及时的抢救与治疗。尽管对雪崩灾难的救援是及时和有效的，然而仍然有60人不幸丧生。

这次加尔蒂小镇大雪崩中运动的积雪总重量高达70万t以上，比当地150年来的最高纪录大了约10倍。怎么会发生规模如此大的雪崩呢?这完全是因为1999年1月底、2月初天气异常变化。由于20世纪下半叶全球气候明显趋暖，到世纪之交时欧洲的气候经常出现一反常态的变暖现象。1999年1月29日到2月4日这一周时间里天气反常地变暖，加尔蒂小镇一带气温从$-20℃$一下子窜到了$4℃$，致使山崖上的积雪开始融化，雪融水渗入了松散的积雪缝隙中。2月5日，气温重又降到$-10℃$以下，雪融水开始重新冻结，松散的积雪中大部分空隙被融水结成的冰填满，在山崖上形成了结实的冰雪层。紧接着连续两周多的暴风雪把大量的积雪堆在了这一结实的冰雪层上，上层的积雪越堆越高，重量越来越大。假如没有上述结实的冰雪层做基础，当连续数日普降大雪时，松散的下层积雪就不堪上层越堆越高的积雪的重压，使得积雪不断塌落，也就是不断出现小规模的雪崩，逐渐释放掉山崖上积雪聚集的大量位能。往年就是这样，从而避免了雪崩大灾情的发生。可是，这次积雪底部结实的冰雪层作为坚固的基础，让积雪层不断堆高，积雪整体的总重量不断扩大，积聚了前所未有的巨大能量。将近三星期的暴风雪使得山崖上的积雪越堆越高，终于让下层结实的冰雪基础也难以支持了。这时，又遭遇了超过12级的大风劲吹，这结实的冰雪基础再也承受不了如此重负，一下子垮了下来。硕大的积雪体顷刻之间从山崖上塌落下来，终于酿成了空前的雪崩大灾难。

看来，山崖上积雪底层坚固的冰雪层基础是酿成雪崩大灾难的必要条件，而形成结实的冰雪底层的根本原因还在于1月底、2月初这段时间里，当地天气异常地变暖。当然，加尔蒂小镇一带天气突然异常变暖是在全球气候变暖的大环境中发生的，所以说到底，暴发如此巨大规模的雪崩灾难都是全球气候变暖惹的祸。

4.3 中国雪崩发育条件与分布

山地形态类型和积雪厚度对雪崩类型、规模以及活动频率等影响显著。雪崩按其发生的时间，分常年雪崩和季节性雪崩，两者之间的界线与雪线基本一致。雪线以上是常年雪崩发生区，以下为季节性雪崩发育区。

常年雪崩发育与降水和地貌条件息息相关。在青藏高原的喜马拉雅山南坡、念青唐古拉山东段以及横断山的东部和南部的高山和极高山地区，降雪丰富，雪崩规模大、发生频繁，成为亚洲最大的常年雪崩发育中心之一。这个雪崩区面积大，雪崩运动距离长达10余km，崩塌量达到100万m^3。雪崩成为本区冰川的主要物质补给源，如藏东南古乡冰川，其雪崩量占冰川年补给量54%，占冰川上储水量的4.6%。自西藏东南向东，转入横断山系，大体在97°E以东，山脉转为南北向，形成一系列平行于高山深谷的水汽通道，贡嘎山东坡海螺沟源头雪崩，可由海拔6500 m以上的高峰运动到海拔3500 m地区，雪崩雪覆盖了粒雪盆面积的2/3，雪崩是该冰川的主要补给来源。此外，青藏高原内部雪线以上，即多年积雪区，在山顶夷平面保存较好，且分布广泛，为平顶冰川或冰帽占优势地区，因此，常年雪崩较少。

我国季节性雪崩主要分布于高原的边缘及其邻近地区（图4.5）。在高原的西北部，由于天山和喀喇昆仑山的屏障作用，西来的西风气流为雪崩的形成提供了丰富的物质条件，成为我国雪崩的危害区之一。高原南部和东南部，地形相对高差大。受印度洋西南季风影响，降水量丰沛，积雪最大厚度达2 m以上，形成分布广泛、规模巨大的藏东南雪崩区。高原东部边缘，印度洋和太平洋水汽为横断山区雪崩提供了物质基础，形成以贡嘎山为中心的滇北、川西南雪崩区。此外，北冰洋来的水汽可为阿尔泰山和天山北坡雪崩发育提供有利条件。而我国东北和华北地区及大小兴安岭和长白山，由于地形较平缓，相对高差不大，虽有较厚的积雪，却无较大的雪崩，常以小型的滑雪为主。台湾中部高山冬季降雪丰富应为重要的潜在雪崩区。

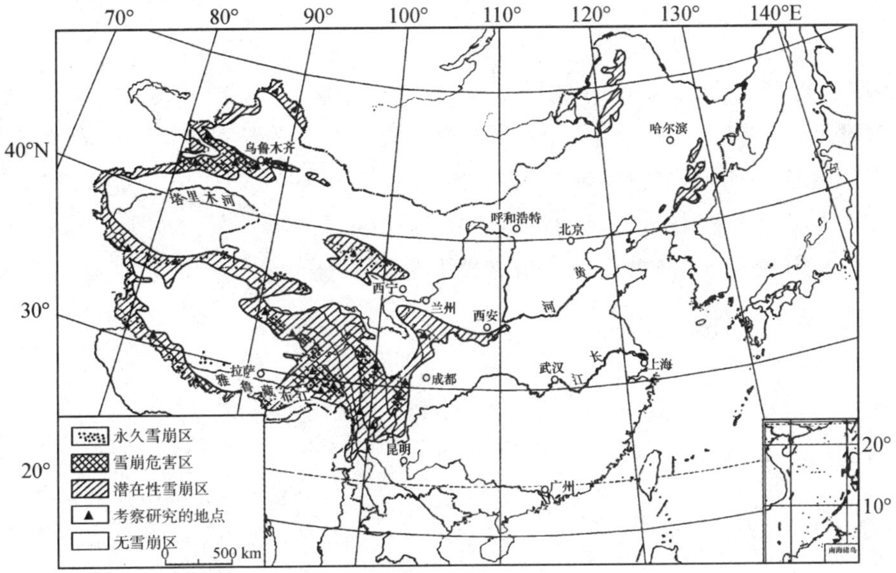

图 4.5　中国雪崩分布图（据王彦龙，1992）

4.4　雪崩形成的原因

雪崩与山坡坡度关系密切。实践证明，雪崩易发生的山坡坡度为 30°～40°。据天山的观测资料，坡度在 25°～35°间随着坡度的增大，雪崩危险也增大，在 45°以上时，雪崩的概率急剧减少。在同一山坡上，不同厚度的积雪具有不同存在的形式。统计西藏东南部 140 处雪崩发现，多数雪崩发生在 30°～45°的山坡上。当山坡坡度超过 50°时，很难酿成雪崩，只有小型滑雪。山坡坡度小于 20°时，山坡积雪极限厚度增大，一般不易形成干雪雪崩。在一定的气候条件下，山坡坡度决定着沟槽（或坡面）雪崩的有无，或发生频率的大小。而地形相对高差和雪崩路径长度决定着雪崩的规模。

分析我国海洋型和大陆型雪崩区的坡度资料得知，其坡度域范围为 20°～50°，而以 30°～50°为最佳坡度。山坡积雪稳定性与山坡坡度、积雪厚度、雪层同地面或雪层间摩擦力和积雪的抗剪强度的关系既密切又复杂。山坡积雪稳定性可用下式计算：

$$h = C/\rho\ (\sin\alpha - \cos\alpha \cdot \mathrm{tg}\varphi) \tag{4.1}$$

式中 h 为积雪的厚度（cm），C 为雪体与山坡间的内聚力（Pa），ρ 为雪的密度，α 为山坡坡度（°），$\mathrm{tg}\varphi$ 为雪与山坡间摩擦系数。

用公式（4.1）作出海洋性和大陆性气候条件下主要雪型在不同坡度上的

极限厚度如图 4.6，从中可以看出厚度达 50 cm 的新雪（密度为 0.08 t/m³），在 25°左右的山坡上即可滑动。在海洋型雪崩区，如果积雪厚度超过 70 cm，且积雪底部发育着良好的深霜层，那么在 40°的山坡上，当积雪厚度略有增加时即可发生深霜全层雪崩。100 cm 厚的再冻结雪中，粗雪和深雪构成的雪层，在 37°的山坡上也不会滑动，此间雪的内聚力为 2～4 kPa。在气温回升时期，融雪水下渗，各种类型雪层均被融水渗浸而变成湿雪，其内聚力和摩擦力迅速减小，即使是 25°的山坡上，也会发生全层湿雪崩。

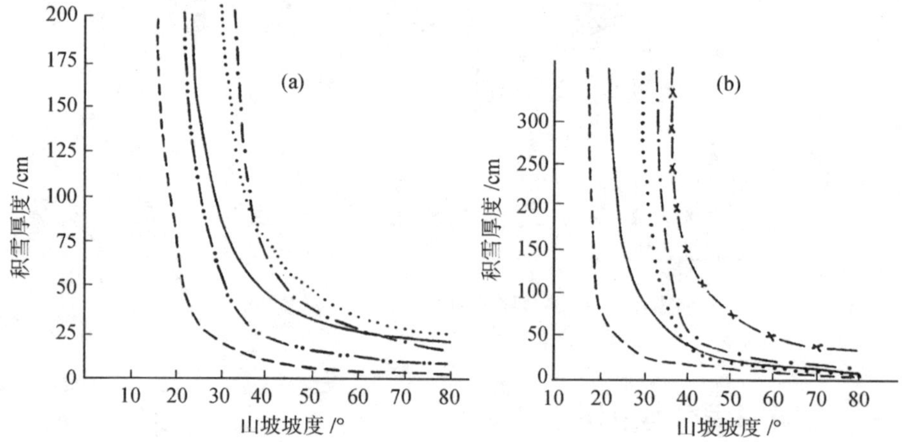

图 4.6　不同气候条件下积雪极限厚度与山坡坡度关系（据王彦龙，1992）
(a) 川藏公路沿线（海洋性气候区）；(b) 天山公路沿线（大陆性气候区）

降雪和吹雪是引起雪崩的常见因素。在一定条件下，积雪厚度增加，雪的内聚力亦相应增大。但在连续降雪或吹雪过程中，新雪的内聚力增大的速度较积雪厚度引起的下滑力的增长速度要小，这就使得新雪厚度迅速达到其稳定的极限厚度而产生新雪雪崩。

吹雪特别容易产生两种危险情况：一种是在分水岭背风面形成很厚的雪檐，当雪檐的自重超过雪檐中雪的抗断强度时，雪檐则会崩落，从而引起下部山坡上积雪的滑动，酿成雪崩；另一种是形成表面坚硬而下部几乎悬空的雪板，雪板与下垫面之间的内聚力很小，主要靠雪板本身的抗断阻力支持在山坡上。在降雪和温度急剧变化或其他外部因素（如人畜行走、滚石等）的影响下，雪板表面即迅速产生裂隙而引起雪板雪崩。

降雪，特别是连续降雪，常使新雪厚度迅速达到其稳定的极限厚度而产生雪崩。因此，分析整个积雪期的降雪特征，对提示区域雪崩发生频率、规模和基本特征等具有重要价值。例如，1996 年 12 月 21 日天山西部巩乃斯河谷上游大雪崩。自 12 月 15 日起，天山西部开始降雪。降雪天持续到 25 日。

其中大量的降雪天是 16、20 和 21 日（日降雪量在 25 mm 以上），导致 21 日晚发生大雪崩。

在雪崩释放机理的研究中，最复杂的问题就是气温的作用。在积雪变质作用过程中，热源主要来源于地中热流，其次是太阳能。积雪能改变土壤与大气的热交换条件，所以土壤向大气中输送热量和用于积雪变质热量的多寡与积雪的深度有密切的关系。积雪愈薄，土壤向大气中输送的热量则愈多，而实际用于积雪变质的热量愈少。大陆型雪崩区积雪深度较海洋型雪崩区为小，温度年较差比海洋型雪崩区大，这就使得各地的积雪变质作用和变质过程有差异。一旦积雪形成，处于温度较高的土壤层与温度较低的大气层之间的积雪层内则产生温度梯度，直到融雪期整个积雪层温度升至 0℃，温度梯度现象才消失。由温度梯度引起的水汽迁移强度，比晶粒表面张力引起的水汽迁移强度大得多。

在合适的温度条件下（雪温高于 －5℃），若温度梯度超过临界值（－0.2 K/cm），雪的晶体生长则十分迅速而很快形成深霜层。积雪下部深霜层的出现则标志着大规模深霜全层雪崩即将发生。这是因为：松散深霜密度一般为 0.25 t/m^3左右，内聚力一般为 294 Pa 左右。而且松散的深霜层又位于整个积雪剖面的底部，承载着全部积雪的重量，一旦积雪厚度增加而超过其承载能力时，则引起深霜层的滑动而产生深霜全层雪崩。

试验和观测表明，我国季节性雪崩区，每年春季（2—4 月）的旬平均气温分别由 －5～－15℃逐渐上升到 0℃。在持续时间较长的晴天中，气温很快上升，积雪表面融化，融水通过松散雪层迅速下渗，而使整个雪层温度上升趋于 0℃导致积雪强度突然降低（如细雪在 －16℃时内聚力为 3.7 kPa；0℃时为 19.6～88.3 Pa）。在积雪内聚力减少的情况下，特别是积雪底部深霜层被融水融蚀为粒雪或滑动面上有融水时，最容易发生全层湿雪雪崩。因此，我国危害性较大的湿雪全层雪崩主要发生在春季气温回升和融雪时期。

川西、滇北、藏东南气候的基本特点相互差别很大。由变化幅度来看，垂直变化更甚于水平变化。逐日平均气温≤0℃日数是雪崩形成的冷储条件。根据当地气象台（站）资料，如波密地区温度梯度为 0.006 K/m。在海拔 3800 m 的山地，3 月底 4 月初逐日平均气温上升到 0℃，积雪开始融化，湿雪雪崩发生。随着逐日平均气温 0℃等温线的上升，湿雪雪崩发生区的高度亦上升，故同一雪崩沟槽中，每年都发生多次湿雪全层雪崩。

4.5 雪崩危险度评价

雪崩危险度评价是雪崩研究的一个重要方向。多雪国家对此非常重视，如瑞士，国家统一制定了雪崩危险区划与制图（avalanche-hazard zoning and mapping）准则，并要求在山区所有的社区都必须执行。这一准则根据冲击力与频率将雪崩危险地域分成四种类型，即危险最大的红色地域，中度危险的蓝色地域，危险性很小的黄色地域和无危险的白色地域（图 4.7）。雪崩危险图直接为土地利用规划服务。俄罗斯雪崩研究历史长，雪崩危险评价形成了自己的一些独特方法，他们根据积雪厚度、雪崩发生次数、有雪崩危险的降雪次数和降雪的最大强度将其分成 7 种类型并制图。这些评价紧密结合当地实际，从而直接为经济建设服务。然而，在评价方法上，虽然各国各地的评价方法有所差异，但一般是根据一地的雪崩发生次数、规模和损害状况等的统计数据和实地分布状况来划分危险程度不等的区域或类型，因而无法应用于这类资料短缺的地域。同时，很少从发生机制或形成条件上选取参评因素，因而必然会影响雪崩防治的针对性及效果。分析雪崩灾害发生过程发现，雪崩危险度评价可以分为发生危险度评价和到达危险度评价。前者是指雪崩发生的危险程度或可能性大小，后者则为雪崩发生后到达某一特定点位的危险程度或可能性大小，这一点位已有或拟建建筑物、交通道路、桥梁或其他设施，或有某些具有重要经济意义的自然物，如河流。发生危险度历来是雪崩研究的一个主要方向。

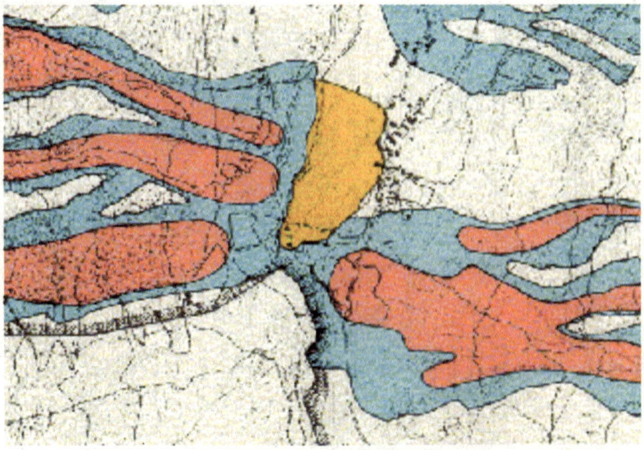

图 4.7　典型的瑞士雪崩灾害四色填图

影响雪崩发生的因素很多，包括积雪厚度、含水率、深霜的厚度及类型、密度、雪晶大小与形状、雪层结构、硬度、雪温与温度梯度、坡度、植被类型与覆盖度、风、降雪与吹雪、稳定积雪期的长短、地形切割深度及其他外部因素（如人畜行走、滚石等）等等。一般来说，不可能全部利用这些因素来进行雪崩发生危险度评价，而只能从中选取若干主导因素。可以将其分为两类：一类属于积雪的自身属性，包括积雪厚度、含水率和密度等；另一类则为环境条件，包括坡度、植被状况和风等。

积雪的属性多，而且随时间不断变化：既有快的变化，如湿雪含水率的日变化；也有较慢的变化，如雪晶的稳定粗化。它们彼此紧密联系，相互影响，因而其关系异常复杂，主次关系也因时因地而异。例如含水率，对于干雪来说，不存在这一因素，但对于湿雪而言，则它与雪粒粒径共同引起积雪黏滞度（把积雪当成一种黏滞流体）的降低。然而，从根本上来说，积雪是气候的产物，也是气候的组成部分，一地的气候特征决定了该地积雪的属性或特征。研究显示，雪的密实化过程与雪的荷载或深度的关系不如其与一些雪的属性的关系重要，这些属性包括雪晶与雪晶聚合特征、雪温和含水状况等，它们主要受气候控制。所以，可以选取气候因素来替代众多的积雪属性（因素）。不过，积雪厚度较为特殊，由风和地形等所产生的雪的重新分配可以产生很大的差异，植被也可以使积雪空间分布产生很强的非均匀性，故必须把其列作一个单独的参评因素。但气候也是个非常复杂的自然要素，包括水、热等基本因子，且每个因子都需要两个以上的指标来衡量。如热量仅用积温指标的话，就不能反映其时间分配状况，而这一特征对积雪属性的形成非常重要。由于气候具有区域性，因此可以在气候区划的基础上再利用积雪厚度和其他环境因子来评价雪崩发生危险度。

环境因素主要包括三类：地形、下垫面状况和气候。气候因子已在气候区划中进行了充分筛选，故只需考虑地形和下垫面状况两个方面。对于地形条件，普遍选取坡度来衡量。对于下垫面，以冰川、粒雪、岩屑堆、草地和树木等坡面类型最为典型。由于前三类处于山体顶部，远离人类经济活动地带，虽有雪崩，但一般不会造成经济损失，而且所占面积相对较少，再加上统计资料非常稀少，所以研究草地（包括裸地）和树木两种下垫面类型。草地有利于雪崩的形成，而树木则对雪崩发生有一定的抑制作用。树木的大小及覆盖度则决定抑制作用的强弱。因此，植被类型与覆盖度应被选作评价因子。

因此，在气候区划的基础上，雪崩发生危险度评价可以选取积雪厚度、坡度和植被类型与覆盖度作为参评因素。在选定了参评因素（子）的基础上，还必须进行因素（子）分级，即确定各因素（子）分几级及各级之间的划分指标。从我国的实际情况看，多数雪崩发生在 30°～40°的山坡上，当坡度超过 60°时，积雪不易在山坡上停留，极限厚度小，很难酿成雪崩，只有小型滑雪。我国积雪深度远小于一些多雪国家，雪崩发生在西部和东北的一些山地。对山坡积雪稳定性观测发现，在地形切割程度较大的山区，当新雪厚度超过 30 cm 时，可发生雪崩。新雪厚度超过 70 cm 时，可酿成雪崩危害。

在选取了参评因素并得出其分级指标后，区域雪崩发生危险度评价的程序和方法如下：

首先在底图上划分出积雪单元。先利用地形图作出坡度图，其分级依据表 4.2。积雪深度可以采用过去若干年的平均深度。由于雪崩通常发生在地形较破碎、坡度较大的山地，故积雪单元的面积一般较小。因而制图时，比例尺应该偏大，以使评价图件较为客观、直接，便于应用。

表 4.2　雪崩发生危险度评价参评因素等级划分指标及其评分值（周石硚等，2003）

参评因素	等级	划分指标		得分	发生难易度
坡度 (θ，°)	1	$\theta<30°$		4	↑ 小
	2	$30°\leqslant\theta<40°$		7	
	3	$\theta\geqslant40°$		10	↓ 大
植被状况 (h：树高（m）， D：覆盖度（%）)	1	高树：$D\geqslant50$		4	↑ 小
	2	中树：$D\geqslant50$、高树：$20\leqslant D<50$		7	
	3	低树：$D\geqslant20$、中树：$20\leqslant D<50$		9	
	4	$h<2$、$D<20$ 的树木及草地、裸地等		10	↓ 大
积雪厚度 (H，cm)	1	H<100	$30\leqslant H<70$ *	0	↑ 小
	2		$70\leqslant H<100$ *		
	3	$100\leqslant H<200$		6	
	4	$200\leqslant H<300$		7	
	5	$H\geqslant300$		9	↓ 大

注：低树：2 $m\leqslant$h<4 m，中树：4 $m\leqslant$h<8 m，高树：h$\geqslant$8 m

然后，参照参评因素评级表（表 4.2），逐一评出各积雪单元的等级，并最终得出区域雪崩发生危险度评价图。因素评级的级别高低与发生危险度等级高低的含义是相反的，即因素评级越高，越容易引起雪崩发生，而发生危险度级别越高，雪崩发生的可能性越小。由于三个参评因素相互从属性小，相对独立，因而在比配时，由各因素单独评出的等级很可能是不一致的。所以，需要综合三因素的评级来确定积雪单元的危险度等级。可以利用三因素各自因素评级（数）的积 I 来确定积雪单元的发生危险度等级。与参评因素分级类似，积雪单元的雪崩发生危险度亦分 3～5 级为宜。若分三级，则可参照表 4.3 的标准执行。

表 4.3　积雪单元发生危险度评价标准（周石硚等，2003）

单元危险度等级	三因素各自因素评级（数）的积（I）
1	$I \geqslant 27$（3×3×3）
2	8（2×2×2）$\leqslant I < 27$
3	$I < 8$

区域雪崩发生危险度评价的主要任务是在弄清积雪单元属性的基础上评定各单元的相对等级高低。而点位危险度评价则需要评出某一特定点位或单元的雪崩发生概率。虽然雪崩的发生机制或动力学研究已有很长的历史，并且在雪崩危险评价中越来越重要，但由于雪崩发生过程的复杂性，到目前为止，其研究成果的精确度还远远达不到雪崩危险评价制图的要求。因此，点位发生危险度评价及到达危险度评价都需要大量的统计数据来预测概率。将评价点位三因素的值分别对照表 4.2 的划分标准，得出各自的得分值。然后将三个得分值相加，得到一个合计得分值。最后将合计得分值对照参评因素合计得分值（m）与雪崩发生概率 P（%）关系图（图 4.8），得出该点位的雪崩发生概率。

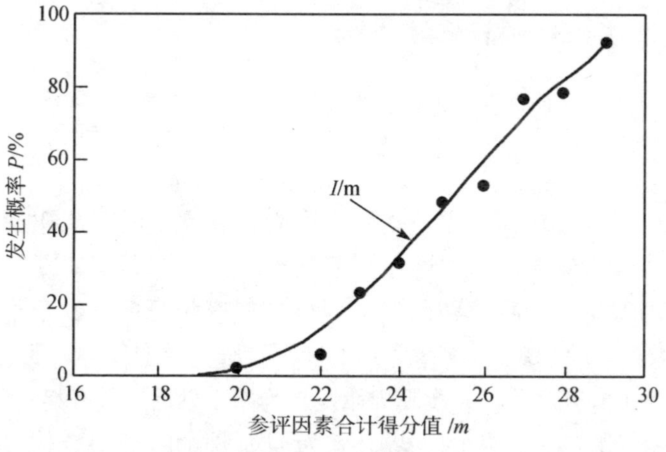

图 4.8　发生概率与参评因素合计得分值的关系（周石硚等，2003）

到达危险度评价也是针对某一具体点位的雪崩发生及其附近某一特定建筑物或工程的，所以亦需要评出可能点位的雪崩发生后雪崩雪到达该建筑物或工程的概率。国内外都对雪崩抛程进行了大量统计研究，其中，抛程与落差的统计关系简单明了，便于应用，是较好的参照。图 4.9 是根据 603 个表层雪崩与 155 个全层雪崩得出的抛程（L）与落差（H）的统计关系图。从图看出，已知雪崩抛落方向上任意一点的抛程与落差比值（L/H），便可以查出该点的到达概率或危险度 P（%）。L/H 值可以直接在地形图上量算出。

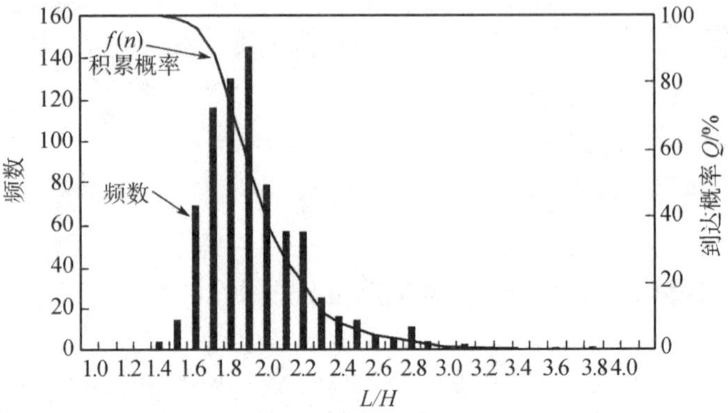

图 4.9　到达概率与 L/H 的关系（周石硚等，2003）

在分别算出上述的发生危险度（P）和到达危险度（Q）后，二者的积便是雪崩危险度 D（%）：

$$D=100\times\frac{P}{100}\times\frac{Q}{100} \tag{4.2}$$

例如，发生和到达危险度都为100%时，雪崩危险度为100%。发生和到达危险度都为50%时，雪崩危险度为25%。

4.6　中国雪崩区划

雪崩与一切自然现象一样，其分布和变化呈现出一定规律性。在综合考虑雪崩形成诸因素的基础上，通过分析地形、气候和雪的物理性质变化，可对复杂的中国雪崩进行简化和归纳。划分雪崩区的目的，在于了解自然因素（如地形、气候、海拔高度和降水等）的区划组合与雪崩发生、发展、堆积及危害的关系。分析地区差异，寻找其规律性，为国土整治提供资料和科学依据。

区划的对象是雪崩产生的外界环境背景条件的自然组合体，包括地形形态、降水、气温和植被等及其与雪崩之间的内在联系。这些都不是各自孤立的规律，而是在长期相互影响下逐渐形成的。同时，某一主导因素在一定的外界环境范围内对雪崩起着主导作用。王彦龙（1992）采用雪崩的垂直地带性和水平地带性相结合的原则，结合积雪和雪崩若干物理力学性质和各山系的自然环境特征分区的广义概念以及同一山区的地形和水分条件的差异性，将我国雪崩划分为两个一级区，3个二级区，5个三级雪崩区和69个雪崩亚区（图4.10）。

雪崩发生有两个主要因素，一是积雪厚度，二是地形条件。较厚的积雪是雪崩发生的物质基础，适当的山坡坡度是雪崩形成的动力条件。不同类型积雪在山坡上的极限厚度与山坡坡度有着密切的关系，其中新雪的极限厚度最小。在 35°～40°的山坡上，新雪厚度若超过 30 cm，便有雪崩发生的危险。而聚合深霜，在 35°的山坡上，即使厚度为 100 cm，也不会发生雪崩危险。特别是一次连续降雪所引起的积雪厚度的增加，是雪崩形成的一个主要因素，降雪量大小直接控制着雪崩的时间和空间分布。因此，在划分雪崩大区（一级区）时，首先要考察积雪分布及其变化规律。雪崩分布还与地形切割程度有明显关系，一般分布于地形切割系数大于 150 的地区。因此，将地形切割力系数大于 150，且 10 年间最大积雪深度超过 30 cm 的地区划为有雪崩区；最大积雪深度不超过 30 cm 的地区被划为无雪崩区。两大雪崩区（一级区）的界线，在垂直方向上大致以海拔 1000 m 为界，而低于海拔 1000 m 地区则无雪崩；在水平方向上，两大雪崩区分界线与中国多级地势中的第二台阶界线基本一致。第二和第三台阶界线以西为有雪崩区，以东为无雪崩区。

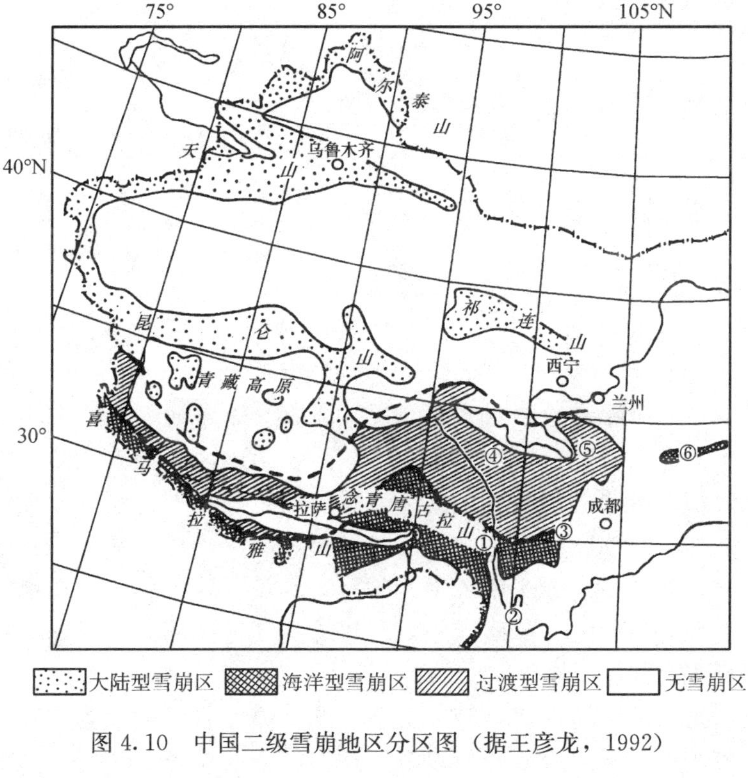

图 4.10　中国二级雪崩地区分区图（据王彦龙，1992）

雪崩分布区的气温、气温年较差和降水直接影响着积雪的物理性质、积雪的变质作用和变质过程，而积雪的物理力学性质、变质作用和积雪厚度又决定了雪崩的类型和雪崩的运动状态。在一定的地形条件下，积雪厚度又直接影响着雪崩的规模和危害程度。因此，根据表 4.4 的主要指标和参考指标，将中国雪崩划分为 3 个二级雪崩区，即海洋型雪崩区、大陆型雪崩区和过渡型雪崩区。它们主要分布在中国西部（图 4.10）。海洋型雪崩区的北界大致东起四川二郎山，经贡嘎山北坡折向西南白茫雪山，再向西北经念青唐古拉山东端和易贡地区的北部，转向西南至喜马拉雅山的南坡。此线以南为海洋型雪崩区。藏南、滇北、藏东南和喜马拉雅山南坡等地属此类型。大陆型雪崩区的南界大致经秦岭—阿尼玛卿山，在巴颜喀拉山西侧转向南，经唐古拉山中段，沿念青唐古拉山西段到冈底斯山的南坡。界线以北为大陆型雪崩区。大陆型雪崩区和海洋型雪崩区之间，属过渡型雪崩区。

表 4.4　中国二级雪崩区分区指标（据王彦龙，1992）

指标	分区	海洋型雪崩区	过渡型雪崩区	大陆型雪崩区
主要指标	气温年较差/℃	＜20	20～24	＞24
	月平均/℃	＞－4	－10～－4	＜－10
	年降水日数/ d	＞140	120～140	60～120
参考指标	变质作用类型	以等温变质作用为主，其次有温度梯度变质作用、融化变质作用	以等温变质作用和温度梯度变质作用为主，其次有融化变质作用	以温度梯度变质作用为主，其次有 等温变质作用和融化变质作用
	雪崩类型	主要是湿雪全层雪崩，其次是深霜全层雪崩和新雪干雪雪崩	主要是新雪干雪雪崩和湿雪全层雪崩，其次有深霜全层雪崩	主要是新雪干雪雪崩，其次有湿雪全层雪崩
	雪崩发生时间	主要发生在 2—3 月，其次 12 月	主要发生在 11—3 月	主要发生在 1 月，其次在 3—4 月

由环流形势对降雪的影响来看，青藏高原及邻近地区各处雪崩发育的水汽来源、降水量和季节分配均是极不相同的，由此而影响雪崩的类型、规模和对国民经济建设危害程度。根据天气系统的主要差异、地理位置的不同以及地形形态与积雪性质和雪害的主要特征差异，将中国三级雪崩区又分成 6 个雪崩地区，即青藏高原东南部雪崩地区，天山、阿尔泰山雪崩地区，青藏高原南部边缘雪崩地区，青藏高原北部边缘雪崩地区，大小兴安岭雪崩地区和青藏高原东北部雪崩地区。

根据我国山区雪崩自然地理环境中的绝对高度、气候主要特征、人类活动及其开发利用和治理的差异，以及地貌特征上的差异，又将我国雪崩分为常年雪崩带和季节性雪崩带。这是一种补充水平分区不足的垂直分带法。常年雪崩带分布于常年积雪的高山和极高山地区，雪崩几乎一年四季都有（图 4.11）。季节性雪崩一般分布于气温较低、固体降水丰富的中、高山带，雪崩主要发生在冬春季节，在一些山区秋末或夏初偶有所见。

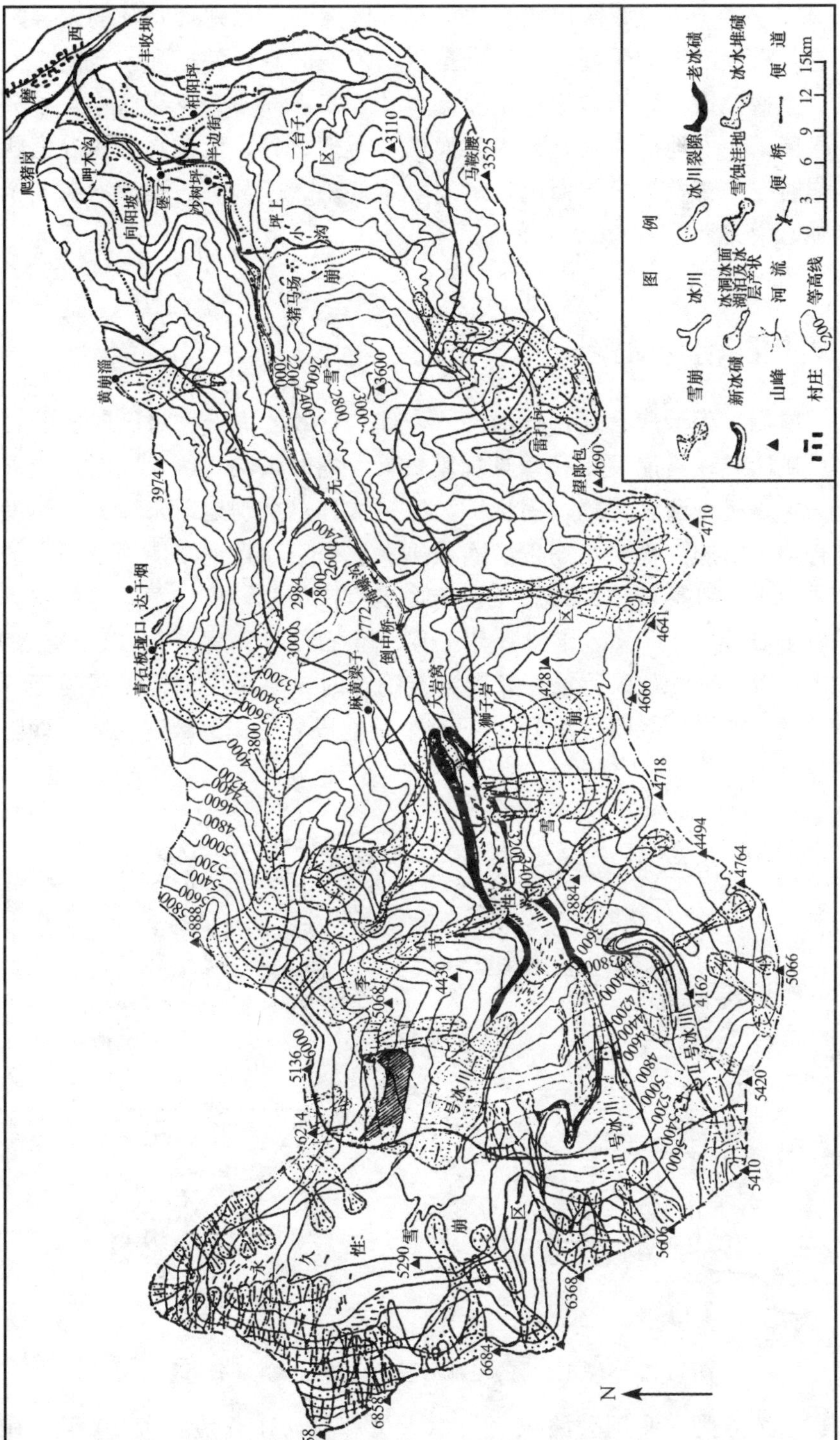

图 4.11 贡嘎山海螺沟雪崩分布（王彦龙，1992）

四级雪崩区是将三级区按照与雪崩有关区域性自然地理特征的差异来划分的，它是重要的雪崩区划单元，也是认识雪崩的具体特征和因地制宜地进行工矿、交通建设、防治雪崩的主要参考依据。在同一个三级区中，划分出几个四级区，在大地形和垂直带等方面虽有类似之处，而在水分和温度状况以及雪崩时空分布及规模方面仍显示出一定的地区差异性。据此，在 6 个三级雪崩地区中又划分出 69 个雪崩亚区。

4.7 雪崩防治与对策

我国雪崩工程治理必须符合经济、合理、有效的方针。对已建成的交通线路和厂矿区，在雪崩发生频繁且规模较大，同时道路等级又高时，应以工程治理为主，机械清雪为辅，逐步扩大植树造林，个别地段采取人工引发雪崩等综合治理措施。而对雪崩发生次数少、规模小，且道路使用率不高的地区，则主要采取机械清雪的措施。在选择工程措施时，应注意就地取材，尽可能采取土石型工程（如土丘、水平台阶、土石型导雪堤等），以节省水泥、钢材和木材等材料，如采用土石型措施有困难时，可采用其他工程类型（如水泥柱铁丝网栅栏、浆砌石楔等），只有个别地段才选用遮蔽建筑物（如防雪崩走廊等（图 4.12））。

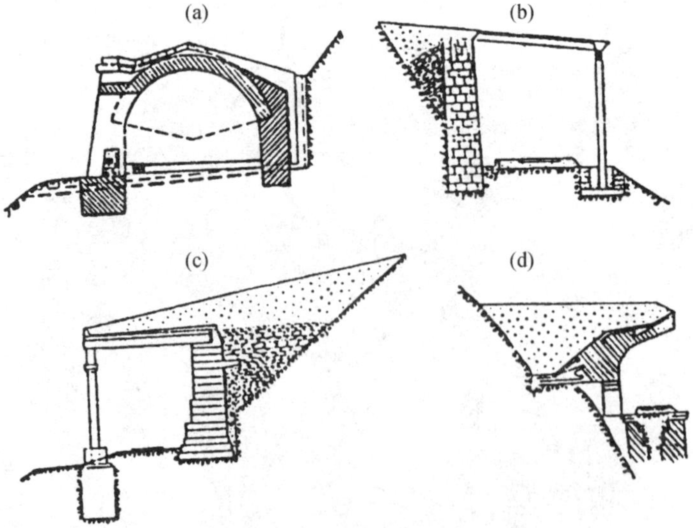

图 4.12　不同类型的走廊示意图（据王彦龙，1992）

根据上述原则，我国公路工程技术人员和科研工作者，近 20 年来在新疆、西藏，尤其是在天山地区，通过中、小型工程试验，积累了许多宝贵的经验。这些工程充分利用了当地土石材料；而少数山坡陡峻，土层脊薄，土石工程施工困难地段，则设轻型钢木结构；在道路紧靠山坡，且雪崩频繁，其他工程又难以奏效的地段，则采用人工建筑（如防雪崩走廊、防雪崩渡槽等）。在工程布设上，根据地形条件合理配置工程种类和类型，最大限度地发挥各种类型工程的最佳效应，使其防治的社会经济效益得以充分体现。并创出一条适合我国经济发展情况的治理雪崩道路。适合我国雪崩防治的工程类型可分为防、稳、导、缓、阻等主要类型。

防止雪崩源头风吹雪的工程措施。一般设置于平缓分水岭及迎风山口或山坡处。目的在于阻止大量风吹雪，避免在积雪盆堆雪过厚和形成雪檐。主要工程类型有防雪栅栏、防雪土墙和石墙等。

稳定山坡积雪的措施。这种工程措施，一般从雪崩沟槽顶端或山坡源头开始，沿等高线在相邻一定距离内逐级排列修建台阶或栅栏，分段撑托山坡积雪，改变积雪层的力学性质，将积雪稳定于山坡上，不使其移动或滑动（照片 4.7）。同时，亦可阻挡较短距离的坡面滑雪。它主要适用于相对高度较小、雪崩源头面积不大的雪崩区。属于这种工程类型的措施很多，包括稳雪墙、水平台阶、水平沟、地桩障、篱笆障、各种结构和材料的稳雪栅栏、防雪网、防雪桥和防雪塔等。

照片 4.7　逐级排列修建台阶或栅栏，稳定山坡积雪

导雪工程措施。导雪工程是设在沟槽一侧与雪崩运动主流线斜交（交角一般不大于 30°）的一种治理雪崩的措施，其作用是改变雪崩体的运动方向，将雪崩引导到预定的堆雪场地，使雪崩体不致直接危害道路通行，或防止雪崩体破坏厂房、电杆或电网设施等。属于这类工程措施类型有导雪堤、破雪堤、渡雪槽和遮蔽建筑物等（图 4.13）。

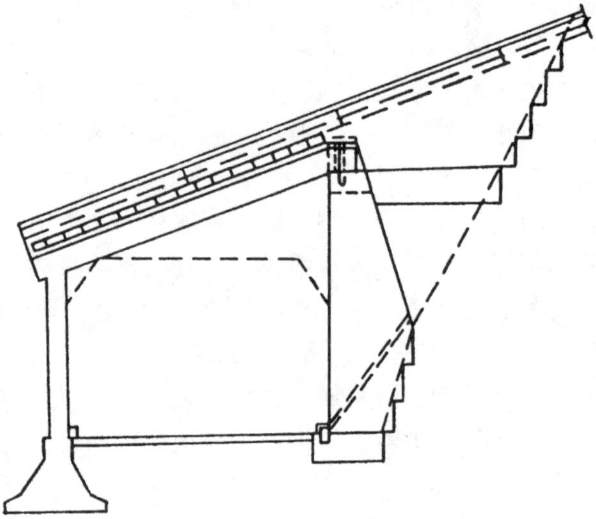

图 4.13 渡雪槽（据王彦龙，1992）

缓冲阻止雪崩的工程措施。这是设在雪崩运动区的一种工程，目的在于肢解雪崩体。当其运动时，可使雪的块体互撞，以减缓雪崩速度，缩短雪崩抛程，消耗雪崩体运动的能量。此外，还可阻挡滞留部分雪崩雪在其上方堆积。属于这类工程的有土丘、木楔和石楔等。

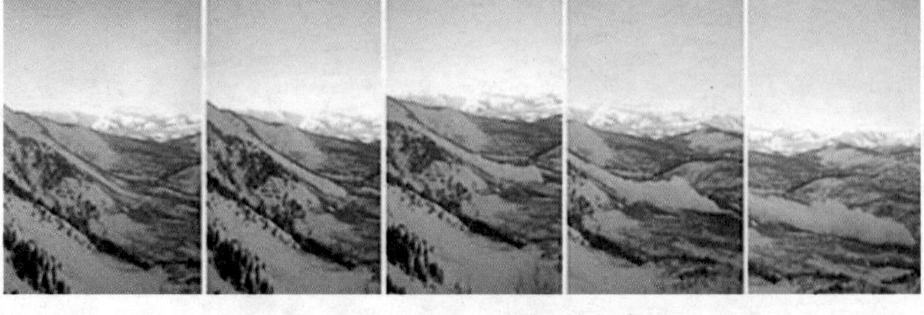

第5章 风吹雪

5.1 我国风吹雪的基本特点和分布

我国北方的冬、春季即使在晴朗的日子里也经常出现狂风刮起地面千堆雪，在白雪皑皑的原野或崇山峻岭之间，倾刻间瑞雪纷飞，一股携带着大量雪粒的气流，贴地而行，随风飘逸，变幻莫测。这种挟带着大量雪粒的气流，就称为风吹雪，或风雪流，或白毛风。和风沙流一样，风雪流是一种有其一定运动规律可循的两相流体，形成局部深厚的积雪，埋没草场和道路，阻塞交通，严重地影响当地人民生活和经济建设。风吹雪是我国西北、东北、内蒙古、青藏高原及其边缘山区冬、春季节常见的自然灾害之一。在我国道路风吹雪危害最为严重的地区主要发生在天山、阿尔泰山、藏东南及滇北、川藏公路、青藏公路唐古拉山一带以及大兴安岭西侧、燕山北麓等地。长期以来，我国各族人民在深入认识这种自然灾害基础上，一方面积累了丰富的防治风吹雪的经验，另一方面因势利导，巧妙地利用风吹雪的作用，增加农田积雪保墒和增加水库水量等。

积雪在地球上分布广泛，可分为自然积雪、风吹雪和雪崩三大形态，前者为静止的雪，后两者是运动中的雪。自然积雪（一般称为积雪）系指由降雪形成的覆盖在地表上的雪层，它是地面气温低于冰点的寒冷地区或寒冷季节的自然景观和天气现象，当观测台站视野范围内地表二分之一以上面积被雪覆盖时，才被认为出现了积雪（该天记为一个积雪日）；风吹雪，简称吹雪（又称风雪流）为空气挟带着雪粒运行的非典型的两相流，也就是常说的雪粒被风卷着随风运行的一种天气现象。风吹雪对自然积雪有重新分配的作用，风吹雪形成的积雪深度一般为自然积雪深度的3～8倍。山坡上的积雪在一定的条件下，受重力作用向下滑动，并在山坡积雪中发生连锁反应，引起大量雪体崩塌的现象，称为雪崩，其具有突然发生，运动速度快和崩塌量大的特点。

风雪流又称风吹雪，是气流挟带着分散雪粒进行的多相流，简单地说，就是雪粒随风运动的一种天气现象。依据雪粒的吹扬高度、吹雪强度和对能见度的影响，风雪流可分为低吹雪、高吹雪和暴风雪三类。公路风吹雪雪害是指对冬季公路的正常运营产生巨大影响，并对人们的生命财产和社会生活造成灾难性后果的事件，属于交通灾害的一种。公路积雪有自然降雪、风吹雪以及雪崩三种形式。其中，自然降雪产生的道路积雪厚度较小，虽然影响行车速度，但是一般不会造成长时间的交通中断；雪崩是山坡上的积雪在一定条件下，受重力作用向下滑动，引起大量雪体崩塌的现象，由于其来势凶猛，破坏力大，但受地形影响明显，不会普遍出现公路雪崩灾害；风吹雪是雪粒子在风的作用下随风运行的一种天气现象，它对自然积雪有重新分配的作用，其形成的积雪一般为自然积雪的3～8倍，是我国北方冬季最普遍、最频繁，导致道路积雪最严重的一种公路雪害形式（照片5.1）。

照片5.1　风吹雪形成的大量积雪堆积

风吹雪雪害在我国分布非常广，约占全国总面积的55.2%。我国新疆、内蒙古、西藏、东北山区和平原等省、区，冬季受地形、气候影响，每年都有强大的风吹雪出现，致使公路严重积雪、能见度降低、阻塞交通。这不仅容易酿成车毁人亡的恶性交通事故，严重威胁着人们的生命财产安全，影响人们的正常生活秩序，而且也增加了抗灾救灾工作的困难，使灾情更趋严重，极大地影响和制约了当地社会经济的稳定发展。虽然公路管理和养护部门每年在除雪保畅方面都要投入几百万甚至上千万元的经费，但是仍然有积雪阻塞道路的现象发生。据初步统计，仅华北、东北、西北和西南地区就有6891 km的高速公路、66万km的等级公路受风吹雪雪害影响。随着国家西部大开发战略的实施及西部地区公路建设力度加大，受风吹雪雪害影响的公路里程必然增加。

我国是一个多山区和高原的国家，地形错综复杂，地势起伏变化大。不同的地形通过其高度、形态以及坡度等影响太阳辐射平衡、气温、降雪与风场，以及它们在水平和垂直地带上的变化，并通过风对雪粒的输送，使积雪产生再分配，从而导致山区和平地、山脉的阳坡与阴坡、迎风坡和背风坡上风吹雪动状况及积雪厚度有着明显的差异。我国风吹雪多发区主要分布在高纬度、高海拔和地形起伏变化较大的稳定积雪区内，即青藏高原东部及其四周边缘山区，新疆阿尔泰和天山西部及北部，东北和内蒙古高原以及冰川发育的山区等四个主要区域：1）青藏高原及其四周边缘山区。青藏高原积雪空间分布很不均匀，以四周山地多雪，尤其是东西两侧多雪与广大腹地少雪为特征。青藏高原风吹雪出现频繁且危害严重的地带，主要分布在其东北部和东南部（包括横断山脉和川西高原）及四周山地；2）北疆阿尔泰和天山地区。北疆阿尔泰和天山地区是我国风吹雪出现频繁和危害最严重的地区之一，这两个地区所处的位置和地形有利于形成西风气流入侵、降水丰富、积雪深度大、积雪日数多等气候现象，同时还由于其低密度雪的物理力学性质而便于雪粒起动等；3）东北和内蒙古。东北和内蒙古地区高大山脉甚少，以丘陵高原和平原地貌类型为主，没有永久积雪的分布。由于所处纬度较高，东北和内蒙古气温低，冬季严寒漫长，积雪日数长达150 d以上。例如黑龙江北部漠河站年平均积雪日数为174 d，内蒙古阿尔泰山达167 d。该区最大积雪深度较大，如漠河站为68 cm，大兴安岭北部和长白山均可到50 cm左右。因此，风吹雪比较盛行；4）西部山地冰川（常年风吹雪）地区。我国是世界山岳冰川最发育的国家之一。按山脉分布统计，我国冰川分布在西部，主要集中在天山西段的汗腾格里—托木尔山汇区、青藏高原西缘的西昆仑山、喀喇昆仑山和帕米尔高原区以及青藏高原南缘与东南缘的喜马拉雅山和念青唐古拉山区。总之，我国山地冰川集中分布在北纬27°～49°N，东经72°～104°E之间，这些冰川分布地区也是我国长年风吹雪的主要分布地区。

我国风吹雪的发生具有以下特点：

（1）全国42.8%的站点发生过风雪流，主要集中在中国北方地区，包括东北、内蒙古、新疆北部、青海、甘肃、宁夏以及陕西、山西、山东、河南和河北的部分地区。

（2）风雪流最早出现在10—11月，主要集中在11月或12月；终止时间主要集中在2—4月，一般不超过5月。风雪流出现日数有季节变化，可分为单峰值和双峰值两种类型，双峰值差异较大，表明受不同的系统影响。

（3）从总体来看，风雪流发生日数有减少趋势，但各地区有差异：东北、内蒙古、西藏部分地区和新疆北部发生风雪流日数均呈下降趋势；青海、甘肃和宁夏部分地区则呈上升趋势。

（4）从风雪流季节年变化趋势看，暖月发生风雪流日数呈上升趋势，而冷季的1—3月、10—12月发生风雪流日数则呈下降趋势，且下降趋势比上升趋势快，这与冬季变暖变干的研究结果是一致的。

5.2 风吹雪形成条件及其运动特征

5.2.1 风吹雪形成的条件

冬、春季一定深度的地面积雪，雪层比较松散，特别是新雪、雪粒之间黏结力很小，在一定风力作用下，容易发生位移。当风速较高时，积雪被风吹起，地表雪粒就被卷入气流，并以蠕动、滚动、跳跃和悬浮形式在地面与近地气层中运行。在风挟雪粒流动过程中，遇到地形或地物的障碍，就会使雪粒堆积，这种形成积雪的过程，即为风吹雪。风吹雪的发生及其各地差异主要是天气气候、地形地势等因素综合影响的结果。

风吹雪的形成必须具备三个条件：最大的雪、障碍物和使雪粒能够起动运行的风。降雪和积雪是风吹雪的物质来源，而风则是风吹雪形成的动力，决定着风吹雪的发展方向和运动规律。当穿过雪源的风速达到一定数值时，沿雪表面呈水平与垂直运动的微小涡旋群把雪粒卷入气流，在地面或近地气层中运行。所谓起动风速就是刚刚能使雪粒起动运行的风速，为了使用和观测方便，往往采用地面以上1 m高处的风速作为起动风速。影响雪粒起动的因子较多，既与积雪本身的物理力学性质（如积雪密度、雪粒粒径、积雪深度、硬度等）有关，又与太阳辐射、气温、地温、地面粗糙度等相联系。例如，气温低于−6℃时，刚下的干燥新雪（粒径小于1.0 mm，平均密度0.06 t/m^3），风速2.0 m/s就能起动；细雪（粒径小于0.5 mm，平均密度0.18 t/m^3）起动风速在3.7～4.3 m/s之间，至于老细粒雪（粒径0.5～1.0 mm，平均密度0.23 t/m^3）则要6～8 m/s才能起动。随着时间的推移，新雪经过多次搬运并在温度梯度变质作用下，其密度不断地增大。最初积雪密度与起动风速呈线性关系，随着密度增大，则呈指数关系。

雪粒虽然微小，但也有一定的质量，没有外界的动力，雪花是不会运动的，使雪粒运动的能量来源于风，风速越大，雪粒运动的强度越大。使雪粒从静止到开始运动的风速叫做起动风速，也叫做临界风速。在大于临界风速的风力作用下，表层雪粒开始运动。由于气流同积雪覆盖层表面的摩擦，雪粒在风雪流中以滑动（滚动）、跳跃和浮动3种方式运动，通常90%以上的雪粒以跳跃和滚动的方式在雪面以上0～20 cm高度范围内运动。

积雪的若干物理力学特性与温度关系甚为密切，春季随着温度回升接近于0℃时，雪层表面昼间开始融化，雪层含水量增加，雪粒之间的黏结增大，此时需要较大的风速，雪粒才能被移动、扬起。夜间有效（长波）辐射增大，雪面温度下降，融水复而冻结，在雪面形成坚实的冰壳难于起动。因此，温度变化是通过改变积雪若干物理特性而影响吹雪起动风速的。如道路附近地形的急剧变化使风吹雪减弱或产生较大涡旋，山向前运移变为倒转，致使雪粒发生由运行到沉积的转变，即使处于运行中的风吹雪也会受到坡向、坡度制约。根据以往观测资料，山区风吹雪的起动风速比平原地区相类似的雪源的起动风速一般要增大三分之一左右，达到起动风速后才形成风吹雪。

5.2.2 风雪流基本性质

风雪流是一种非典型的、可压缩，具有黏性的气固两相流。大小、形状不尽相同的无数个雪粒子和空气一边相互作用，一边作复杂的湍流运动。根据野外观测得知，大部分雪粒子都集中在0～20 cm的贴地气层中，而且雪粒子的含量随高度分布差异很大，一般在悬移层中雪粒子的含量为10^{-4}～10^{-2} kg/m³，在跃移层中为10^{-2}～1 kg/m³，含量差异最大可达上万倍。

当风雪流中雪粒子含量较小时，空气的特性占主导地位，此时，可以将风雪流当作黏性流体处理；当雪粒子含量达到某一值之后，雪粒子之间的相互碰撞加剧，惯性效果增强，此时风雪流就不再满足牛顿切应力关系，不能当成牛顿流体处理。因此，在风雪流计算分析时，不能简单地将风雪流当作单相流处理，而应该考虑空气和雪粒子之间相互影响、相互作用的关系。但令人遗憾的是，直到目前为止，复杂的两相流流体理论还没有完全确立，风雪流方面的实际工程问题只能靠经验公式处理。

5.2.3 风吹雪的分类

风吹雪主要有三种运动形式：1）蠕移，当穿过雪源的气流速度接近起动风速时，雪粒便在地表或积雪坡面上迂回滚动并向前蠕移；2）跳跃，当起动风速到达和风（10 m高度风速5.5～7.9 m/s）后，雪粒在蠕移中相互碰撞，并在气流空吸作用下，形成跳跃式向前运动，而且跳跃的雪粒不断增多；

3）悬移，当起动风速达到清劲风（10 m高度风速8～10.7 m/s）或强风（风速10.8 m/s）以上时，大量雪粒被沿着地表呈水平与垂直运动的涡旋群卷入气流，悬浮于空气中随风运行。

风吹雪随风速的变化，其运动特征和所造成的危害会有所不同。在以往野外观测的基础上，根据风速（10 m高处）对雪粒的吹扬高度以及对能见度的影响等因素，把风吹雪分为低吹雪、高吹雪和暴风雪3类：1）低吹雪。和风（风速变化范围5.5～7.9 m/s）将地面雪粒吹起，随风贴地运行，吹扬高度在2 m以下，水平能见度大于10 km；2）高吹雪。清劲风（风速变化范围8.0～10.7 m/s）将地面雪粒卷起，吹扬高度在2 m以上水平能见度小于10 km；3）暴风雪（中国气象局编定的地面气象观测规范称雪暴）。大量雪粒被强风（风速变化范围10.8～13.8 m/s）或大于强风风速卷着随风运行，一般伴随降雪，天空不可辨，水平能见度小于1 km，有时1～2 m都难以分清目标物（黑色）。前两类风吹雪多发生在晴天条件下，其危害比第3类小。风雪来临时多伴有强烈的降温和降雪现象，无论是对工业和农牧业生产，还是对交通运输造成的危害都是非常严重的。

5.3 风吹雪的堆积及其危害

5.3.1 风吹雪的堆积机理

作为挟带大量雪粒的风雪流，在运动过程中经常受到各种地形、地物的影响减弱而发生堆积（沉积）。当风雪流吹经平坦开阔、粗糙度很小的雪面时，风力以摩擦损失为主，能量减少较小，所挟带的雪粒随风而飘，不发生堆积。但当风雪流经过起伏较大的地面时，不仅有摩擦阻力，而且在局部地形变化的部位产生贴地气层分离所形成的涡旋阻力，导致风速急剧减小，气流中的雪粒发生堆积。

野外观测和风洞模拟试验表明，在平坦的地面贴地气层分离区（即涡旋尺度），随风速增大而减少、减薄，但涡旋中心强度则增加。随着地形起伏增大，涡旋尺度和强度都在增大，在地形转折处，往往出现贴地气层分离点，并随雪粒的堆积不断前移。

雪粒子在空气的作用下，在气流中运动，当空气的作用力变小时，运动中的雪粒子就有可能在重力的作用下向下运动，形成积雪。因此，在风雪流中影响雪粒子受空气切应力作用的主要是雪粒子附近的风速梯度，即，主要是流场分布影响了雪粒堆积。流场的速度分布发生变化后，积雪的位置和深度就会发生变化。通过野外观测和理论分析，可以确定风雪流造成的公路雪阻的空间分布及其严重程度是由风速的大小、风向与道路走向的夹角、雪源丰富与否、风雪流的发育长度、积雪的物理性质、路基断面形式和周边地物地貌、大气温度、太阳辐射、大气湿度及这些因素持续的时间共同决定的。

风是风雪流形成的动力，风的方向首先就决定着风雪流的发展方向，风速的大小决定了是否发生风吹雪以及风吹雪的严重程度，丰富的雪源也是风吹雪形成的必要条件之一。同时，雪的物理性质（如积雪深度、雪粒粒径、积雪密度等）也会影响风吹雪的产生及其严重程度。据观测，只有积雪较厚（积雪深度在 10 cm 以上）的稳定雪层，才会形成较大的风吹雪。这是因为在冬末、初春季节积雪开始解冻融化，表层积雪常有一层薄消融壳，将雪粒与风完全隔绝。在低温情况下，雪粒大小不同，起动风速也不一样。据资料表明，当粒径小于 2 mm 时，随着雪粒粒径的增大，起动风速随之增大，但增大的速度越来越慢。在温度低于−6℃时，起动风速 V 随雪粒粒径的平方根（D）的增大呈线性增加。

积雪密度对起动风速和移雪强度影响较大。新雪很疏松，平均密度只有 0.058 t/m^3左右，因此，有较小的风速雪粒就能起动。经过风吹雪搬运后，积雪密度增大到 0.100～0.150 t/m^3时，雪粒需较大的风速才能搬运。经过多次搬运后，积雪密度可达到 0.300～0.390 t/m^3，加之雪粒间相互撞击黏合作用，雪粒粒径也随之增大，这时需要更大的风速才能使雪粒起动。因此，刚下的新雪容易启动，但经过一定时间的老雪，就不容易起动，尤其在积雪表面结成冰壳就很难起动。而且，随着时间的推移，路面及路侧的积雪深度和积雪形状也会发生变化，此时的流场结构改变，也会影响风吹雪过程。另外，风向与道路走向的夹角、路基的断面形式及其周边的地物地貌、降雪、植被、人工构造物等共同决定了路基上方的流场结构，从而影响是否产生公路雪阻，及其严重的程度。

5.3.2 公路风吹雪的堆积类型

背风堆积：风吹雪从山坡上吹下来，进入上边坡坡顶后，由于气流急剧扩散，产生涡旋减速，雪粒便沉积在边坡上，并常以雪檐或雪包的形式向前推进。

迎风堆积：风吹雪从山坡下吹上来，进入路基台后，由于气流急剧扩散，产生涡旋减速，雪粒便沉积在迎风一侧的路肩上，并逐渐向路基全宽延伸。

绕流堆积：当公路绕山丘转弯时，风吹雪沿公路运行，在内侧产生水平涡旋，风速减弱，使雪粒堆积。弯道半径越小，风速减弱越快，积雪越严重。

辐散堆积：风吹雪从山谷进入开阔平地时，由于辐散减速，雪粒也会沉积下来。

屏障堆积。风吹雪遇到路堤、山丘等屏障物时，在屏障物前后一定范围内均会出现减速区，而在前、后坡脚减速至最低值。在减速区内，当风速降低至起动风速以下时，便会产生程度不同的积雪，而以前、后坡脚处最重。

在一定的地区内，由于冬季的主导风向比较稳定，因此，风吹雪总是沿着主导风向在固定的路段上堆积。每年由于风力、降雪的大小不同，风吹雪虽有轻重程度的不同，但形成风吹雪的路段及其堆积类型，则基本上是不变的。

5.3.3 对道路交通的危害

风吹雪雪害是我国北方公路上频发的雪害之一。每年由于受气候的影响，在我国新疆、内蒙古、吉林和黑龙江等省、自治区，都有强大的风吹雪出现，致使公路严重积雪，能见度极低，造成交通中断，车辆被埋，冻死冻伤过往人员的现象时有发生，给公路交通安全带来较大的影响。而且公路风吹雪雪阻几乎年年发生，一旦发生雪阻，就会对该地区人民的正常生活和工农业生产带来严重的影响。为了抢险保通，每年政府交通部门都要花费大量的人力、物力、财力，风吹雪灾害已是长期困扰公路运输的一个难题。

黑龙江省现有公路 62800 km，其中县以上公路 20800 km，由于受气候的影响，公路灾害频发，特别是冬季公路雪阻灾害几乎年年发生，每年干线公路雪阻里程都在 400 km 以上，抢险保通，清除雪阻费用都在几百万元以上。全省公路雪阻灾害的分布范围主要是东部和东北部的牡丹江、鸡西、佳木斯、双鸭山、鹤岗和伊春市、三江平原地区及哈尔滨东部的部分市县。雪阻类型有两种，一种是积雪型，即自然降雪量大，而且天气无风，积雪就越来越厚，当路面积雪厚度超过 30 cm 时，汽车运行困难，车辆打滑形成的雪阻；另一种是风吹雪型，即风雪流背风沉积所造成的雪阻。黑龙江省公路雪阻以第二种类型居多。受西伯利亚寒流影响，黑龙江省冬季盛行西北风，降雪时往往是风雪交力，即风速大于雪粒的起动风速，雪粒随风飘流，形成强烈的风雪流。当风雪流到达公路之前一定范围时，受地势、植被等因素影响，使风速降低到小于雪粒的起动风速时，雪粒就在公路一定范围内沉积，并且越积越厚，逐渐埋没公路，最终形成严重雪阻，致使交通中断。如 1981 年 1 月牡丹江、鸡西等地普降大雪，造成方虎、鸡图等干线公路发生严重雪阻，雪阻里程达 1200 km，平均积雪深度 50 多厘米，最大积雪深度 200 cm 以上。1985 年佳木斯市周围市县风雪成灾，依勃公路等发生严重雪阻，雪阻里程 1116 km，平均积雪深度 40 多厘米，最大积雪深度达 3 m，积雪甚至掩埋了路旁民房。1999—2000 年连续两年，佳木斯、牡丹江等市及三江平原地区普降大雪，雪后风雪流迅速成灾，造成同三、鹤大等 10 多条干线公路发生严重雪阻，雪阻里程近 1000 km，平均积雪深度 50 多厘米，最大雪深 2.5 m，交通中断 4 天多。公路雪阻造成大量旅客滞留，货物积压，给经济建设和人民生活造成很大影响。

风吹雪的危害归结起来有视线障碍和背风积雪障碍两种危害，无论哪一种都会引发交通事故或者使公路交通中断。这两种危害给风吹雪地区冬季交通安全的保障带来了许多困难（照片 5.2）。

照片 5.2　新疆北疆冬季风吹雪造成道路雪阻，大量车辆被滞留在公路

（1）视线障碍危害

能见度是指视觉能够识别物体的最大距离。风吹雪发生时不仅能见度变差，视距变短，还能在较短的时间内使视距发生急剧下降，易造成驾驶人员判断失误，对车辆的运行来说非常危险。能见度变差不仅对运行车辆影响很大，而且对性能优越、能高速运行的除雪械同样堵塞很大，并使运转操作效率降低。视距对运行车辆来说非常重要，当汽车的制动距离比当时的视距长，那么发生交通事故的概率就非常高，危险性极大。

在冰雪道路上，滑动摩擦系数小，车辆时速达到 40 km/h 时，停车距离为 45 m；时速 60 km/h 时，停车距离需要达到 80 m。可见当行驶速度达到 40 km/h时，视距 45 m 对于司机来说很难控制刹车，所以极易造成交通事故，这是非常危险的。另外，由于风吹雪使视距剧烈变化，视距可从 100 m 以上的状态，在数秒间变成了无视距的白色世界。因视距急剧变化而产生的交通事故的几率加大，可使多辆汽车发生连续碰撞。因此，视距对公路交通安全的影响很大。

（2）背风积雪危害

资料表明，当地面积雪的厚度为10 cm时，因路基轮廓不清，车辆应慢速行驶；当积雪厚度为20 cm时，车辆的行驶困难，但勉强可以行进；当积雪厚度达到30 cm时，一般车辆均不能行驶。而风吹雪所形成的背风积雪，其厚度远远超过30 cm，有时甚至达到数米厚，造成交通完全阻断。

风力搬运雪的输雪量和风速的 n 次方（$n=2\sim7$）成比例关系，当风速变小时，飞雪中的一部分将停止移动变成背风积雪。背风积雪主要发生在风吹雪变化、风速突然减弱的地方，例如在构造物的周围、地形不连续的部位、挖方路段和除雪时在路侧产生的雪堤等部位，都容易造成背风积雪。规模大的背风积雪可使交通中断，规模小的则形成雪垄，易使驾驶员在通过的时候，因把握不稳方向而导致事故，使交通受到阻碍。中断交通后被埋的车辆在积雪中发动机仍然在工作，易造成一氧化碳中毒。

5.3.4 风吹雪对道路的危害类型

如前所述，影响近地层风速变化的诸多因素中，主要是地表面的粗糙度和地物与地形的变化。在条件相同的情况下，不同的横断面形状的路基及其附近的各种微地貌的组合，构成不同的风雪流场，因而导致风吹雪堆数量和形态的差异。根据道路路基横断形状，风吹雪堆积形态和流场状况，可以把风吹雪对道路的危害归纳为以下几种：

迎风与背风坡半路堑。野外观测和风洞试验表明，当风吹雪沿路基迎风（上风面）面边坡向上运动时，风速不断增大并在路肩处达到最大值。嗣后因地形转变，在转折处贴地气层的分离，因而在路肩与道路中间以及下风面边坡附近各形成一个涡旋减速区，引起吹雪堆积并且随风吹雪的堆积不断扩展，两处的雪堤逐渐联成一片，进而埋没道路。当下风面为高峻的山坡时，迎风半路堑型路基的雪阻频频发生且雪堤严重。

弯道绕流雪粒堆积。根据风雪流流向与道路弯道走向交角的不同，其影响程度各有差异。其一，当风雪流沿弯道转弯时，在弯道内侧形成涡旋区风速下降，导致风吹雪大量堆积；其二，当风雪流从山坡间沟谷垂直吹向道路走向时，在路基附近地形豁然开阔，在路面形成喇叭状流场，造成风雪流绕流或辐散，风速下降，致使雪粒在路面堆积。

路堑雪粒堆积。当风雪流垂直吹经路堑时，因断面急剧扩大和下风边坡的阻塞作用，使路堑内涡旋尺度和强度都较大，风速下降，大量风吹雪粒堆积于路堑中。此外，由风洞试验得知，路堑下半部，尤其是底部的回流现象相当强烈，并且在路堑上风侧边坡上出现风速最小区，故雪粒堆积首先在此区域形成并以雪檐形式逐渐向路堑中心发展，影响车辆通行。

过高路堤雪粒堆积。当风雪流于垂直方向吹过高路堤时，气流沿迎风坡面而上，速度增大，至路肩处风速最大；即使在路面贴地气层发生分离也不会形成大量雪粒堆积，但一过下风面，气流速度急剧减低，越过路面的粒雪部分沉积于下风面坡脚附近。

5.4 道路风吹雪危害的防治

在我国北方许多地区，冬、春季节道路风吹雪的危害相当严重，经常发生阻车、交通中断。为了防患于未然，在道路修建之前，应当深入调查当地的冬、春积雪状况，风速、风向以及地形等因素。根据风吹雪形成及对道路危害的规律，正确地选择线路方案和提出合理的路基断面的设计，以便尽量避免或减轻风吹雪对道路的危害。对已建成的道路，可根据当地的实际情况，因地制宜采取以下措施，以便减轻或清除道路积雪，保证车辆通行。

5.4.1 道路风吹雪危害的防治原理

(1) 控制雪的供给

风吹雪在某一速度下能输运的雪的数量是有限的，一定速度的风能够达到的最大输雪强度称为饱和输雪强度。风吹雪的输雪强度是逐渐达到饱和的，即当风吹雪发生后，在运动过程中不断增加新的雪粒子，从而使输雪强度不断增大，最后达到一定速度下的饱和状态。因此，风吹雪的强度不仅与风速和降雪量有关，还与吹雪长度有关。在达到饱和输雪强度的状态下，如果由于某种原因而风速下降，则一部分雪粒子将下落，形成堆积，输雪强度变小；但输雪强度的减小，将会引起风吹雪的速度随之增大，吹蚀作用加剧，使得风挟带的雪粒子的数量不断增加，直至达到饱和，而在达到饱和之前，风速也在逐渐下降。所以，可以通过控制雪的供给的方法来防治风吹雪积雪。控制雪的供给可以从两方面入手：其一，设计公路时，如果难以避开大规模雪源地带，则应尽量缩短上风区雪源的宽度，使得风吹雪在到达公路时没有足够的发育距离，从而处于不饱和状态；其二，在公路上风侧雪源地带建立防雪栅、挡雪墙等工程防治设施和防雪林等生物防治设施，使风吹雪在经过公路之前先“卸掉”部分雪粒子，处于不饱和状态。在保障了风吹雪以不饱和状态到达公路后，即使在经过路面时有一些速度损失，只要不降低到过饱和状态，就不至于形成积雪。

（2）改善来流风向

风向与路线走向的夹角是影响雪害的重要因素，这是因为从地形对气流影响程度的角度来说，风向与路线走向平行时，公路建设造成的地形改变对风向的影响比风向与路线走向垂直时要小得多。而在横断面上地形的突变往往会引起气流的附面层分离，会产生旋涡减速区，造成较严重的积雪。此外，当风向与路线走向平行时，也不易将路侧雪源上的雪输送到路面上。因此，风向与路线走向越是接近平行越不容易形成雪害，换言之，风向与路线的夹角越大越容易形成雪害。根据这一原理，在公路设计时，一方面应尽量使路线走向与当地的主导风向相同；另一方面，当夹角不大，设置防雪栅等阻拦设施效果不理想时，也可以利用导风板这种工程防治设施来进行侧导风，将气流走向引导至与公路走向平行。

（3）增大路面风速

根据饱和输雪强度的原理，风吹雪的流速增加，则原本的饱和状态将变为不饱和，因而就不会导致积雪。根据这一原理，可以采取增大路面风速的措施，比如利用导风板进行下导风。另外，也可以通过道路的横断面设计来提高路面风速。

（4）改善流场形态

风吹雪流经公路上空时由于横断面的影响形成一定形态的流场，在特定的区域形成一定强度的涡旋减速区。涡旋减速区内部由于压力小、能量损失，雪粒子在此大量沉降形成积雪，因此，避免涡旋减速区的出现或者控制其位置对于防止路面积雪有重要的意义。基于改善流场形态的防治措施有针对路堑修建敞开式路基、针对路堤修建流线型路基，以及增大边坡坡脚与道路的距离避免积雪发生在路面上等。

（5）避免气流扰动

风吹雪的饱和输雪量与其流速成正比，因此在公路设计时，应尽量确保风吹雪在通过公路时不遇到障碍、不引起速度的较大降低。这种对风吹雪来说的无障碍，不仅应体现在设计上，而且在公路的施工和日常养护时也要注意公路周边地形、地貌的整治和利用。路基边坡上的杂草和碎石虽然体积不大，但却会对风吹雪的运行造成一定扰动，导致局部风速降低，形成少量积雪，这种积雪以雪檐推进的形式不断增加，只要雪源足够充足最终也会在路面形成积雪。事实上，根据在内蒙古自治区的调查，大部分中等高度的路基（1.5～5 m）形成风吹雪积雪都是由于养护不够，在降雪之前没能及时清除路肩杂草。单株 1 m 高左右的芷蓟造成的雪檐可以达到 1 m 高、2～3 m 长，其危害程度是很大的。

5.4.2 公路雪害防治的基本原则

（1）道路雪害的防治，应贯彻以预防为主、工程治理为辅，防治结合的方针。预防的重点应该是在路线方案选择上多下功夫，即通过调查观测、综合分析、比较，把路线设计到积雪薄，积雪时间短的地理位置上，以便尽可能地消除隐患。在这个基础上，对可能受雪害的局部地域，再设置一些治理工程，在设计防治工程时，应精心设计，选择合理的防雪技术。同时，必须配备一定数量的除雪机械，清除自然积雪和在治理工作失效或尚未设防的地段的风吹雪，实现冬季山区公路车辆通行安全。

（2）对每年发生风吹雪雪害两次以上的路段采取永久性治理。治理措施可根据风吹雪出现的次数，及每米移雪量分别采取不同措施。对一年中只出现一次或几年才出现一次的大风吹雪雪害，暴风雪雪害，当雪害发生后及时清除风吹雪，尽快恢复交通和各项经济活动。

（3）治理措施，要采取因地制宜、因害设防的原则，构筑简便易行，经济、有效，力求经济适用、便于维修、使用时间长的构造物。根据经济实力，应尽量考虑设置经济有效和永久性工程，土、石方等组合工程，就地取材，施工简便，修复容易。

（4）在选择工程措施时，应注意就地取材。尽可能采取土石型工程（如土丘、水平台阶、土石型雪堤、浆砌片石、红砖等），如采用土石型工程措施有困难，可采用其他工程类型如水泥柱铁丝网、栅栏等，个别地段也可选用遮蔽建筑物。

（5）在林区应强调植树造林、水土保持和合理开发森林资源，结合退耕还林，营造防雪林等措施，达到防治公路风吹雪雪害的目的。

（6）在农田条件困难的地段，也可以利用高棵农作物秸秆、树枝条等作为临时防雪措施。

5.4.3 公路雪害防治的基本技术措施

（1）防治技术措施分类

防治公路风吹雪危害的技术措施，根据其特点可归纳为“导”、“阻”、“改”、“除”四种基本类型。“导”包括各种不同型式规格的密闭导板下导风和侧向导风板两类：1）密闭导板下导风（或称密闭式下导风）设置在道路上风面路肩附近，其作用是改变风吹雪在路基面上的流场结构，增大路面上的风速，不但使吹雪不在路面上堆积，而且连降雪也被吹走；2）侧向导风板

（简称侧导板）是指设置在道路上风面一定距离处的羽毛状直立型平板组，它能改变风吹雪运行的方向和速度，使其携带的大量雪粒不到达路面。"阻"包括防雪林、防雪墙和防雪栅栏等，阻挡风吹雪，减小其运行的速度，使雪粒在到达路面之前就停留和堆积，保证路面畅通。"改"即指改变道路附近的地形条件，通过上石型工程达到道路畅通的目的，这类防雪措施主要有：提高路基的高度，使其成为大于当地最大积雪深度的路堤。修缮道路内侧边坡，加深加宽边沟，修筑不易积雪的路堤（又称敞开式路基）。开挖储雪场或集雪沟，造成更大的地形突变，形成较强的涡旋减速区，使雪粒在储雪场或集雪沟堆积。"除"即采用机械和人力清除路面积雪，或者运用化学方法（如环保型融雪剂）。

1）固。就是根据风吹雪将雪源地的雪吹起的特点，在雪源地通过撒水、融雪的方法使雪源的雪固结。当大风来临时，雪源地雪的颗粒就会很难吹起，不易产生风吹雪，从而达到减少或不产生风吹雪沉积积雪的目的，使道路保持畅通。

2）阻。就是阻挡风吹雪，在适当的位置设置阻雪措施，使其减小风吹雪的运行速度，使雪粒在到达公路之前滞流和堆积下来，达到减少或不产生风吹雪积雪，使道路保持畅通。这类防雪措施主要有：各种防雪墙、各种防雪栅、防雪林和高棵农作物秸秆等。

3）导。在风吹雪危害严重的路段，根据风向与道路走向夹角的大小，设置不同规格、型式的导风设备，以改变吹向道路的风雪流流场，减少或清除道路积雪。

①上导风。是将导风板设置在道路上风面路肩外，其作用一是直接阻挡风吹雪，二是改变风吹雪在道路上方的流场结构，增大路面上的风速，使其风吹雪越过路面，使路面减少或不产生积雪，使道路保持畅通。

②下导风。是将导风板设置在道路上风面路肩附近，其作用是改变风吹雪在路面上的流场结构，增大路面上的风速，能使风吹雪不在路面上堆积，而且连降雪也能被吹走。

③侧导风。是将导风板设置在道路外上风面一定距离处的羽毛状直立型平板组，它能改变风吹雪运行的方向和速度，使其携带的大量雪粒不能到达路面。

4）输。是通过（导雪板、导雪堤等）导雪设施，改变风吹雪运行的方向和速度以及流场，将风吹雪携带的大量雪粒输送（沉积）到不影响车辆运行的路基以外，达到减轻公路风吹雪雪害保证公路畅通的目的。

5）改。就是通过改变公路附近原有地形，通过开挖储雪场、修整边坡、路基断面形式等，改变流场，使其风吹雪雪粒沉积减少或改变沉积的位置，达到减轻公路风吹雪雪害的目的，保证公路畅通。

6）除。就是在公路风吹雪发生积雪后，使用人工或机械把公路上沉积的积雪清除到道路以外，以保障公路畅通。

（2）常见的防治方法

1）防雪林。在公路两侧营造防雪林，使风吹雪携带的雪粒在防雪林带及其附近堆积，减轻和防治道路的雪害，是比较经济有效的方法。它既能防雪害，又能绿化环境，为国家提供木材。在有条件的地区，应尽可能采用营造防雪林的措施来防治风吹雪的危害。

防雪林的防治效应与林带构造有密切关系。防雪林的结构一般是上下都比较紧密的林带。气流与林带遭遇，受树干和树冠的摩擦力影响，通过林带风吹雪的动能损失很大，速度大为减小，风吹雪携带的雪粒沉积在林带及其两侧风速减弱区域内，从而达到保护路面的目的。

防雪林带的防雪效应还与风向有关，林带和风吹雪方向垂直时防护效果最好；风向与林带的交角在60°以上时，防护效应没有显著减弱；但风向与林带交角小于15°时，林带的防护效果就很差，甚至失去作用。所以防雪林设置时应充分考虑道路雪害的位置、雪害程度、主导风向等有关因素，合理设置。防雪林的走向应尽可能与风吹雪方向垂直。防雪林宽度以9～20 m较合适。防雪林和道路的距离要设计适当。林带离道路太近，不仅不能防雪，而且会增大道路积雪量，造成更大的危害；离道路太远，也不能起到防雪作用。林带与道路的距离一般为林高的10～15倍较好。根据黑龙江省经验，防雪林距公路边沟30 m以外最佳。防雪林应采用乔灌结合方式效果较好，一般株距、行距各1 m的防雪林带效果较好，但应注意树长高时要及时修剪，否则会降低防治效果。

2）简易防雪杖。防雪林的防治效果虽好，但需要占地较多，而且也不是立刻就能见效的。实践中因地制宜、就地取材设置的简易防雪杖效果相当不错，简易防雪杖的阻雪效应与防雪林相同。实践中一般利用当地产的玉米秆、向日葵秆、树枝等编结而成，一般高度在1.5～2 m，距边沟20 m以外设置，雪量较大时可连续设置多道防雪杖，效果会更好。

3）阻雪堤。利用已有的积雪修筑雪质阻雪堤，达到以雪治雪的目的，更是一个简便易行的方法。实践中有的利用已有的积雪在公路迎风一侧将积雪筑成1.5～2 m高的阻雪堤，阻雪堤分段修筑，使其每段与主导风向垂直。第一道阻雪堤一般距边沟15～20 m，随着阻雪的增多，可继续利用新的积雪加高原有的阻雪堤。同时，利用新的积雪在原阻雪堤的外侧再修筑新的阻雪堤，形成多道组合阻雪堤，以达到更好的阻雪效果。当然这种方法是临时性的，应该注意残雪处理以及残雪对公路两侧农作物的影响。

4）植物防雪。植物防雪，就是利用公路两侧植物防治风吹雪的简单方法。根据公路雪阻路段相对固定的特点，在春天播种季节，由公路管理部门与公路两侧农民协商，在雪阻路段两侧种植高棵作物，如玉米、高粱、向日葵等。待秋天收割时只收果实而不割倒秸秆。利用这些未收割的秸秆，形成植物防护带，使风吹雪受阻，从而达到防治风吹雪的目的。

5）公路除雪。由于受地形等客观条件的限制，有些路段不能做到有效预防雪阻，因而每年仍有不同程度的雪阻发生，因而公路除雪仍是冬季公路养护的主要任务之一。目前除雪方式以机械除雪为主，主要机械有除雪机、平地机、装卸机、推土机等。除雪时应尽量将积雪推至下风一侧，以防重复雪阻。

6）育草蓄雪技术。育草蓄雪是通过减少气流中的含雪量，有效减轻风吹雪对公路的危害的一种新型生物防治措施。采用育草蓄雪技术不但可以减轻风吹雪雪害，还能增加植被盖度，提高牧草产量，改善生态环境，是一项利国利民、有利于交通建设事业的重要举措。

在内蒙古草原、青海草原、甘肃甘南草原的调查表明：若公路上风侧是刈割草场，公路雪害程度就重；若公路上风侧是封育草场，植被高度和盖度大，公路雪害程度就轻，公路风吹雪雪害的程度与公路两侧植被的盖度、高度有密切的关系。故明确植被盖度、高度与风雪流的关系是育草蓄雪发挥防雪作用的关键所在。

地表与气流的摩擦阻力使地表某一高度内气流的风速为零，此高度即为粗糙度。当地表有植被覆盖时，地表就越粗糙，摩擦阻力越大，风速轴线将相应上移，近地面风速减小，就越不易达到使表层雪粒运动的临界风速。由于植被的盖度、高度不同，对应着不同的粗糙度，风速也会发生相应的变化。地表植被盖度越大，高度越高，地面就越粗糙，摩擦阻力就越大，风速廓线上移量也就越大，对近地表的风速的减弱作用就越明显。地表植被内就可截留风雪流中大部分的雪粒，积蓄为一个巨大的雪库，继而移雪量减小，风雪流浓度降低，能见度提高。这样育草蓄雪技术不但能消除风吹雪对路面积雪的危害，而且能消除风吹雪对驾驶员视线障碍的危害，可以从根本上解决风吹雪对公路的危害。

第6章 冰川湖溃决洪水

6.1 冰湖的成因类型及其分布

6.1.1 冰湖成因类型

国际水文协会（IAHS）把突发性洪水（flash flood）定义为：发生非常突然，通常难于预测，洪峰过程短促，以及径流模数较大的一种洪水。突发性洪水，除了暴雨成因以外，还包括任何天然和人工坝溃决所引起的洪水。在强烈冰川作用的山区，这种突发性洪水可分为：1）由冰川阻塞湖溃决，或在冰川系统内或冰川底部堵塞融水溃决；2）冰川前终碛阻塞湖溃决或溢出以及；3）滑坡、岩（山）崩、雪崩阻塞天然河道形成的、不稳定天然坝的溃决或排水等。在此之前，冰川学家把冰川阻塞湖或冰碛阻塞湖溃决引起的突发性洪水谓之Jokulhlaup（冰岛语）。广义的冰川湖包括冰川阻塞湖、冰碛阻塞湖、冰面湖、冰内湖等，冰川湖突发性洪水（Glacier Lake Outburst Flood），简称为GLOF。

由于冰川湖突发洪水是高山冰川作用区常见的自然灾害之一，而且往往引发山区泥石流。因此，随着山区各项建设事业的开展和旅游事业的发展，世界许多国家，如冰岛、挪威、奥地利、秘鲁、美国、加拿大、前苏联、尼泊尔等，对冰川湖突发洪水形成机制及其预测预报的研究十分重视，并取得重要进展。

我国冰川湖（简称冰湖）主要分布在喜马拉雅山、喀喇昆仑山、天山、念青唐古拉山等地，其类型有如下几种：

（1）冰碛阻塞湖。与世界大多数山区冰川一样，我国山地冰川在1850—1905年间冰川较普遍前进，接近小冰期最大位置并形成规模不等的终碛。随着20世纪上半叶全球气候变暖，我国大部分山地冰川强烈退缩、冰舌变薄，于是在后退冰川的末端与小冰期终碛垄之间形成湖盆。由于冰碛坝（或埋藏死冰）阻塞，冰川融水被拦蓄成湖，冰川继续退缩冰碛阻塞湖不断扩大（图6.1）。这类冰湖在喜马拉雅山中段、北坡有较详细调查资料。

图6.1 ASTER（先进星载热发射和反射辐射仪）彩色合成图像上的冰川（白色）与冰碛阻塞湖（棕色）（车涛等，2004）

（2）冰川阻塞湖。有些山地冰川在经历较长时间宁静或轻度退缩之后，突然起动以异常速度前进或巨大的水平位移，这种冰川称为跃动冰川（surging glacier）。跃动冰川迅速前进阻塞河谷形成冰川阻塞湖，如喀喇昆仑山赫拉希南峰南坡的斯坦克河（Stak River）上游的库蒂亚冰川（Kutiah Glacier）于1953年3月21日至6月11日间平均以每天113 m（或每小时4.7 m）的速度前进，造成斯坦克河谷阻塞成湖。喀喇昆仑山区有跃动冰川11条，但均分布在境外印度河上游。而在我国境内克勒青河上游的克亚吉尔冰川和特拉木坎力冰川等均为常态冰川，也能前进阻塞主河道形成冰川湖（图6.2）。喀喇昆仑山是我国冰川阻塞湖主要分布地区，冰川阻塞湖突然排水是造成叶尔羌河灾难性大洪水的原因。

（3）冰斗湖和冰蚀槽谷湖。在我国许多高山冰川作用地区，由于第四纪冰川侵蚀作用，当冰川消失后在某些古冰斗及冰蚀槽谷低洼处蓄水形成许多规模小的湖泊，它们为古冰川在基岩上挖掘而成或在出口处仅有薄层冰碛，故相对稳定，对下游威胁较小。

图 6.2　喀喇昆仑山叶尔羌河上游冰川阻塞河谷形成冰川湖

6.1.2　西藏冰湖的分布与现状特征

冰湖的补给来源主要是冰雪融水，冰湖分布的数量与冰川分布的数量成正比，冰湖规模的大小与冰川的大小成正相关关系。目前，溃决的冰湖补给区面积都大于 5 km^2，多数在 5～40 km^2之间。西藏冰湖在区域分布上具有由东南向西北逐步递减的趋势，冰湖分布最多的是林芝地区，依次是山南地区、日喀则地区、昌都地区、那曲地区、阿里地区。主要分布于喜马拉雅山脉、冈底斯—念青唐古拉山脉、横断山脉以及唐古拉山脉，分布密度最大的地区是冈底斯—念青唐古拉山脉和喜马拉雅山脉的东段与横断山脉之间的区域。据统计（西藏洛扎县冰湖调查报告），冰湖分布高程多数在海拔 5000 m 以上，占 50%～60%，分布海拔 4000～5000 m 的约占 40%，分布小于海拔 4000 m 的仅占 0.15%～2%。海洋性冰川分布区的冰湖位置普遍低于大陆性冰川分布区的冰湖，同一地区的冰斗湖位置常常高于冰碛湖。冰斗湖分布的高度在雪线附近，冰碛湖则分布于雪线以下，规模非常大的冰川可以伸入雪线以下 1000 m，甚至更多。在地理位置上，林芝、昌都地区的冰湖高度明显低于日喀则地区和阿里地区，其高差可能达到 2000 m。由于林芝地区地形切割强烈，多处于峡谷区，冰湖的数量多，但规模一般较小，日喀则地区冰湖的数量不多，但规模较大。

西藏冰湖面积一般在 100 m^2～30 km^2范围内，面积较一般湖泊小。冰面湖、冰内湖和冰坝湖不仅体积小，一般为数十立方米至数百立方米，而且分布在大型的现代冰川体上，深度小，一般为 1～5 m，形态很不稳定。数量较多、规模较大的是冰川终碛湖，其次是冰斗湖和侧碛阻塞支谷湖。冰川终碛湖和侧碛阻塞支谷湖在冰川融化季节湖水多数是浑浊的，湖水中的泥沙来自于冰川运动中沿程所携带的岩石风化碎屑物质。发生溃决最多的冰湖是冰川终碛湖，多沿冰川谷分布，一般呈长条状，其后缘距现代冰川冰舌距离为零至数百米。近年来随着全球气候的变暖，冰川终碛湖后缘距现代冰川冰舌的距离加大。根据位于喜马拉雅山脉中段的洛扎县冰湖调查统计，共 283 个冰湖中，属冰川终碛湖的有 121 个，占总数的 42.76 %。

6.2 我国冰湖溃决洪水事实

冰湖溃决形成的突发洪水是我国西部某些高山冰川作用区常见的灾难性洪水，预防难。与暴雨或融雪洪水不同，这种突发性洪水起涨快，涨率大，洪峰高，洪量小，洪水时间短促，水文过程线呈尖瘦单峰型（图 6.3），如新疆南部最大河流——叶尔羌河发源于喀喇昆仑山北坡，水量丰沛，平均年径流量达 63.75 亿 m^3。下游出口处的卡群水文站（海拔 1420 m）自 1953 年建站以来已观测到 25 次突发性洪水（图 6.4），其中 1961 年 9 月 4 日 4：00 至 9 月 5 日 3：00，该站在短短 20 分钟内起始流量由 80.6 m^3/s，陡涨到 6270 m^3/s 的洪峰流量；其后 1985 年 5 月 16 日，1987 年 8 月 5 日等都发生过程度不同的突发性洪水，造成下游喀什地区重大的经济损失。叶尔羌河的突发性洪水是上游分布在喀喇昆仑北坡一系列与克勒青河河谷呈正交的冰川，包括克亚吉尔冰川，特拉木坎力冰川，迦雪布鲁姆冰川等，冰川前进可堵塞主河谷形成冰川湖。这些冰川湖一旦突然排水即可酿成灾难性突发洪水。这种现象在喀喇昆仑山南坡更为普遍，如印度河上游的支流协约克河河源的忠空姆丹冰川，克恰克空姆丹冰川和阿克塔布冰川等快速前进阻塞主河谷造成 20 世纪 20—30 年代印度河流域特大洪水。喀喇昆仑山的冰川突发洪水发生频率之高，规模之大，危害之烈，居亚洲首位。

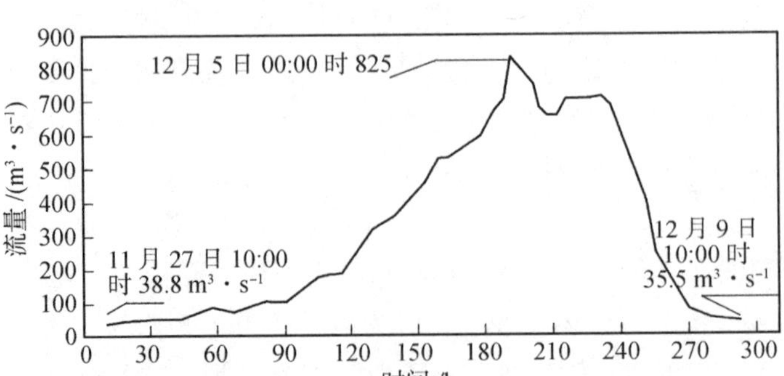

图 6.3　阿克苏河流域库玛拉克河麦茨巴赫冰湖溃决洪水过程

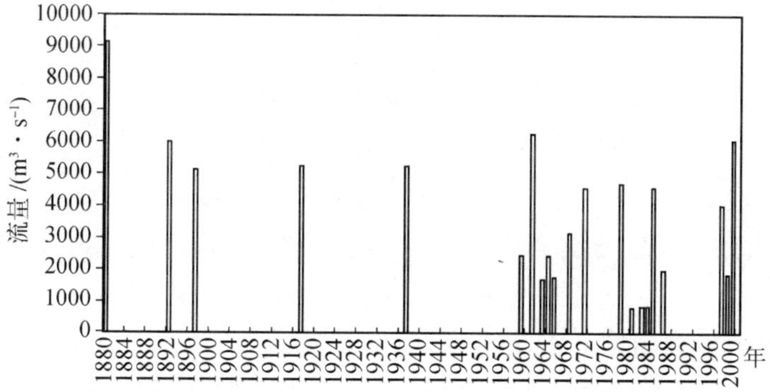

图 6.4 叶尔羌河卡群站冰川突发洪水的洪峰流量及发生年份

喜马拉雅山中段是我国冰湖突发性洪水高发区之一，这里的冰湖主要属于冰川终碛阻塞湖，约占这一带各类高山湖总数的1/2和总蓄水量的2/3。其中鉴别出34个为危险终碛阻塞湖，平均水深31 m，总蓄水量1000～3000万 m^3 之间，这些危险终碛湖多数形成于小冰期最后一次冰退阶段。近50年来喜马拉雅山中段南北坡的冰碛阻塞湖至少发生过20次较大的溃决事件，其中3/4发生在我国西藏境内。冰湖溃决洪水常常诱发泥石流并波及下游数百千米的河谷，冲毁、淹没包括日喀则、江孜、亚东等较大的城镇在内的近百个居民点、以及大量的农田及交通、水利设施，损失严重。其中1981年夏季聂拉木县波曲河章藏布沟源头的次仁玛错（冰碛阻塞湖）溃决，摧毁了近50 km范围内的中国—尼泊尔公路及包括友谊桥、普尔平桥在内的全部桥涵，尼泊尔孙科西河水电厂也部分遭破坏，估计这场洪水损失近300万美元。2001年8月6日，年楚河源头（冲巴湖水库上游）因气温偏高，出现冰湖溃决，致使冲巴湖水库水位超过历史最高水位0.19 m，为确保冲巴湖水库的安全运行，加大泄洪量后，冲毁了下游的农田、草场、公路、桥涵及水利设施，给康马县造成了较大的经济损失。1982年夏，定结县的金错（冰碛阻塞湖）溃决，造成8个村落和大片农田被淹，冲走了近1600头牲畜。雅鲁藏布江的支流年楚河发源于喜马拉雅山北坡，利用航片和陆地卫星影象统计有各类冰湖49个，其中桑旺湖（又名什娥错，属冰碛阻塞湖）面积最大为5.4 km^2。该湖曾于1954年7月16日冰川末端发生两次崩塌，巨大冰体滑入湖内，水位陡涨，湖水漫过终碛垄溢流，于当晚7时许溃决，约有2.5亿 m^3 水量倾刻间冲向下游，造成历史上罕见的特大洪水。据在德里乡（距该湖约10 km）洪痕调查计算，最大洪峰流量达10000 m^3/s，下游损失惨重。尼泊尔、不丹等国也常遭喜马拉雅山冰碛阻塞溃决洪水之害，如1985年8月4日尼泊尔东部喜马拉雅山南坡孔布喜马尔地区波达科西河上游的支流兰莫切（Langmoche）谷地源头的迪格特索（Dig Tsho）冰碛阻塞湖溃决，在短短 4 小时内排泄水量 600～1000 万 m^3。计算的初始洪峰流量至少为 2000 m^3/s，造成兰莫切谷地 14 座桥梁，包括 4 座高大的吊桥全部被毁，投资已超过 200～300 万美元并已接近完工的小水电站也被毁于一旦。冰碛阻塞湖和冰川阻塞湖溃决洪水是该地区主要自然灾害，鉴于喜马拉雅山中段冰碛阻塞湖溃决洪水的危害日益严重，尼泊尔政府水能委员会在加拿大政府支持下并得到国际山地发展中心（ICIMOD）资助，组织了中国和尼泊尔科学家，于 1987 年开展了中国－尼泊尔喜马拉雅山冰碛阻塞湖溃决洪水研究，详细查明了中－尼边境附近喜马拉雅山中段冰碛阻塞湖类型、分布以及溃决成因、危险程度评价和发展趋势预测研究等，取得了重要进展，为尼泊尔山地开发和水能利用规划设计等提供了有价值的科学依据。

天山西部托木尔峰一带是我国冰湖突发性洪水危害较严重的地区之一，库玛拉克河是阿克苏河的最大支流，也是塔里木河主要的补给水源，源区及主要径流形成区位于吉尔吉斯坦共和国境内，正是在该河之河源地区分布有天山地区最长大的冰川——伊力尔切克冰川（Inylchek Glacier，长 61 km，总面积 821.6 km^2）及数量众多的冰面湖与冰川阻塞湖，其中麦茨巴赫冰川湖（Merzbacher Lake）为众多冰川湖中最大的一个，同时又是频繁发生突发性溃决洪水。该冰川湖为南伊力尔切克冰川阻挡北伊力尔切克冰川，并汇集来自两支冰川融水而形成。高水位时湖面长 4.5 km、宽 1.5 km，最大蓄水量 3.3 亿 m^3，海拔 3600 m，最大库容达 5 亿 m^3，最大水深 140 m。随着气温的变暖，冰川减薄后退，冰湖库容增加，洪水逐年增大。据原苏联冰川学家的观测，该湖在 1932－1954 年间发生溃决洪水 13 次；中国新疆阿克苏水文水资源勘测局设于库玛拉克河出山口的协合拉水文站，自 1956 建站以来共观测到溃决突发性洪水事件 45 次。这就是说，1932－2005 年的 64 年内发生溃决突发性洪水 58 次，其频率高达 90％以上，在 20 世纪 80 年代以来的高温期表现出年年甚至一年两次溃决的势头，而且洪峰流量与总洪水量均呈增加的趋势。据协合拉水文站资料分析，年径流量 20 世纪 90 年代与 50 年代比较增多 10 亿 m^3，增加 25％；最大流量 90 年代与 50 年代比较增多 32％，洪水频率也不断增加（图 6.5）。这在世界冰川湖溃决洪水灾害性事件中是十分独特的和罕见的。

发源于喀喇昆仑山叶尔羌河源的冰川洪水是上游分布在喀喇昆仑北坡一系列与克勒青河河谷呈正交的冰川，由于有 4—5 个冰川下伸到主河谷阻塞冰川融水的下排，包括克亚吉尔冰川、特拉木坎力冰川、迦雪布鲁姆冰川等，经常形成冰川阻塞湖，当冰坝被浮起或冰下排水道打开，就会发生冰湖溃决洪水。在经历了 1986 年的冰湖溃决洪水后，由于冰川排水道打开，直到 1996

年再没有发生溃决洪水。当时根据喀喇昆仑山冰川进退变化，认为克勒青河上游的克亚吉尔冰川和特拉木坎力冰川等 20 世纪 10 年时间尺度的冰川前进脉动已经过去，冰川处于相对稳定和退缩、变薄的阶段。预计在 21 世纪初气温持续升高的情况下，多数冰川必将后退变薄，冰川阻塞湖溃决（突发）洪水的规模也相应减小，出现数千秒立米流量的溃决（突发）洪水的可能性很小，叶尔羌河流域冰川洪水的危害将日益减轻。但在 20 世纪 90 年代的剧烈增温过程，冰川消融加剧，冰川融水量增加，冰温升高，冰川流速加快，冰川再次阻塞河道形成冰湖，发生频繁的大冰湖溃决洪水（图 6.4）。根据研究，随着全球变暖的增强，冰湖溃决洪水的洪峰流量和洪水总量将越来越大（图 6.5），冰川湖的规模相应扩大，溃决的危险程度也增加。近年来，随着全球气候变暖，新疆塔里木河流域的叶尔羌河与阿克苏河的冰湖溃决洪水的发生频次在增加，几乎每年都有发生。例如 2004 年 8 月 10 日阿克苏河支流库玛拉克河发生冰湖溃决与融雪混合型洪水，最大洪峰流量达 1550 m^3/s，从 8 月 5 日至 8 月 10 日，洪水历时 6 d，落洪仅 0.7 d，实际增加洪量 2.481 亿 m^3，以冰洪溃决为主。2004 年 9 月 19—20 日叶尔羌河发生冰凌溃坝型洪水，库鲁克栏干水文站 19 日 21：30 洪峰流量达 1450 m^3/s，卡群水文站 20 日 8：00 洪峰流量达 1380 m^3/s。2005 年 9 月 2 日，叶尔羌河发生冰湖溃坝型洪水，库鲁克栏干水文站 1.5 个小时流量从 248 m^3/s 上涨至 1720 m^3/s，为当年最大洪峰流量。该河自 2002 年已连续 4 年发生冰湖溃坝型洪水。2006 年 8 月 2 日，叶尔羌河发生突发冰湖溃决与高温融水混合型洪水，库鲁克栏干水文站最大洪峰流量达 3160 m^3/s，卡群水文站最大洪峰流量达 3510 m^3/s，均为有实测资料以来的第 8 位洪水。

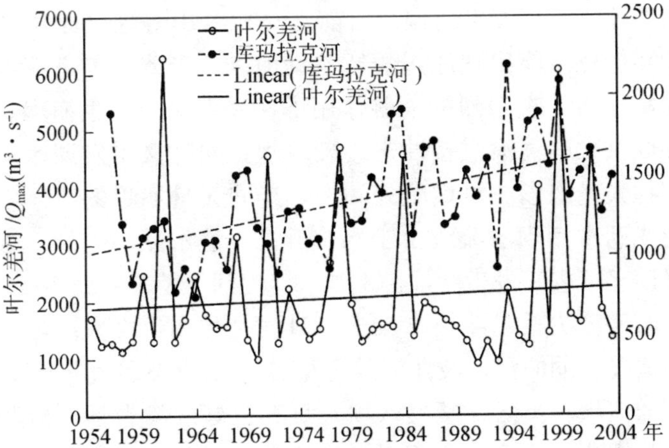

图 6.5　库玛拉克河协合拉站与叶尔羌河卡群站年最大径流量变化（沈永平等，2006）

冰川变化对全球变暖的响应机理主要表现为：1）冰床变软，冰体变形加大，冰底部滑动量大，加快冰川流动和融化；2）冰川流速加大，阻塞河谷，冰川湖形成；3）冰温升高，冰川软化，冰湖水更易打开排水通道；4）气温升高，冰川消融加剧，径流量增大，洪水发生频率加快；5）冰川后退，冰川湖库容增大，冰湖面积扩大；洪水洪峰增大，洪水量增多。

6.3 冰湖突发（溃决）洪水的发生机理及洪水特征

冰湖突发（溃决）洪水的成因机制比较复杂，而且不同成因类型的冰湖突发（溃决）洪水的机理各不相同。

6.3.1 冰碛阻塞湖的溃决机理

喜马拉雅山及其他高山地区的冰碛阻塞湖大多数形成于小冰期各冰川退缩阶段，较早阶段的冰碛阻塞湖大多数已溃决或已淤积填平而消失或趋于稳定，其中潜在危险的冰碛阻塞湖则是最近100年来小冰期最后一次冰川退缩阶段的产物。其湖盆与终碛垄（堤）基本保持原来的形态，即具有较深的湖盆和良好的封闭地形，终碛垄（堤）一般高60～120 m，且陡峻，垄（堤）顶宽约50 m，背水坡坡度一般大于23°，某些终碛垄（堤）之下有埋藏死冰。冰碛阻塞湖的形态如图6.6所示。由于冰碛物颗粒粗、分选差，渗漏大，冰碛垄（堤）很不稳定容易发生溃决。

我国科学家在考察了喜马拉雅山中段南、北坡20余次较大的冰川终碛阻塞湖溃决洪水事件的成因，认为其成因有：

（1）冰川的冰舌末端发生崩塌。目前喜马拉雅山等地区冰川处于退缩阶段，但在个别年份也可能出现冰川短暂波动前进。当冰舌前进接近湖区或伸入湖中形成陡高冰舌，在强烈的消融作用下，冰舌末端发生崩塌。大量冰体落入湖中，形成巨大的涌浪直接冲击终碛堤坝，同时又诱发湖区周围不稳定的冰碛或坡积物大量崩塌或滑塌坠入湖中，连同大量崩塌的冰体使湖水水位突然猛涨，造成湖水漫坝溢流或由于水位升高，静水压力增加，管涌迅速扩大等，导致终碛垄（堤）发生垮坝。例如，年楚河上游桑旺湖1954年7月16日下午7：00时许溃决就是冰川末端于当日发生冰崩，巨大冰体滑入湖中引起的。类似的情况在朋曲河、波曲河等上游冰碛湖溃决多由此故。（2）冰湖蓄满溢流或管涌溃坝。虽然终碛堤（坝）具有良好的渗透性，但其终碛湖渗透水量依然不是很大，而高山气温低，湖面蒸发量小，仅为年排水量的1/10左右。因此，每当盛夏一方面高山冰川、积雪强烈消融，另一方面又时值山区大量降水，如果冰碛阻塞湖上游来水量大于排水或渗漏水量，湖水水位上升造成漫坝溢流，同时在静水压力作用下，终碛堤下管涌规模增大或者堤下死冰消融崩塌，是造成冰碛阻塞湖溃决的重要原因，尤以暖湿年份为甚。

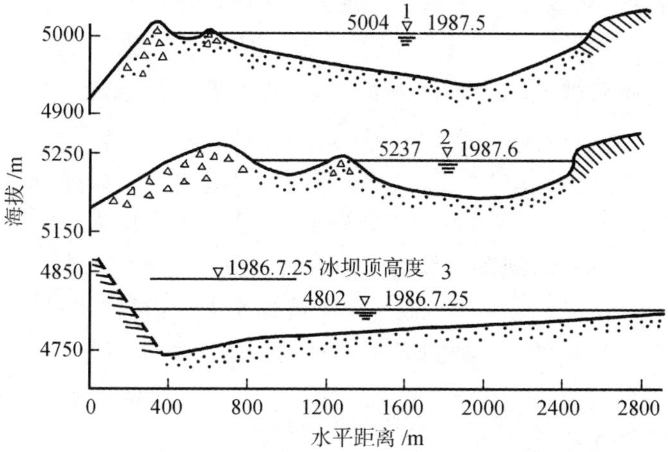

图 6.6　现代终碛阻塞湖和冰坝阻塞湖的纵剖面特征（据刘潮海等，1990）

a. 强宗克错现代终碛阻塞湖（朋曲河拿当曲源头）；b. 帕曲错现代终碛阻塞湖（波曲河塔吉岭沟源头）；c. 克亚吉尔特索冰坝阻塞湖（叶尔羌河的克勒青河谷）

冰碛阻塞湖在溃决过程中，作为坝体的终碛物或终碛中的埋藏死冰往往全部或部分冲毁。因此，这种溃决洪水多为一次性排水，但也有例外，如喜马拉雅山中段的波曲河上游章藏布沟 1964 和 1981 年两次冰湖溃决洪水都是起源于同一个次仁玛错冰碛阻塞湖。因此，冰碛阻塞湖发生多次溃决洪水的可能性仍然存在。此外，冰碛阻塞湖溃决时间多数在盛夏高温季节，而且与气候波动有关，即冰碛阻塞湖溃决高发期往往出现在气候由冷湿或干冷向干暖或暖湿的转变年份。这是因为在冷湿或干冷时期，冰川主要处于积累状态，冰川消融较弱，融水下渗量少且缓慢，冰舌前端的冰体一般不会产生大规模滑塌。但由冷湿、干冷时期年份转入干暖或暖湿时期，气温升高降水增加，尤其在夏季可能出现持续的高温，冰川、积雪融水量大增，一方面汇入湖中的水量增加，另一方面相当多的融水沿冰裂隙下渗，造成冰的可塑性增加，冰川运动速度加快，使冰体产生大规模滑塌。例如，位于碑加雪山的坡戈冰碛阻塞湖于 1972 年 7 月 23 日发生溃决，据西藏丁青县气象站资料分析，当年 7 月份是 1950 年代有气象记录以来最热的月份，该月平均气温高出同期多年平均值 2.2℃，使冰川融水增大，冰体崩塌坠入湖中引起冰碛阻塞湖溃决。

因此，根据成因可将冰碛湖溃决分为两类。一类是终碛堤内埋藏冰融化导致的管涌使终碛堤破坏；另一类是由于冰滑坡和冰崩入湖使水位上涨并叠加涌浪，使通过溢流口的水位增高，流速增大，产生强烈冲刷导致溃堤，即溢流型溃决。后者分布广，成灾多。

一般情况下，冰碛湖通过终碛堤的渗流与输入湖内的冰雪融水保持着水量平衡，通常呈蓄满状态。当暖期冰雪融水增多时，则通过终碛堤最低处漫溢排出。蓄满是冰湖漫溢型溃决的前提条件，这与常水位大大低于坝顶的水库溃决有很大区别。冰滑坡入湖会使冰湖水面急剧上升，形成高于溢出口的溢流水头。在溢流水头足够高的情况下，形成的溢流流速大于溢出口泥沙的起动流速，溢流就会冲刷和下切终碛堤。如果堤坝下切速率大于溢流导致的湖水水位下降速率，则溢流口水头会随下切而增加，流速进一步增大，导致更快和更强的冲刷下切，形成终碛湖在局部堤段的瞬时溃决。在少数情况下，因冰湖规模过小，或因终碛堤宽厚坚实，冰湖水位下降速率大于溢流口下切速率时，溢流水位逐步降低，流速减小，冲刷下切能力减弱，冲刷到一定深度时自动中止。在下次遇到强烈溢流时，继续下切，形成多次溃决。这两种情况都会产生溃决灾害，称为局部瞬时溃决。

冰湖溃决条件

（1）气候条件。气候通过影响冰川的积累和消融、前进和后退而影响冰湖溃决的形成。在气候条件中，温度和降水是两个最重要的因素。湿冷的气候条件有利于冰川的积累和前进，湿热和干热的气候条件则使冰川强烈消融以至退缩。从湿冷气候转向湿热或干热气候的过渡年份最有利于冰湖溃决发生，在湿冷气候条件下冰雪积累，当气候变暖时冰雪消融。一般地，大量融水会集中到冰川前部，当冰内水位升高到冰体总厚度的0.9倍时，就达到冰舌运动的临界平衡状态，冰舌将出现运动的跃变，以快速运动的冰崩或冰滑坡形式瞬间将数量庞大的冰块拥入或抛入湖内，击起涌浪和冲击波，冲蚀终碛堤并在其薄弱部位产生强烈冲刷，导致冰湖溃决。

（2）水文条件。局部瞬时溃决的临界水文条件是冰湖溃决的关键。冰滑坡入湖导致的静水位上涨值为 H_1，它对一般规模的冰湖是相对稳定的。在 H_1 大于临界溢流水头高度 H_0 情形下，当溢流口处的流速达到终碛堤物质的起动流速时，产生冲刷下切，冰湖开始溃口。因此，H_1 大于 H_0 是冰碛湖溢流型溃决的充分条件，即 $H_1>H_0$ 必定发生溢流型溃决。当 $H_1<H_0$ 但 H_1+H_2（涌浪衰减至溃口处的高度）$>H_0$ 且 H_2 持续作用时，冰湖可能发生溃决；否则，冰湖可能发生也可能不发生溢流型溃决。这是因为传至溢流口的涌浪高度 H_2 若瞬间即逝，H_2 与 H_1 的叠加虽大于 H_0，但瞬间的冲击不一定使溢流口产生持续下切。当（H_1+H_2）$<H_0$ 时，冰湖不会发生溢流型溃决。冰碛湖溢流型溃决的临界水文条件为：$H_1>H_0$，一定溃决；$H_1<H_0$ 且（H_1+H_2）$>H_0$，可能溃决；$(H_1+H_2)<H_0$，不会溃决。

6.3.2 冰川阻塞湖溃决机理

无论是冰川前进堵塞主河谷蓄水成湖（如喀喇昆仑山叶尔羌河上游克亚吉尔冰川阻塞克勒青河谷形成的克亚尔冰川阻塞湖）或者由于支冰川快速退缩与主冰川分离，在支冰川空出的冰蚀谷地中，由主冰川阻塞而形成的冰川阻塞湖（如天山地区的库玛拉克河上游在吉尔吉斯坦共和国境内的麦茨巴赫湖等），都是以冰川冰体作为坝体拦河蓄水。冰川阻塞湖突然（溃决）排水机理及溃决过程有如下几种：1）当湖水水深达到冰坝高度的 9/10 时，在湖水巨大的静压力作用下冰坝浮起造成冰坝断裂冰湖排水；2）冰川在运动和消融过程中，在冰面、冰内及冰下形成纵横交错的排水通道。当湖水水位升高时，这三层排水通道建立水力联系，在静水压力和热力动力作用下，湖水沿冰川边缘或冰床底原生水道排出，并且这些水道在水流热力融蚀的作用下，其断面面积不断扩大，加速了排水过程。由于冰川冰的塑性变形作用，当冰川排水道的收缩率大于湖水对冰川排水道热力融蚀扩张率时，冰川排水道的断面不断收缩以至完全闭合，排水量也逐渐减少直到断流。冰川阻塞湖突发性排水过程暂告结束；3）冰坝在静水压力和冰川流动产生的剪切应力的作用下，湖水沿冰裂隙或冰层断裂处向外排泄；4）由于地震或火山爆发或地热作用致使冰坝崩塌、融化造成冰湖溃决（突发排水）。

以上 4 种原因并不是孤立存在，造成任何一个冰川阻塞湖突发排水（溃决）原因可能以上述一种因素为主其余为辅，综合作用的结果。对于多数冰川阻塞湖来说，可以发生多次冰湖突发性洪水，有时甚至一年连续发生两次。与冰碛阻塞湖主要在盛夏或初秋发生溃决不同，冰川阻塞一年四季都可能发生突发性洪水，例如新疆的库玛拉克河和叶尔羌河等，深秋或隆冬季节都偶有特大洪水发生。

6.3.3 冰湖溃决（突发）洪水特征

冰湖溃决（突发）洪水与冰川、积雪消融洪水有显著的区别。冰湖溃决（突发）洪水陡涨急落，如图 6.7 中曲线所示，而冰川、积雪消融洪水峰小量大，缓涨缓落，洪峰出现的时间与日最高气温基本一致或仅滞后若干小时，洪水日变化十分明显。归纳起来，冰湖溃决（突发）洪水有如下特征：1）洪峰高，洪量小，尤其是发生在秋、冬季的冰湖溃决（突发）洪水远远超过当时河流流量，对下游威胁很大；2）洪水陡涨急落，过程线呈单峰尖瘦型。洪水历时短，只有几天，而且一般涨水历时占总历时 80%左右。由于冰川阻塞湖是通过冰下或冰内隧道逐渐扩大而进行排水的，在水文过程线上表现为洪峰前肢较缓，而后肢较陡且历时较长；而现代冰碛阻塞湖溃决洪水是由冰碛堤（坝）突然崩溃，湖中所拦蓄的水体瞬间倾泻而下，洪峰流量大且历时短。在同等规模的情况下，后者具有更大的破坏性；3）洪水发生的时间不确定性较大。冰湖溃决（突发）洪水，一年四季都可能出现，但 1—4 月份发生较少，在天山西部和喜马拉雅山中段这种洪水 80%发生在 7—9 月份，尤其是冰碛阻塞湖溃决往往与盛夏高温冰川强烈消融期相伴；4）冰湖溃决（突发）洪水发生频率高，例如，新疆的库玛拉克河每年发生这种洪水的可能性在 90%以上，基本每年发生一次，甚至可在一年内连续发生两次，一年发生两次冰湖溃决洪水频率达 15%；5）冰湖溃决（突发）洪水量与前期降水及冰川消融量无直接关系而仅与冰湖容量及溃坝规模有关。

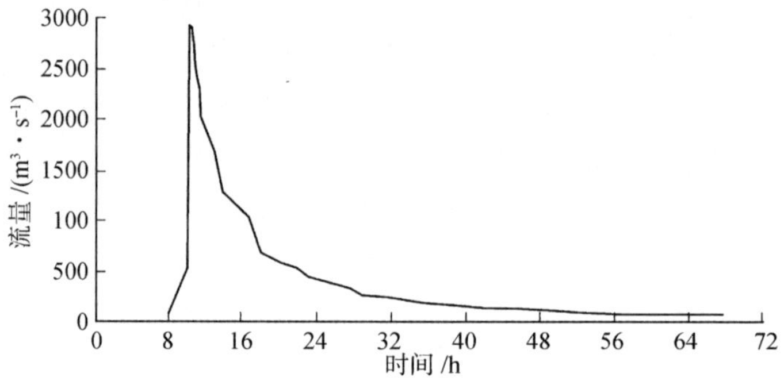

图 6.7　叶尔羌河卡群站记录的 1998 年 11 月 5 日 8：00—7 日 20：00
冰湖溃决突发洪水过程

6.4　潜在溃决危险冰湖的评估

6.4.1　冰湖监测

冰湖溃决的潜在灾害越来越为人们所重视。冰湖的海拔和地理环境不一样，其突发洪水和造成的灾害也不尽相同。近年来遥感、地理信息系统和全球定位系统技术的发展及其应用领域的大大扩展，使得冰湖的监测与研究受益匪浅，利用这些技术在对喜马拉雅山许多流域进行冰湖编目、冰湖变化监测和冰湖溃决洪水预警等方面都取得了较大进展。

冰湖上游与冰湖相邻冰川的发展变化，除冰川消融使冰湖水位上升外，冰舌向下的运动将直接影响冰湖的稳定性。其崩裂或直接进入冰湖可迫使湖水水位迅速上升，加大对冰坝或冰碛坝的压力，其排水波浪对坝顶侵蚀或漫溢出湖坝，都增加了冰湖溃决的潜在危险（图 6.8）。尤其跃动冰川活动期，冰舌甚至可突然伸入下级主河道，形成冰坝冰湖。当然，冰湖水位上升发生溃决的原因除冰川外还有岩崩、滑坡等。此时为能预知湖泊决口的潜在触发危险，尚需连续观测岩屑和岩坡的不稳定性以及悬冰川的移动。

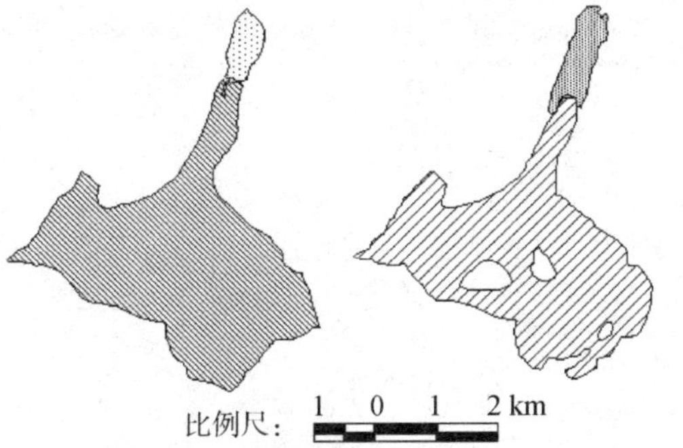

(a)“5O197-09”冰湖及其母冰川在两个时期的变化比较图

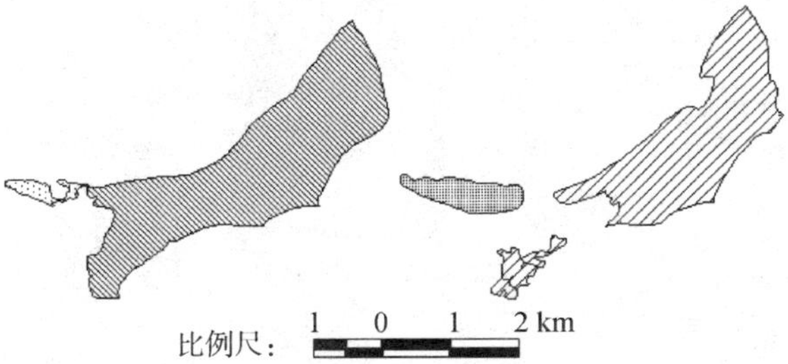

(b)“5O198-12”冰湖及其母冰川在两个时期的变化比较图

1980 年代冰湖　2000/2001 年代冰湖
1980 年代冰川　2000/2001 年代冰川

图 6.8　喜马拉雅山两个具有潜在危险的冰湖例子（车涛等，2004）

由于冰湖溃决破坏巨大且地处人迹罕至高山区，因此除对冰湖溃决的遥感监测外，如何据此来估计和评价冰湖的潜在灾害也非常重要。“潜在灾害”应该为定量或半定量的，它与冰湖及其产生溃决的环境有关。但目前的研究水平还无法预报某个冰湖是否或者何时可能溃决，也不能提供任何险情，只能提供一个探测冰湖并给予评价的决策链；一旦认定冰湖有潜在灾害，则必须进行更详细的研究。Huggel 等提出“三级”探测与评价方法（表 6.2）：1 级：大面积上冰湖的基本探测，主要提供有关湖泊的位置和随时间的变化情况；2 级：评估由一级探测到的具有潜在灾害的湖泊。为此 1 级简单探测的信息必须补充相关灾害信息。所以，在 2 级中需应用影像分析和基于多源资料的 GIS 模拟；3 级：对由 1 级、2 级识别出来的可能有潜在溃决危险的湖泊进行更详细的研究。它们应有明显的潜在灾害特征，需利用高分辨率遥感资料，并配以地球物理观测和其他野外工作进行综合研究。

Huggel 等总结了冰川湖泊潜在灾害评价的决策标准（表 6.2），其结论是冰川湖可以用遥感方法监测，湖泊和坝的特点以及湖泊溃决潜在的触发机制可按遥感的“三级”探测与评价方法实施。如果评价过程中确定出一个严重的潜在灾害存在，则通常需要包括野外工作的更深入研究。

表 6.2　冰碛湖灾害变化系统监测的层次及其可用的技术和数据（Huggel *et al*.，2002）

监测对象	监测层次[a]	可用的技术和数据
冰碛湖		
湖面积	1	遥感提取
湖的变化速率	1—2	通过遥感时间系列监测变化
湖与冰川的联系	1	多光谱的遥感分类和监测
地形条件	2	地形分析
母冰川[b] 的前进和后退	2—3	可视分析，冰川参数
冰碛坝		
堤坝的性质（岩类、岩床、终碛、冰）	2—3	高分辨率的光谱遥感分类、航空相片、野外考察、室内模拟分析
堤坝的稳定性	3	遥感和航空相片的立体像对技术或野外测量
堤坝的宽高比率	2—3	遥感和航空相片的立体像对技术或野外测量
出水高度	3	高分辨率的遥感影像或野外测量
溃决的痕迹和（或）出水口	2—3	变化监测、表面监测（航空相片）或野外观测
融化的冰下水通道	3	
诱发机制		
陡峭的冰川和（或）冰瀑布	2—3	高分辨率多光谱遥感数据、冰面变形（航空相片）、DEM 分析或野外观测
岩崩	2—3	实地考察沉积漂石（野外照相）
雪崩	2	多光谱遥感影像、DEM 区分陡峭的雪场或野外观测多光谱、高分辨率遥感（识别冰块、陡峭的冰舌）或野外观测
冰裂隙活动性	2—3	航空影像地形表面形变测量或野外观测 高分辨率影像、遥感分类、野外考察
滑坡	3	水文的 DEM 分析或模型计算
相连的湖泊或湖链	1—2—3	
集水区域（降水、融水输入）	2	
下游洪水/泥石流路径		
松散物质的数量	2—3	野外考察、遥感分类
地形	2—3	DEM 分析、可视技术

注：a. 三个层次分别是：①大面积的冰湖识别（主要使用航天遥感提取冰湖的位置信息）；②对冰湖灾害的变化进行监测（主要应用 GIS 技术对多源卫星影像和 DEM 进行分析）；③通过野外调查或高分辨率的影像进行验证与评估；b. 母冰川是指形成冰碛湖的冰川

该方法开始放眼于较大区域，然后慢慢集中到较小区域。遥感监测冰湖和对冰湖溃决的潜在灾害进行评估，多采用多级遥感资料和野外资料结合的方法。根据冰川进退和其他相关判据以及可更新的空间与属性多时相遥感数据库，识别有潜在危险的冰湖。遥感调查如结合DEM等其他资料，则按一定规范要求可进行冰湖编目，然后从中挑选变化较大的冰湖进行重点定期监测。冰湖编目的内容包括：冰湖编号、经纬度、面积、长度、宽度、深度、朝向、海拔、湖泊等级、活动性、水系类型、机制特性以及其他指标。通过对不同时期冰湖编目的地理空间分析，可以有效地识别潜在危险冰湖。

识别潜在危险冰湖的判据是在野外观测、过去事件过程的记录、湖泊和周围环境的地形地貌等地学特征以及其他自然状态的基础上建立的。一般选取湖泊水位上升、冰湖活动、湖泊位置、坝况、母冰川状况以及湖泊和冰川周围的地形特征等作为识别依据。车涛等利用ASTER假彩色合成影像，辅以DEM以及地面考察等资料对近20年来西藏朋曲流域冰湖变化及潜在溃决冰湖分析研究，认为冰湖溃决的危险性除了降雨和气温两个驱动因子外，还与冰湖类型、冰湖面积、离母冰川的相对距离以及母冰川的自身特点有很大关系。他们所建立的潜在危险性冰湖的判别标志和标准见表6.3。

表6.3 潜在危险冰湖的判别标志和标准（车涛等，2004）

判别标志	判别标准
冰湖类型	冰碛湖
冰湖面积	大于0.2 km^2
冰湖面积变化	面积增加，且变化率大于20%
母冰川变化	母冰川面积变小，且变化率大于10%
冰湖与母冰川的距离	小于500 m
冰湖与母冰川之间的坡度	大于10°

表6.3主要针对冰碛湖，冰碛湖的溃决多数是由冰面湖溃决造成的。如果有许多冰面湖快速合并，湖面积迅速增大，储水量急剧增加，这就预示着该冰面湖在积聚溃决潜能，短期内有溃决的危险。因此，利用连续的卫星影像序列、航空像片和地形图来识别和监测这些有潜在溃决危险的冰面湖也是很重要的。

在监测冰湖时，我们还应当监测引起冰碛湖溃决因素，溃决诱因主要有冰/雪崩、降水以及冰内湖水释放等引起的冰碛湖水位上升、冰碛坝内死冰消融、堤坝管涌扩大、地震等。在研究尼泊尔境内喜马拉雅山冰湖时，把冰碛湖溃决诱因分为外部诱因（如冰/雪崩、降雨、地震等）和内部诱因（如冰碛坝内死冰消融、管涌等）。但是外部诱因常常引起冰碛湖自身状态失衡，许多冰湖往往是某一种诱因激发其他因素改变，或者多种诱因共同作用导致冰碛湖溃决。

6.4.2　冰碛湖溃决风险评价

不同的学者根据所研究地区已溃决冰碛湖的特点提出相应冰碛湖溃决风险评价指标体系，归纳起来大致可分为定性、半定量和定量三类。McKillop等在筛选冰碛湖溃决参数时，根据评价对象把评价指标分为冰碛湖参数、冰碛坝参数、母冰川（形成冰碛湖的冰川）、冰湖盆参数以及他们之间的相互关系（图 6.8）。根据这种划分方法，归纳目前对冰碛湖溃决风险评价指标如表 6.4。

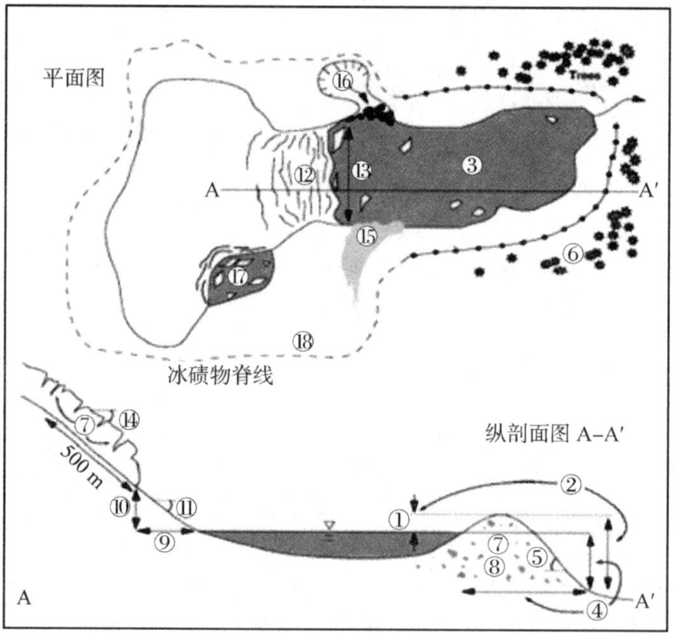

图 6.8　冰碛湖溃决风险评价指标示意图（McKillop 等，2006）

图注：①湖水位；②湖水位距坝顶高度与湖坝高度之比；③湖面积；④冰碛坝的高宽比；⑤冰碛坝背水坡坡度；⑥冰碛物坝植被；⑦冰碛坝内冰核；⑧冰碛坝主要岩石组成；⑨冰湖与母冰川的水平距离；⑩湖与母冰川的垂直距离；⑪湖与母冰川坡度；⑫冰舌裂缝；⑬母冰川裂隙带前端宽度；⑭冰舌坡度；⑮雪崩进入冰湖；⑯滑坡体进入冰湖；⑰上游不稳定冰湖；⑱湖盆面积

表 6.4　冰碛湖溃决风险评价指标（王欣等，2007）

评价对象	评价指标	利于溃决指标的描述[a]	数据类型[b]	最可用的数据源[c]
冰碛湖	湖的面积/km^2	适中（10^5 m^2 量级）	C	①
	湖的储水量/m^3	＞10^6	C	④
冰碛湖	坝顶宽度/m	＜60	C	③
	坝的宽高比	＜0.2	C	③
	坝背水坡坡度/（°）	＞20°	C	③
	坝是否发生管涌	发生管涌	N	②
	坝岩石是否固结/变质	未固结/变质	N	②
	坝中是否存在冰核	无冰核/?	N	②
	坝表面植被状况	无植被	N	①
	坝岩石组成	沉积或火山岩	N	②
母冰川	母冰川面积/km^2	＞2	C	①
	母冰川冰舌段坡度/（°）	＞8	C	①
	母冰川冰舌裂隙发育情况	裂隙发育	N	①
	母冰川裂隙带前端宽度	?	C	①
	母冰川是否发生冰/雪崩	发生冰/雪崩	N	②
湖盆	湖盆面积	?	C	①
	上游不稳定冰湖	有	N	①
	湖盆平均坡度	＞7°	C	③
	冰碛坝下游集中落差/m	＞10	C	③
	湖盆区雪崩进入冰碛湖	进入	N	②
	湖盆区滑坡体进入冰碛湖	进入	N	②
湖一坝关系	湖水位距坝顶高度与湖坝高度之比	0	C	①
湖—母冰川关系	湖与母冰川的垂直距离/m	?	C	①
	湖与母冰川的实际距离/m	＜500	C	①
	湖与母冰川坡度	?	C	①
湖一气候	气温与降水	高温多雨/高温干旱组合	C	⑤

注：a. “?”表示利于溃决的指标目前还没有明确地描述；b. C 为连续数据，N 为名义数据；c. ①为遥感影像；②为实地考察/测量；③为地形图；④为经验公式估算；⑤为气象数据推算；由于冰碛湖不易到达，尽可能不选用②.

表 6.4 中各项指标能定性、半定量地评估冰碛湖溃决风险，近年来定量地估算冰碛湖溃决风险研究也取得了较大进展。吕儒仁等将母冰川危险冰体的体积与湖水体积比值（R）的倒数定义为冰湖溃决危险性指数（I_{di}），即 $I_{di}=1/R$，R 值越大其发生溃决的概率越小，并计算西藏若干个冰湖的溃决危险性指数变化于 0.054～0.73 之间。同这种思路类似，有学者用入湖物质量与湖水体积的比率（H）来判别冰碛湖溃决风险的高低，当 $H=1/1\sim1/10$ 时冰碛湖将完全溃决，$H=1/10\sim1/100$ 时冰碛湖溃决风险很高。

6.4.3 西藏波曲流域冰湖溃决危险性评估

6.4.3.1 冰湖遥感判读

西藏日喀则地区聂拉木县的波曲流域内冰湖分布数量大，自 1935 年至 1987 年期间曾有 2 个冰湖发生 3 次溃决，1981 年章藏布次仁玛错冰湖溃决泥石流灾害摧毁了 50 km 范围内的中尼公路和交通设施，诱发了多处大滑坡，冲毁曲乡附近的建筑及尼泊尔境内的逊科西水电站，导致尼泊尔 200 人死亡。2002 年 5 月 23 日和 6 月 29 日位于日喀则地区聂拉木县西北的冲堆普暴发冰川融水与冰湖溃决混合型泥石流灾害，造成直接经济损失 750 余万元。为此引起了当地政府对波曲流域冰湖溃决的高度重视，陈晓清等（2007）对波曲流域的冰湖进行了重点考察，遥感解译冰湖及其变化，并进行危险性分析。

波曲流域位于聂拉木县的南部、喜马拉雅山区的中段（西夏邦马峰与卓奥友峰之间），是恒河的主要支流之一，该流域位于 85°38′～88°57′E、27°49′～29°05′N 之间。波曲流域面积 2018.4 km^2，流域最高处为希夏邦马峰，海拔 8012 m，流域最低海拔 1468 m（宗曲与波曲的汇口），相对高差 6544 m。波曲流域是典型的高山峡谷地貌，可以分为现代冰川冰雪地貌、古冰川地貌和坡地地貌。现代冰川冰雪地貌分布于流域海拔 5200 m 以上，古冰川地貌分布于海拔 3800～5200 m 之间，包括冰碛台地、侧碛堤和终碛堤等，是松散固体物质的主要来源。通过遥感数据判识，波曲流域内面积大于 0.02 km^2 的冰湖有 49 个（图 6.9），冰湖面积总共为 17.558 km^2。

6.4.3.2 冰湖溃决危险性分析方法

影响冰湖溃决的因素很多，综合分析各影响因子，建立合理反映客观实际的判别模式，识别冰川终碛湖溃决的危险性。在分析西藏曾经暴发的冰湖溃决事件的环境背景基础上，提出目前两种较为合理的分析方法——直接判别法和危险性指数法。

图 6.9 冰湖分布及流域危险性分析图（陈晓清等，2007）

表 6.5 波曲流域主要冰湖要素解译（陈晓清等，2007）

序号	冰湖名称	所属支沟	纬度/N	经度/E	湖面形状	湖面高程/（m）	面积/（km²）	类型
2	达惹错	冲堆普	28°11.00′	85°55.46′	椭圆	4340	0.512	侵蚀湖
5	嘉龙错	冲堆普	28°12.85′	85°51.07′	长条	4410	0.213	终碛湖
14	嘎龙错	冲堆普	28°18.73′	85°50.44′	长条	5070	3.438	终碛湖
15	共错	冲堆普	28°19.81′	85°52.16′	方形	5170	2.411	侵蚀湖

续表

序号	冰湖名称	所属支沟	纬度/N	经度/E	湖面形状	湖面高程/（m）	面积/（km²）	类型
23	峡湖	科亚普	28°18.88′	85°56.85′	山字形	5200	0.300	终碛湖
24	姆拉错	科亚普	28°19.30′	85°55.79′	长条	5320	0.123	终碛湖
27	扛西错	科亚普	28°21.59′	85°53.12′	长条	5210	3.704	终碛湖
30	尤莫尖错	如甲普	28°21.11′	86°13.49′	长条	5350	0.436	终碛湖
31	查乌曲登	如甲普	28°20.34′	86°11.42′	长条	5440	0.628	终碛湖
32	扛普错	如甲普	28°19.16′	86°09.52′	长条	5580	0.230	终碛湖
33	北湖	塔吉岭普	28°18.23′	86°09.40′	长条	5320	0.649	终碛湖
34	南湖	塔吉岭普	28°17.59′	86°09.11′	长条	5360	0.174	终碛湖
35	酸奶湖	塔吉岭普	28°17.49′	86°07.90′	长条	5250	0.268	终碛湖
42	次仁玛错	章藏布	28°04.62′	86°03.91′	长条	4720	0.677	终碛湖

（1）直接判别法

从冰湖的相关因子中，通过统计比较，确定了 7 个参数作为直接判别的依据，表 6.6 给出了最有利于冰湖溃决的判别标志。

表 6.6　冰湖溃决的直接判别标志（陈晓清等，2007）

标志	已溃决冰湖的变化范围	最有利于冰湖溃决的标志
补给的现代冰川和积雪面积（F）	2～30 km²	$F>2$ km²
冰川积雪区的平均纵坡（Lg）	7°～12°	$Lg>7°$
冰舌段坡度（Sg）	3°～20°	$Sg>8°$
冰舌和冰湖的距离（d）	0～500 m	$d<500$ m
冰湖储水量（W）	$3\times10^6\sim5\times10^8$ m³	$W>10^6$ m³
终碛堤坝顶宽度（B）	3～1000 m	$B<60$ m
终碛堤坝背水坡坡度（Dg）	25°～33°	$Dg>20°$

（2）冰湖溃决危险性指数法

自 1935 年以来，西藏发生的冰川终碛湖溃决都是因为冰舌末端冰体高速崩滑入冰湖，造成浪涌和冲击波，击溃终碛堤坝或溢流拉槽刷深平时的溢流口，或击溃坝体薄弱部位造成新的溃口所致。冰体拥入湖中，湖水相应就排走同样多体积，故可以将危险冰体的体积与冰湖水体体积的比值（R）的倒数叫做冰湖溃决的危险性指数，即 $I_{dl}=1/R$。这里 R 用倒数，其含义在于 R 值越大，发生的几率越小。在西藏历史上暴发的冰湖溃决事件中，工布江达县唐不朗沟内的达门拉咳错，其 I_{dl} 值最大（0.730），首先发生溃决，于 1964 年 9 月一次性溃决；而波密县米堆沟的光谢错，其 I_{dl} 最小（0.033），于 1987 年 8 月溃决，较达门拉咳错晚 24 年。

在单个冰湖危险性评价的基础上，结合流域分析及冰湖溃决后对下游产生的可能危害，在冰湖溃决洪水沿程演化的模拟计算基础上进行区域评价。为了使评价的结果更科学、合理，在溃决洪水模拟计算时，计算洪水（泥石流）的流量和水位，利用这两个指标来评价沿程的破坏力。在区域评价中，潜在的经济损失也是一个重要的评价内容，在评价这个项目时，还应考虑区域的经济密度、经济分布等经济性指标。

由此，流域冰湖溃决危险性评价技术路线为：1）进行单个冰湖的危险性评价；2）冰湖溃决沿程洪水（泥石流）模拟演算；3）沿程经济调查，获得定量化经济指标；4）单个冰湖流域评价；5）综合各流域形成区域评价。

6.4.3.3 冰湖溃决危险性分析

根据遥感解译冰湖的面积变化，终碛湖的面积呈增加的趋势；冰斗湖、槽谷湖和侵蚀湖的面积呈减小的趋势。一些终碛湖由于上游的冰川面积较小，目前其湖面面积也呈减小的趋势，如姆拉错；或者在近期内发生过溃决或局部溃决，目前面积较溃决前减小了，如嘉龙错。

冰湖面积急剧增大，相应增大了溃决的可能性，对下游社会经济将产生更大的威胁。相对而言，面积大于 0.5 km^2 的冰湖一旦溃决，将会给下游造成更严重的灾难。在所有冰湖中，面积大于 0.5 km^2 的有 8 个，面积呈急剧增加趋势的有 6 个，余下 2 个为冰川侵蚀湖，其面积减小幅度很小，没有超过 1%。特别是扛西错、嘎龙错和次仁玛错的面积增加量大，扛西错面积增大 118%，嘎龙错面积增大 104%；相应增加的蓄水量很大，扛西错蓄水量增加约 2700 万 m^3（水深增加约 10 m），嘎龙错蓄水量增加约 2100 万 m^3（水深增加约 8 m），次仁玛错蓄水量增加约 1500 万 m^3（水深增加约 32 m，参考 1981 年溃决时面积对应的水深）。因此，面积增大的终碛湖是危险性评价的重点。

根据给出的单个冰湖危险性评价方法，由遥感解译数据、地形图和野外考察资料，对面积大于 0.5 km^2 的冰湖和野外判定较危险的终碛湖进行了评价，表 6.7 是用直接判别法对主要冰湖进行危险性分析的结果，表 6.8 是用冰湖溃决危险性指数（I_{dl}）对主要冰湖进行危险性分析的结果。

表 6.7　直接判别法分析主要冰湖的危险性（陈晓清等，2007）

名称	湖面面积 A（km²）	现代冰川面积 F（km²）	冰川积雪区平均纵坡 Lg（°）	冰舌坡度 Sg（°）	冰舌与冰湖距离 d（m）	冰湖储水量 W（×10⁶ m³）	堤顶宽 B（m）	堤背水坡坡度 Dg（°）	下游沟床比降（‰）	下游可起动松散物质	下游居民和设施状况	危险程度
达惹错	0.512	0	—	—	—	20.50	100	30	—	丰富	有居民和设施	较稳定
嘉龙错	0.213	4.67	18	23	0	3.90	3	35	150	丰富	有居民和设施	较高
嘎龙错	3.438	15.06	15	20	0	103.00	20	30	200	丰富	有居民和设施	高
共错	2.411	0	—	—	—	93.20	400	25	—	丰富	有居民和设施	较稳定
峡湖	0.300	1.60	12	25	0	6.00	10	30	100	丰富	有居民和设施	高
姆拉错	0.123	2.80	10	25	0	2.40	3	32	120	丰富	有居民和设施	高
扛西错	3.704	4.92	8	20	0	145.00	100	25	150	丰富	有居民和设施	较高
龙莫尖错	0.436	10.91	10	15	0	15.30	10	25	120	丰富	有居民和设施	高
查乌曲登	0.628	6.30	10	15	0	25.10	10	25	150	丰富	有居民和设施	高
扛普错	0.230	1.35	8	15	200	4.60	50	30	250	较丰富	有居民和设施	较高
北湖	0.649	4.27	9	18	0	16.60	10	23	150	丰富	有居民和设施	高
南湖	0.174	1.22	10	18	100	5.58	20	28	150	丰富	有居民和设施	高
酸奶湖	0.268	2.32	10	18	400	7.74	20	25	250	丰富	有居民和设施	高
次仁玛错	0.677	2.15	8	12	0	25.00	50	25	250	丰富	有居民和设施	高

表 6.8　冰湖溃决危险性指数法分析主要冰湖的危险性（陈晓清等，2007）

名称	现代冰川面积/（km²）	平均厚度/（m）*	危险冰体面积/（km²）	危险冰体体积/（10⁴m³）	冰湖体积/（10⁴m³）	危险冰体与冰湖体积比值（R）	危险性指数（I_{dl}）
达惹错	0	0	0	0	2050	0	
嘉龙错	4.67	38	1.0	3848	390	9.87	0.10
嘎龙错	15.06	65	3.0	19489	10300	1.89	0.53
共错	0	0	0	0	9320	0	
峡湖	1.60	25	0.3	740	600	1.23	0.81
姆拉错	2.80	31	0.8	2478	240	10.32	0.10
扛西错	4.92	39	2.0	7872	14500	0.54	1.84
龙莫尖错	10.91	56	1.5	8410	1530	5.50	0.18
查乌曲登	6.30	44	1.8	7894	2510	3.14	0.32
扛普错	1.35	23	0.2	462	460	1.00	1.00

续表

名称	现代冰川面积/（km^2）	平均厚度/（m）*	危险冰体面积/（km^2）	危险冰体体积/（10^4m^3）	冰湖体积/（10^4m^3）	危险冰体与冰湖体积比值（R）	危险性指数（I_{dl}）
北湖	4.27	37	1.2	4443	1660	2.68	0.37
南湖	1.22	22	0.3	666	558	1.19	0.84
酸奶湖	2.32	29	0.5	1433	774	1.85	0.54
次仁玛错	2.15	28	0.5	1389	2500	0.56	1.80

注：* 对于海洋性冰川，平均厚度 $h=5.2+15.4F^{0.5}$（m），其中 F 为冰川面积。

综合表6.7和表6.8的分析结果，波曲流域的冰湖中，处于高度危险状态的有9个，即嘎龙错、峡湖、姆拉错、龙莫尖错、查乌曲登、北湖、南湖、酸奶湖和次仁玛错；处于较高危险的有3个，即嘉龙错、扛西错和扛普错；处于稳定状态的有2个，达惹错和共错；其余35个处于相对稳定或趋于衰退状态。

6.4.3.4 流域冰湖危险性评价

根据上面单个冰湖危险性分析的结果，进行波曲流域的冰湖危险性分析。基于处于高度危险和较高危险的12个冰湖中，冲堆普2个、科亚普3个、塔吉岭普3个、如甲普3个和章藏布1个。从蓄水量来看，冲堆普的嘎龙错和科亚普的扛西错远大于其他冰湖；从近18a面积和蓄水量的增加来看，冲堆普的嘎龙错和科亚普的扛西错也是远大于其他冰湖，故这两个冰湖下游的危险性等级应该很高，塔吉岭普、如甲普和章藏布下游处于较高危险程度，其他支沟下游相对安全。由于各个支沟都会汇入主河，按照危险性等级叠加取高等级的原则来判定主河的危险性等级。按照高度危险、危险和相对安全3个等级划分波曲流域，其流域危险性分析结果见图5.9。其中冲堆普下游、科亚普下游和主河至科亚普汇口以下为高度危险区，塔吉岭普下游、如甲普下游和章藏布下游处于较高危险，其他支沟下游及所有上游区处于冰湖溃决相对安全区。

6.5 未来冰川湖溃决洪水的变化趋势

在近百年全球气候变暖的背景下，近50年来青藏高原及其邻近山区升温比较突出而降水变化比较复杂，有增有减，但冰川退缩规模和冰川消融强度普遍增加。导致以冰雪融水补给的河川径流增加，其中以新疆塔里木盆地南部地区和河西走廊西部地区的河流表现尤为突出。这种全球性气候变暖趋势会一直延续到21世纪甚至更长时间。冰湖溃决洪水变化如何响应气候变暖的趋势一直是人们所关注的问题。

由于冰湖成因类型不同，或类型相同但所处自然地理环境不同，对气候变化的响应也各有差异。总的来说，在喜马拉雅山中段南、北坡及其他地区冰碛阻塞湖，随着气温持续升高，冰川继续后退和冰川消融增加，冰碛阻塞湖的规模相应扩大，溃决的危险程度也增加。

冰湖、冰川的变化与全球气候的变化大趋势密切相关。当全球气温持续升高时，冰川处于后退态势，冰川面积减小；相应冰川的融水量增加，对于主要由冰川融水供给的冰湖，其蓄水量会增加、水位抬升，冰湖面积增大，在强烈消融期间，下渗水润滑冰床，特别是在冰舌伸进冰湖的情况下，常常发生大规模的冰崩，导致冰湖溃决，产生严重的灾害。

波曲流域曾经暴发的4次冰湖溃决泥石流灾害出现的年份特点是：年降雨量由低向高上升的第一年，而年均气温则相反，是由高向低下降。波曲流域在短期内气象变化趋势是：气温上升、降雨量总体下降在小范围内波动。未来短期内全球气温将持续上升，由此，波曲流域的冰川和冰湖的发展趋势将是：冰川面积将继续减小，冰湖的数量呈先增加后减少、面积增大到一定程度发生溃决后急剧减小。

由于20世纪的冰川退缩，特别是20世纪80年代以来的冰川退缩，冰川上储存的固体水资源已全面亏损。最新研究的结果表明，20世纪下半叶以来，由于冰川退缩造成冰川水资源的净损失量估计最大可达5869.24亿m^3，这相当于10条黄河的水量。从正面的意义看，冰川强烈亏损，冰川径流增大，在短期内有助于绿洲的进一步扩展和经济建设的进一步发展。但其负面的结果是必须重视的，其最大的负面结果是随着冰川径流的增大，冰川洪水灾害的频率增大。冰川径流的特点是“春旱、夏洪、秋缺、冬枯”，冰川洪水灾害就发生于夏洪季节，冰川洪水对下游造成的经济损失是巨大的，直接影响当地的经济建设和发展。

冰川是高山固体水库，或者说是西部干旱区的水塔，是西部地区河流的调节器。到本世纪50年代，我国冰川面积将减少14%～64%，平均面积减少38%。如此规模的冰川面积萎缩对西部河流的补给和径流变率都将产生重大影响，大致前期因冰川融化，以冰川融水补给的河流水量将增加，水资源变得较为丰富；后期冰川面积锐减，融水量会迅速趋于减少，水资源量也将因此而减少。此外，冰雪灾害的突发性增大，这些要素对西部尤其是西北干旱区生态环境建设、社会经济发展必将带来巨大的影响。

西部山地冰川积雪广泛分布，在其融水补给河川径流的同时，也常伴生有冰崩、雪崩、冰湖溃决洪水和冰川泥石流等突发性灾害。随着全球气候变暖，冰川退缩加剧，融水量增大，冰雪灾害呈明显增强趋势。在今后30～50年，西部山地的冰川洪水和冰川泥石流灾害将随着冰川融水径流的增加而增多，还可能形成若干新的灾害点。冰湖溃决洪水的爆发强度及其频率主要取决于冰川状态，而后者则与气温和降水变化有关。以小冰期冰碛垄为堤坝的现代冰碛阻塞湖的变化与冰川进退有关，并随冰川后退而扩大其规模。冰碛阻塞湖集中发育的喜马拉雅山区的冰川以退缩为主要趋势，冰湖的规模日渐扩大。在湖水的浸润和融蚀作用下所产生的冰崩，可能对冰碛堤产生巨大的涌波压力，因而增加了这类冰湖溃决的危险程度。因此，在西部大开发中，强化基础设施建设的同时，应谨防山地冰雪灾害的干扰与破坏。在一些重大工程区和开发区，要特别重视对冰雪灾害的研究和监测。譬如塔里木河流域的开发，必须要搞清上游冰湖溃决洪水爆发的频率和强度对下游工程的影响。冰川水资源不但是重要的淡水资源，稳定着河流水文的变化，而且由于全球变暖引起的冰川融水猛烈增加也是洪水灾害的主要根源，尤其由于冰湖溃决引起的洪水灾害危害更大。气候的变化将对河流水资源的产生和洪水的发生具有重要作用，气候变化下的冰川水资源变化及其冰川洪水研究对下游供水安全防范是必须的和迫切的。随着国民经济的发展及人类活动加剧，伴随着全球变暖的增强，冰湖溃决洪水的洪峰流量和洪水总量将越来越大，冰川湖的规模相应扩大，溃决的危险程度也增加，冰川突发洪水的危害将越来越严重。加强气候变化对水资源和洪水灾害的影响评估，应引起国家和当地政府的足够重视。

第7章 冰雪洪水灾害

7.1 冰雪洪水的特点与分布

2006年2月中旬，由于几日气温持续回升，加上连续雨雪，引发该新疆伊犁哈萨克自治州伊宁市、伊宁县、查布查尔县、尼勒克县等多处发生冰雪洪水灾害，造成11000多人受灾，6400多间房屋遭受损害，直接经济损失近600多万元人民币。由于公路两侧雪水长期浸泡路基，再加上洪水流量大、水流急，对218国道也带来了严重威胁，造成路基塌方，桥涵冲毁。218国道沿线的草场、良田大面积浸水，40户农牧民房屋被淹，二百多户农家受到洪水威胁。据伊犁州气象部门介绍，该州从2005年12月到2006年1月中下旬河谷普降大雪，山区降雪平均厚度达1.2m。自2月11日起，伊犁河谷却出现了持续十多小时的降雨，气温也比往年同期升高6.2℃，反常的气候变化是造成冰雪洪水灾害的主要原因。

冰雪洪水是指由冰川融水和积雪融水为主要补给来源所形成的洪水，以冰川融水为主要来源的称冰川洪水，以积雪融水为主要来源的称融雪洪水。高寒山区河流一般由冰川融水、积雪融水、雨水和地下水四种补给，称混合补给河流。单纯由冰川融水补给或单纯由积雪融水补给的河流很少见。冰雪洪水是季节性洪水，春夏当气温回升到0℃以上，冰与雪融化成为液态水。太阳辐射越强、冰川面积和前期积雪厚度越大，则融化强度越大。由冰川和积雪融化的水一部分形成地表径流直接补给河流，一部分通过下渗以浅层地下水的形式补给河流，形成春、夏季洪水。

冰川洪水可以分为两种，一种是由于冰川正常的融化，一年一度形成的季节性洪水，一般出现在7—8月份；另一种是突发性冰川洪水。正常的冰川洪水的洪峰、洪量及洪水形态在相同的地质地貌条件下，主要取决于冰川消融区面积。洪水过程线无明显暴涨暴落，而是缓慢连续上升，呈肥胖单峰型或双峰型。冰川洪水流量与气温变化具有明显同步关系，流量与降水变化是异步关系。因此，每当遇到降水天气日照减少，温度降低，河流水量就明显减少；在无降水天气，高温持续时间长，河流水量就显著增大，这与暴雨洪水完全不同。叶尔羌河夏季融水洪水的日变化规律较强，汛期初期，每日最大洪峰发生在 4：00 时左右，为单峰（图 7.1），主要为低山区融水径流补给，大约持续 15 天左右；随着气温的持续攀升，高山融水迅速增加，这时每日的过程出现双峰（图7.2），即 4：00 时前后和 16：00 时以后两个时段；在汛期中期，16：00 时洪峰高于 4：00 时洪峰，后逐渐过渡为单峰。

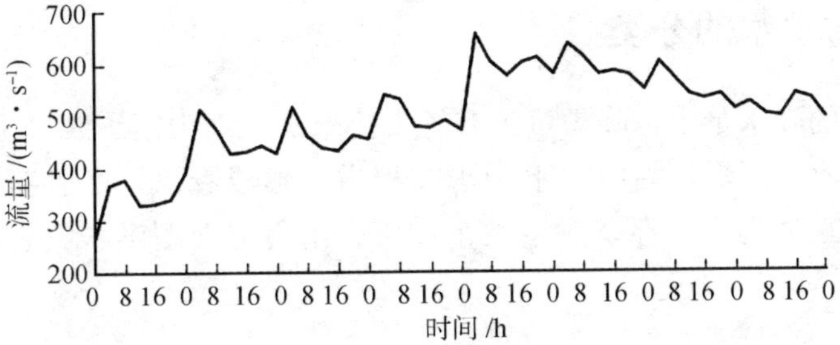

图 7.1　叶尔羌河 1994 年 6 月 21—29 日每日以 4：00 时洪峰为主的冰雪融水过程

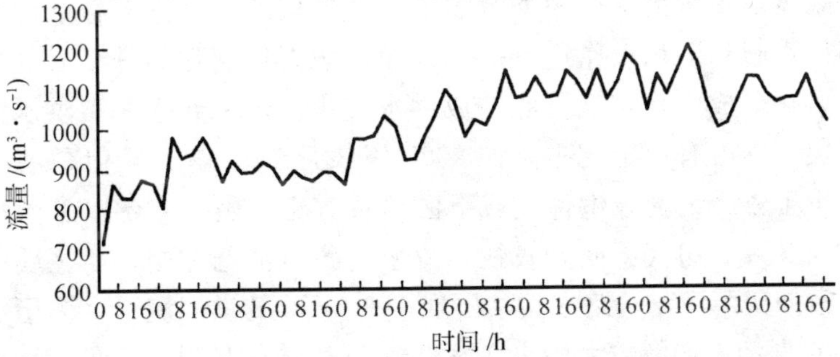

图 7.2　叶尔羌河 1994 年 7 月 2—14 日 4：00 和 16：00 双峰冰雪融水过程

突发性冰川洪水是冰川洪水的特例，这种冰川洪水的特点是突然暴发，历时短暂，洪峰呈指数猛涨猛落。它是冰湖溃决时的突发性快速排泄洪水，冰湖是由于冰川前进堵塞沟谷而形成的，在温冰川中，冰内和冰下空穴中蓄水，形成冰内湖，也可溃决发生洪水。冰川跃动、冰体崩落、雪崩和地震等都有可能使冰坝溃决，这种洪水一般发生在夏末或秋季，也有发生在冬季，无一定周期，一年一次或几年一次。

融雪洪水发生的时间比冰川洪水早，一般在 4—6 月间，融雪洪水洪峰流量出现在 5—6 月。处在同纬度附近的河流，平原融雪洪水发生时间较山区早。中国阿尔泰山区河流的融雪洪水一般出现在4—5月，最迟至6月就结束。特大融雪洪水可导致洪灾，例如1948年加拿大不列颠哥伦比亚的费雷泽河，因冬季降雪量大，春夏高温持续时间长，形成了灾害性融雪洪水。

中国冰川洪水主要分布在天山中段北坡的玛纳斯河流域地区，天山西段南坡的木扎尔特河、台兰河、西昆仑山喀拉喀什河、喀喇昆仑山叶尔羌河、祁连山西部的昌马河、党河和喜马拉雅山北坡雅鲁藏布江部分支流。融雪洪水主要分布在新疆阿尔泰山和东北一些河流，俄罗斯高加索、中亚、欧洲阿尔卑斯山、北美西海岸山脉等也有冰雪洪水。

7.2 冰雪洪水的分类

在新疆的降水量中，降雪量占有较大比重。在高山区雪线以上终年降雪，形成冰川和永久积雪，雪线以下为季节积雪可形成春汛，所以新疆河流冰雪融水可分为三种类型：春季融雪洪水灾害、雨雪混合型洪水灾害、高山冰雪洪水灾害。

7.2.1 春季融雪洪水

春季融雪洪水是由冬季的季节积雪消融形成的。一方面春季融雪水对农作物春灌用水起到了积极作用，另一方面若积雪遇到强烈升温天气，大面积积雪迅速融化形成洪水，就可能造成洪水灾害。这种春季融雪洪水灾害，在新疆洪水灾害中占有一定比重。如2005年3月14—15日，伊犁河流域各主要河流发生了较严重的春洪，造成下游严重灾害。由于入冬以来流域内积雪偏厚，进入2月下旬气温回升较快，流域内各雪消融加剧，加之后期的大范围降水，致使伊犁河雅马渡水文站出现553 m^3/s的洪峰流量（为历史同期第2位）；特克斯河上游解放大桥水文站出现117 m^3/s的洪峰流量（历史同期第1位），下游卡甫其海水文站出现363 m^3/s的洪峰流量（历史同期第2位），巩乃斯河则克台水文站出现142 m^3/s的洪峰流量（历史同期第2位），哈什河乌拉斯台水文站出现85.9 m^3/s的洪峰流量（历史同期第5位）。2005年4月28日阿勒泰地区青河县小青河突发升温型融雪洪水，最大洪峰流量达158 m^3/s，为1990年代以来最大的一次。阿克苏河支流托什干河契恰尔水文站4月28日出现740 m^3/s的洪水，下游沙里桂兰克水文站出现860 m^3/s的洪水，均超过保证流量。

融雪洪水是积雪、热量条件、地形等因素综合影响的结果，因而具有与降雨洪水不同的特征。其洪水类型可分为浅山及山前平原融雪洪水和中低山融雪洪水。

浅山及山前平原融雪洪水主要发生在阿尔泰、塔城、伊犁、天山北坡海拔 1000～1500 m 以下浅山及山前平原小冲洪沟和坡面上形成的融雪径流。这些地区冬季地面有稳定积雪覆盖，开春后，气温转正，积雪由原来的累积状态转为消融状态，若遇急剧升温，大面积积雪迅速融化形成较大洪水。由于山前平原是河流径流散失区，而山区积雪尚未开始融化，因此当山前平原发生洪水时，主河道没有洪水反映。这类洪水具有出现早，来势凶猛，时间长，洪量大，范围广，洪水遍地漫流的特点，极易造成大范围灾害。如 1988 年天山北坡的融雪洪水，造成沙湾至阜康大面积洪灾。

新疆各大山系中低山带的积雪，随着气温上升，雪线也升高，中低山积雪开始融化，发源于山区河流出现融雪洪水，这在塔城、阿尔泰、伊犁等地的河流中反映最为明显，在其他地区的河流中也有反映，只是规模大小不同。这种源于中低山季节积雪形成的洪水出现时间较晚，融雪水汇入河道形成洪峰，洪水波沿着河床向下游运动。对于大河来说由于流域面积大，洪水受到流域调节，形成的洪峰流量比暴雨形成的洪峰流量要小得多，对下游的威胁较小，而主要靠季节积雪补给为主的小河流，在中低山积雪偏厚的年份，一场升温天气就会使全流域积雪融化，产生大洪水，造成灾害，受灾地区通常为沿河两岸。

这两类洪水都是冬季季节积雪由于春季升温形成，洪水成因相同，因此它们的洪水特征既有共同点也有不同点。浅山及山前平原融雪洪水由于是浅山及山前平原积雪融化形成，因此它出现在一开春，是新疆一年中最早出现的洪水。由于新疆地域辽阔，从南而北跨越约 20 个纬度，因而气温南北变化很大，各个地区开春早晚不同，洪水出现时间也有先有后。天山北坡精河至奇台以及伊犁地区的洪水大多出现在 3 月中旬前后，塔城北部出现在 3 月下旬前后，阿尔泰位于新疆最北部，开春晚，洪水出现在 4 月上中旬；位于天山中部的巴音布鲁克由于海拔 2458 m，气温回升晚，洪水出现在 4 月中下旬。本类洪水虽然出现在一开春，但由于春温极不稳定，不同年份气温回升速度差异很大，因而开春时间年际变化大。如乌鲁木齐 1963 年 3 月 1—5 日开春，而 1980 年 4 月 1—5 日开春，相差一个月，因而春洪出现时间每年变化很大。

中低山融雪洪水由于发生在河道内，因而洪水出现时间不仅与气温有关，还与河流发源高程、季节积雪分布有关。发源于阿尔泰山坡的河流，虽然冰川积雪分布低，河源在 3000～4000 m 左右，但气温回升晚，洪水出现在 4 月下旬、5 月份，如阿尔泰 1966 年 4 月下旬发生的洪水，冲毁克兰河上两座大桥，并使 5800 亩农田受灾。塔城北部的河流短小发源低，3 月份入汛，融雪洪水出现在4—5月。发源于天山北坡的河流，融雪洪水出现在4月底5月份。发源于东天山的哈密石城子河洪水出现在4月底5月份，如1988年5月2日发生的百年一遇的洪水。天山以南的河流由于雪线高，季节积雪少，4月底5月份河流水量明显增多，由于天山以南春水不足，因而融雪水对农业生产有利，反而无害。它出现在南疆桃花盛开时，人们把它称为“桃花汛”。中低山融雪洪水出现时间小河早于大河。以季节积雪补给为主的小河流发源低，气温升高首先融化低山区积雪，因此小河融雪洪水来得早，如伊犁匹里青河出现在4—5月，而伊犁河出现在5月。

季节积雪形成的春洪具有与雨洪不同的过程特征，表现在下面几个方面：(1) 洪水过程与气温过程变化基本一致，但在升温初期，气温过程上升比较快，河流流量变化不大，呈缓慢上涨，当气温即热量积累达到一定程度后，洪水过程上涨比气温过程陡。整个洪水过程落后于气温过程，洪峰滞后于温峰。(2) 中低山融雪洪水历时长、洪量大、峰不高、起涨缓、退水慢因而洪量很大。洪水起涨受气温以及积雪本身调蓄作用，显现出缓涨缓落。(3) 浅山及山前平原融雪洪水来势凶猛、洪峰高、洪量大、退水慢。浅山及山前平原地热开阔，积雪面积大，坡降相对于山区要小得多，气温急剧升高，0℃等温线很容易升到浅山一带，造成大面积积雪融化，而且山前平原大多是戈壁砾石，洪水直冲而下。在浅山发育的小支沟平时无水或水量很小，突然来了大量的融雪水，形成的洪峰也很大。如1993年3月13日位于天山北坡沙湾县境内的宁家河春季洪峰流量达130 m^3/s，而这条河流年平均流量仅为1.55 m^3/s。枯水时几乎断流。(4) 中低山融雪洪水在向下流动过程中，洪峰流量逐渐减小，峰平坦化，而浅山及山前平原洪水，在向下流动过程中，不断得到沿程融雪水补充，洪峰流量反而增大。(5) 洪水过程有明显的日变化，洪水日变化呈现一峰一谷，与气温日变化一致。洪峰通常出现在午后，谷出现在夜晚，由于各个水文观测站离积雪区远近不同，因而各条河流峰谷出现时间不一样。(6) 洪峰呈单峰型，融雪洪水没有降雨加入通常呈单峰型。

7.2.2 雨雪混合型洪水

在新疆的洪水灾害中雨雪混合型洪水灾害占的比例较大。根据全疆19条主要河流统计，在201场洪水灾害中37%为雨雪混合型洪水灾害，38%为冰雪洪水灾害，17%为暴雨洪水灾害，6%为冰川突发洪水灾害，主要河流各种类型成灾洪水统计见表7.1。而在新疆重要经济区天山一带、阿尔泰、塔城等地混合洪水灾害占56%，居其他类型洪水产生灾害之首。因而认识雨雪混合型洪水及其产生灾害的规律，对于预防减少洪灾损失具有重要意义。

表 7.1 灾害洪水类型统计表（周聿超，1999）

河名	站名	灾害洪水场次	混合	比例/%	冰雪融水	比例/%	暴雨	比例/%	突发	比例/%
布尔津河	群库勒	7	4	57	3	43				
乌伦古河	二台	7	4	57	3	43				
哈拉依灭勒河	哈拉依敏	6	3	50			3	50		
伊犁河	雅马渡	18	13	72	5	28				
奎屯河	加勒果拉	7	5	71	1				1	14
玛纳斯河	红山嘴	8	4	50	2	25	1	12	1	12
三屯河	碾盘庄	10	5	50			5	50		
乌鲁木齐河	英雄桥	7	4	57	1	14	2	29		
开都河	大山口	13	9	69			4	31		
渭干河	黑孜水库	7	9	53	3	18	5	31		
阿克苏河	西大桥	16	5	31	11	69				
克孜河	卡拉贝利	16	2	12	9	56	5	31		
盖孜河	克勒克	9			8	100				
叶尔羌河	卡群	16			4	25	3	19	9	56
喀拉喀什河	乌鲁瓦提	11	2	18	9	82				
玉龙喀什河	同古孜洛克	17	1	6	16	94				
克里雅河	努努买买提兰干	13	4	31	3	23	4	31	2	15
卡墙	且末	4	1	25	1	25	2	50		
合计		201	75	37	79	38	34	17	13	6

新疆洪水全部形成于山区，按洪水形成地带可分为高山冰雪洪水、中山暴雨洪水及中低山季节积雪洪水。由于河水自高山流入平原，要通过不同地带，常会产生几种洪水类型相互交错叠置，因而在新疆河流中出现洪水大多为混合型洪水，按形成地带结合来源分为三种：1）季节积雪与暴雨混合型洪水；2）高山冰雪与暴雨混合型洪水；3）高山冰雪与降雪混合型洪水。

根据新疆干旱半干旱区日降水大于 20 mm 就会在一些河流上产生洪水，有时甚至会产生灾害，规定日降水大于等于 20 mm 为暴雨划分标准。由于新疆地域广，站网稀少，缺乏山区降水观测资料，一场洪水下来很难判断是由多少降雨加入产生的洪水，往往出山口站雨量很小，而洪水过程很陡。因此，在季节积雪和暴雨混合型洪水以及高山冰雪和暴雨混合型洪水中，根据发生时间，河流所处地理位置，前期积雪状况、气温、降雨、洪水过程综合判断，因而各种类型洪水没有严格区分。

季节积雪和暴雨混合型洪水

新疆天山以北中低山、天山以南中山带都有季节积雪覆盖，而中低山常常是暴雨出没地带。春末夏初，正值季节积雪大量消融之时，遭遇大暴雨，一方面促使积雪加速融化和破坏了积雪本身的调蓄作用，另一方面积雪融水与暴雨洪水同时汇入河道，加大了河流流量，形成的洪峰峰高量大。形成的洪水过程有如下特征：(1) 洪水没有日变化。由于暴雨破坏了积雪融水随气温变化规律，在洪水过程线上看不出峰谷日变化。(2) 洪水过程线底部宽，历时长，峰顶取决于雨量雨强，雨量大强度高，形成的洪峰陡高。

这类洪水由于受积雪面积大小、积雪在流域上分布状况、升温幅度、以及雨量雨强影响，在不同河流出口断面上过程线形状差别较大。

高山冰雪和暴雨混合型洪水

新疆高山区分布有广大冰川积雪，新疆大河均发源于高山。夏季高山冰雪融水泄至中低山带，如遭遇暴雨形成特大洪水。洪水过程特征和季节积雪与暴雨混合型洪水一样，有如下特点（图 7.3）：1）暴雨洪水加入破坏了高山冰雪融水的日变化，过程线上没有日峰或日峰出现时间已不具原有规律；2）过程线底部长宽，洪水起涨，退水较前者慢，峰高量大。这一类洪水洪峰洪量取决于雨前气温以及降雨强度。降雨前气温高，高温维持时间长，过程线底部宽，雨量大强度高形成洪峰陡立。

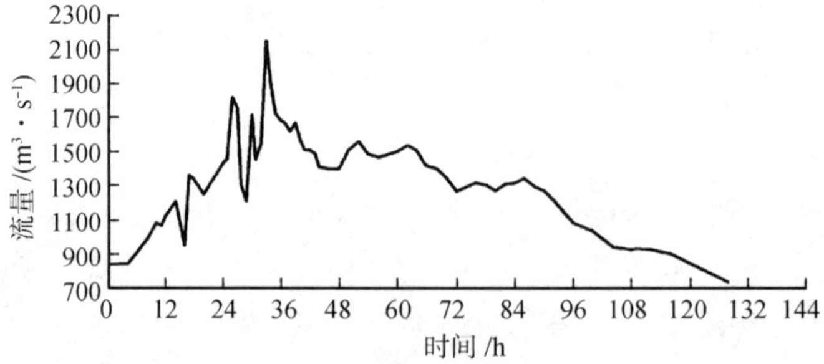

图 7.3　叶尔羌河卡群站记录的 1999 年 8 月 1 日 0：00—6 日 8：00 暴雨融雪洪水过程

对这两种类型洪水来说最不利的遭遇是前期气温正处于升温期，河流流量呈上涨趋势，遭暴雨形成峰高量大的洪水。如雅马渡站 1969 年 5 月 24 日—6 月 10 日洪水过程，这场洪水过程仅 3 天时间气温从 6.2℃升到 20.4℃，超过当月平均气温 8.2℃，河水也从 555 m^3/s 涨到 1590 m^3/s，在此基础上遇山区降雨，乌拉斯台站降水 19.9 mm，从而形成 1820 m^3/s 大洪水。洪水峰高量大，洪水冲毁许多水利工程，损失粮食 110 万斤。

新疆混合型洪水出现时间具有北疆早于南疆的的特点。发源于阿尔泰山的河流由于季节大雪分布低，雨季来得早，混合型洪水出现在 5—6 月，而 6 月份产生灾害的混合型洪水次数多。塔城北部山区山体低，河流以季节积雪补给为主，4—5 月份正是积雪大量消融之时，暴雨也出没较多，占 39%，因而混合型洪水主要出现在 4—5 两月，灾害洪水尤以 5 月最多，发源于天山西部的伊犁河由于流域上既有季节积雪又有高山冰川积雪，降水在 5—7 月最多，因而混合型洪水出现时间最长，5—7 月都会出现年最大混合型洪水，灾害洪水在 6、7 月出现最多，发源于天山北坡的河流主要是中高山积雪，高山冰川与暴雨产生混合型洪水，因而出现在 6—8 月。发源于东天山南北坡的河流由于流域高程低，积雪薄，以暴雨为主的混合型洪水出现在 6 月较多。天山以南，由于雪线高，降水多在夏季 6—8 月，气温最高在 7—8 月，少数雪线较低的河流如开都河，以及源于帕米尔山区的克孜河洪水出现在 6—8 月。

7.2.3 高山冰雪洪水

新疆境内的天山、喀喇昆仑山、昆仑山等山地广泛发育着高山冰川和永久积雪，是新疆主要大河的发源地。高山冰川积雪素有“高山固体水库”之称，每年夏季气温升高，冰雪融化补给河流，但当夏季持续受到高温作用时，高山冰雪大量融化形成大洪水，以致给下游的人民生命财产安全带来危害。

发源于高山冰雪洪水按组成成分：1）高山冰雪洪水；2）高山冰雪和降雪混合洪水；3）冰川突发洪水。由于缺乏高山区气象观测资料，1）、2）两类洪水难以严格区分，但形成洪水成因、过程相似，因而统称为高山冰雪洪水。

高山冰雪洪水特点

它是夏季连续高温后产生的洪水，洪峰、洪量大小与气温等热量情势有密切关系，还与冰川面积、雪储量、夏季降雪大小有关。高山冰雪洪水有如下特点：(1) 受气温影响大，尤其与高空气温变化一致。若用反映高山气温变化的零度层高度与次洪水点图有比较好的对应关系。(2) 洪峰、洪量大小与升温幅度关系很大，与冰川面积、雪储量、夏季降雪量有关。(3) 与季节积雪融水一样，高山冰雪融水有明显日变化。(4) 高山冰雪洪水年际变幅小，主要河流最大洪水与最小洪水的比值（Q_{max}/Q_{min}）在 1.54～2.80 之间，见表 7.2。

表 7.2 高山冰雪洪水年际变化（周聿超，1999）

河名	站名	Q_{max}/Q_{min}
伊犁河	雅马渡	2.05
玛纳斯河	红山嘴	1.54
昆玛力克河	协合拉	1.86
盖孜河	克勒克	2.66
库山河	沙曼	2.80
叶尔羌河	卡群	2.67
喀拉喀什河	乌鲁瓦提	2.72

高山冰雪洪水源于高山，流入平原汇流时间相对其他洪水长，而且与高空气温有比较好的对应关系，因而对洪水出现时间可提前几天作出预报，减少灾害损失。如喀什在 500 hPa 高空气温达到 10℃左右，维持 3—4 d 出现洪水，叶尔羌河上游库车河兰干站出现洪峰可提前 10 个小时左右预报到达卡群站的洪峰流量。和田 500 hPa 高空气温达 3℃左右，维持 3 d 以上出现洪水。这种洪水当持续时间长洪量大，对下游有一定的威胁。

高山冰雪洪水过程特点

(1) 高山冰雪洪水起涨慢、退水慢、历时长、洪量大、峰不高。原因除了与太阳幅射、升温幅度、高温维持时间有关外，还有下面几个因素：1) 洪水随气温等热量条件变化缓慢；2) 高山冰雪具有调蓄滞缓作用；3) 洪水源于高山，受到河道调节，洪水平坦化。

发源于天山山区的大河，由于天山山区高温期短，洪水历时通常在 4—10 d 左右，涨水、退水段坡度较陡，峰相对昆仑山一带的高山冰雪洪水高。峰型反映了天山山区高温期短的气候特点，高温天气冰雪大量消融，因此洪水涨水快，降雨期间，气温骤降，融水减少，洪水退水快。1966 年 6 月 20 日发生在伊犁河上洪水过程，这场洪水气温是从 9 日开始升温，17 日达到最高 28.2℃，比当月平均气温高 5.4℃，升温 9 d，洪水过程从 13 日开始起涨，20 日达到峰顶，历时 10 d。最大洪峰流量为 1970 m^3/s，洪量为 2.3×10^9 m^3，由于峰高量大造成伊宁受灾，冲毁部分水利设施。

发源于昆仑山北坡的大河，由于这一带高温期长，洪水历时通常在 10 d 以上，甚至长达 1 个月之久，洪峰持续几天甚至十几天不下落，洪量很大，涨水、落水都非常缓慢，但落水段相对涨水段快些。如 1923 年 7 月 21 日叶尔羌河发生高山冰雪洪水，洪峰流量达 2220 m/s，从 7 月 1 日起，到 8 月底下降，历经 60 多天，洪水总量达 55 亿 m^3，占当年径流量的 62.5%，这场洪水由于持续时间长，洪量大，造成莎车县农田受灾 0.43 万亩，倒塌房屋 702 间，7 人死亡，中小型水库垮坝各一座。

(2) 高山冰雪洪水与季节积雪洪水一样有明显日变化，这种日变化在发源于不同山区的河流中呈现出不同的日变幅，发源于天山山区河流日变幅较小，而发源于喀喇昆仑山、昆仑山一带的河流反映非常明显，日最高最低值相差很大，这和昆仑山北坡干旱大陆性气候气温日较差大相对应。

(3) 高山冰雪洪水呈单峰型

7.3 冰雪洪水洪峰与频次

中低山季节积雪产生的灾害洪水在发源低、短小的河上出现的次数据资料记录和近几年发生的洪灾，哈密石城子河1988年出现了百年一遇春洪灾害，1990年也有较重春洪灾情，阿尔泰克兰河1966年4月发生融雪洪水灾害，伊犁地区匹里青河、哈什河上游北山沟的小支流以及塔城北部的河流、天山北坡的河流都曾出现过灾害洪水。由于这些河流短小，影响面小，灾害仅在局部地区发生，灾情轻。因此人们对此记录的少，而实际发生的次数不止于此。

浅山及山前平原融雪洪水在天山以北各个地区都有发生，这一类洪水产生灾害是春季洪水的主要灾害，与中低山季节积雪融水产生的灾害性洪水相比出现次数多、灾情重。根据解放以来重大灾情记载，塔城北部有过4次较大春洪灾害，其中1960年代2次，1966年塔城、额敏三月中旬洪灾，1969年额敏洪灾，1980年代2次，一次在1985年，一次在1988年，这两次洪灾都比较严重。伊犁地区1985、1988年都有较大洪灾损失。阿尔泰地区这一类洪水产生的有记录灾害次数少，灾情轻，博州由于处于背风位置，积雪薄，很少有这一类洪水灾害。天山北坡包括塔城南部、石河子、昌吉州、乌鲁木齐，其积雪状况，春季升温条件比较接近，因此常常是浅山及山前平原一带都有出现融雪洪水，只是洪水在各个地区轻重不同，其中最严重的是在呼图壁至沙湾一带。自解放以来，天山北坡一带有过9次重大春洪灾害，1980年代以来春洪灾害明显增多，灾情也加重，如1985、1988、1993年洪灾损失都在1000万元以上，这除与积雪和气温有关外，还有人为活动因素，即经济建设发展加重了洪灾。

源于天山山区的河流混合型洪水比例为27%～56%（表7.3）。其中天山西部伊犁地区的河流为56%，是天山山区混合型洪水比例最高地区。天山北坡平均为48%，这一带又以四棵树河以东高，以西处于背风位置降水少，积雪薄，混合型洪水比例低。天山南坡的河流为27%，相对比例低，尤其在木扎提河至库玛拉克河一带混合型洪水出现少。其原因是这些河流发源于托木尔峰下，虽高山冰川积雪广为发育，但由于处于天山主峰背风位置，暴雨很少涉及到。

表 7.3 混合型洪水出现比例及其超定量洪水出现频次统计（周聿超，1999）

分区	混合型洪水比例/%	大于年最大平均值频次	大于安全泄量频次
阿尔泰、塔城北部	27	0.2～0.27	0.13～0.5
天山西部	56	0.15～0.45	0.2～0.52
天山北坡	40	0.03～0.4	0～0.51
天山南坡	27	0.2～0.3	0.15～0.25
东天山南北坡	27	小于 0.1	小于 0.15
帕米尔、喀喇昆仑山、昆仑山北坡	12	小于 0.1	小于 0.15

源于阿尔泰山南坡的河流，流域上季节积雪厚，降雨多但强度小，形成以融雪为主的混合型洪水的比例为 27%。塔城北部山区的河流比例为 27%。东天山山体低，积雪薄，发源于这里的河流形成以降雨为主的混合型洪水比例为 27%。混合型洪水比例最低在发源于帕米尔、喀喇昆仑山、昆仑山北坡的河流为 12%。虽然这一带高山冰川分布广，但降雨少暴雨出现频次低，而且降雨期间发源于高山区的波斯湾洪水反而减少，因而暴雨与高山冰雪洪水遭遇形成大洪水机会少。

年最大混合型洪水大于年最大洪峰流量平均值平均出现频次在 0～0.45 之间。发源于阿尔泰山、塔城北部山区的河流为 0.2～0.27，天山西部伊犁地区的河流在 0.15～0.41 之间，其中喀什河最高为 0.41，匹里青河为 0.15。发源于天山北坡的河流奎屯河以东为 0.2～0.4 之间，奎屯河以西为 0.03，发源于天山南坡的河流在 0.2～0.3 之间。源于东天山帕米尔、喀喇昆仑山、昆仑山北坡的大都在 0.1 以下。

在源于阿尔泰山、塔城北部山区的河流中为 0.13～0.15。天山西部伊犁地区的河流在 0.2～0.52 之间，其中库克苏河、喀什河、伊犁河在 0.4 以上。天山北坡的河流在 0～0.51 之间，最高值为玛纳斯河 0.51，其次为奎屯河 0.48，其余河流在 0.3 以下。天山南坡的河流在 0.15～0.25 之间。源于其他山区的河流大于安全泄量的混合型洪水出现频次在 0.15 以下。

根据混合型洪水比例以及超定量洪水出现平均频次分析，新疆的混合型洪水主要分布在天山西部伊犁地区，其次在天山北坡。天山南坡、阿尔泰山南坡和塔城北部混合型洪水比例也较高。发源于东天山、帕米尔、喀喇昆仑山、昆仑山北坡的河流混合型洪水比例小，超定量洪水频次低。

发源于高山区的主要河流高山冰雪洪水产生灾害的次数占灾害洪水总数之比见表 7.4。灾害洪水出现在喀什、和田、阿克苏。

表 7.4 新疆主要大河灾害性高山冰雪洪水比例及其发生频次（周聿超，1999）

地区	河名	灾害洪水比例/%	灾害洪水频次
伊犁	伊犁河	26	0.14
石河子	玛纳斯河	25	0.06
阿克苏	渭干河	25	0.15
阿克苏	阿克苏河	65	0.31
喀什	叶尔羌河	18	0.08
喀什	盖孜河	100	0.23
喀什	克孜河	53	0.26
和田	喀拉喀什河	58	0.20
和田	玉龙喀什河	82	0.40

喀什盖孜河 100%为高山冰雪洪水灾害，和田的两条河流 58%～82%为高山冰雪洪水灾害，阿克苏河为 65%、克孜河为 53%，伊犁河、玛纳斯河、渭干河为 25%左右。叶尔羌河水洪水，特大洪水为高山冰川突发洪水，升温洪水量级小，因而所占比例仅为 18%。

灾害性洪水出现频次，和田地区的大河为 0.2～0.4，其次为阿克苏河 0.31，叶尔羌河为 0.08，盖孜河为 0.23，伊犁河、玛纳斯河在 0.15 以下。由此看出，新疆高山冰雪洪水灾害出现在喀什、和田、阿克苏的大河上，频次高。这些地区是夏季预防高温期产生洪水灾害的主要地区。

7.4 冰雪洪水的灾害

7.4.1 季节积雪融水洪水灾害

季节积雪融水洪水产生的灾害大多是由浅山及山前平原融雪洪水形成，在天山以北各个地区都时有发生。据不完全统计建国 40 年来新疆中小型水库共垮坝 146 座次，累计损失 4000 余万元，其中 80%以上发生在春季高水位运行期，因升温融雪水宣泄不及而导致垮坝失事。春洪对农田、公路、铁路危害很大，造成损失也很重。据历年灾情资料统计，春洪规模大，影响范围广，灾害出现次数多，灾情重的地区为天山北坡，这一带西起精河东至木垒，是新疆春洪易灾地区。

天山北坡易灾地区特点：

（1）天山北坡地形有利于产生洪灾。尤其在天山北坡中段乌苏—昌吉—

带，从山脊到山麓宽约 30～50 km，山体窄、坡降大、河道垂直山体呈南北向流动，浅山带发育着大大小小河沟，河沟消失于山前，平时干涸无水，遇有融雪洪水，洪水峰高量大，水很快泄入山前平原。

（2）这一地区地势开阔、面积大，冬季有稳定积雪覆盖，浅山及山前平均积雪深为 20 cm 左右，在积雪厚的年份平原雪深 25 cm 左右。这是这一地区春季能产生春洪的物质基础。

（3）天山北坡春季气温不稳定变化大，尤其在零度附近波动最大，而地温变化小，土壤解冻慢，雪盖下是很厚冻土层，融雪水很难下渗。气温在 0℃附近时雪面上的蒸发速度远小于融水强度，因而融雪水损耗小，加之这一带山前平原植被少，蓄水性能差，因此径流系数高，全部融雪水都参与洪水形成。

（4）这一地区是新疆重要经济带，人口密集，工农业生产发达。玛纳斯灌区、奎屯河灌区、巴音沟灌区、三屯河灌区、金沟河灌区、呼图壁河灌区分布于此。通往伊犁、塔城、阿尔泰等地的公路干线以及连接哈萨克斯坦共和国的铁路横穿山前平原，克拉玛依油田输油管道也从这横穿而过。1980 年代以来，这一带更是突飞猛进发展。经济建设的发展也相应增加了春洪灾害，使灾情加重，灾害次数增多。这也是近几年来这一带春洪常常成灾原因这一。

天山北坡灾害性春洪在 1900－1949 年期间有记载重大洪灾 3 次，一次在 1915 年，重灾县为玛纳斯县；一次在 1938 年，重灾县在乌市；最严重的是 1942 年，重灾在奇台—呼图壁一带。在 1949－1993 年期间出现过 9 次，其中自 1980 年以来出现过 4 次，为 1984、1985、1988、1993 年，平均 3—5 年出现一次，灾情一年比一年重。春洪灾害严重影响这一带经济建设。

易灾地区洪灾损失主要在下面几个方面：

（1）公路。天山北坡主干公路建在山前冲积扇上，冲积扇上水流呈分支漫流的河水如树枝状分布，沿公路形成长达几千米甚至几十千米长的漫流滩，水流冲刷路面，造成路面坑洼不平，凶猛的洪水冲毁桥梁，冲坏路基，造成交通中断，旅客受阻。

（2）铁路。北疆铁路是连接中哈两国交通的大动脉，亚欧大陆桥，也是繁荣北疆经济的重要经济干线，春洪常造成桥涵冲毁，路基被洪水掏空，铁轨悬空，因而造成停运。

（3）农田、渠道。这一带水土开发利用程度高，渠系纵横，条田密布。由于春洪水流分散，不易控制，所以洪水直接进入各级渠道，造成渠道冲毁、农田受灾。

（4）居民住宅区。房屋进水被淹是常有现象，修建于山坡下低洼处的房屋被水冲垮在春洪严重年份时有发生。

(5) 水库。这一带修有中小型水库100多座，对于发展农业生产，调节农业用水起到很大作用。开春前水库内蓄满闲水，水库处于高水运行，由于突发产生春洪，洪量大，来势猛，水库泄水不及，造成垮坝失事，从而给水库下游带来更严重的灾害。

春洪产生的次生灾害也非常严重，先是洪水冲毁渠道，水库垮坝，紧接着正是春季灌溉用水之时，由于渠系毁坏，水库无水，无法引水灌溉农作物，造成旱灾，从而影响到一年的农业生产。

7.4.2 混合型洪水产生灾害

混合型洪水产生灾害次数占灾害洪水场数的比例以及混合型灾害洪水平均出现频次统计见表7.5。从表中可以看出发源于天山山区、阿尔泰山南坡、塔城北部山区的河流混合型灾害洪水比例在50%以上，灾害出现频次大多在0.14以上。源于其他山区的河流灾害洪水比例在30%以下，平均出现频次在0.14以下。因此位于天山西部伊犁地区，位于天山北坡的塔城南部地区、石河子市、昌吉州、乌鲁木齐地区是新疆混合型洪水易灾地区。

表7.5 新疆主要河流灾害性混合型洪水所占比例及其平均出现频次（周聿超，1999）

河名	站名	灾害洪水比例（%）	平均出现频次
额尔齐斯河	布尔津站	42	0.14
乌伦古河	二台	57	0.17
布尔津河	群库勒	57	0.10
哈拉依灭勒河	哈拉依敏	50	0.14
伊犁河	雅马渡	72	0.35
奎屯河	加勒果拉	71	0.17
玛纳斯河	红山嘴	50	0.14
三屯河	碾盘庄	50	0.13
乌鲁木齐河	英雄桥	57	0.14
开都河	大山口	69	0.24
渭干河	黑孜水库	53	0.28
阿克苏河	西大桥	31	0.17
克孜河	卡拉贝利	12	0.06
盖孜河	克勒克	0	0
叶尔羌河	卡群	0	0
喀拉喀什河	乌鲁瓦提	2	0.14
玉龙喀什河	同古孜洛克	1	0.13
克野雅河	努努买买提兰干	4	0.12
卡墙	且末	1	0.03

阿尔泰地区较大的河流有两条。一条是额尔齐斯河，灾害洪水比例为42％，出现频次0.14，而这条河流混合型洪水灾害又主要出现在主干支流布尔津河上，灾害洪水比例为57％，频次为0.1，受灾地区为布尔津县、富蕴县。另一条是乌伦古河，灾害洪水比例为57％，出现频次为0.17，受灾较多地区为富蕴县、青河县。

塔城地区分北部、南部。塔城北部主要河流为额敏河，其上游两大支流一条是卡古尔河，另一条是哈拉依灭勒河，这两条河洪水特点相同，但灾害洪水较多发生在哈拉依灭勒河上。混合型洪水比例为50％，出现频次为0.14。灾害主要发生在额敏、塔城两地。塔城南部位于天山北坡中部，混合型灾害洪水多出现在奎屯河、玛纳斯河上。奎屯河混合型灾害洪水比例为71％，出现频次为0.17，受灾县为乌苏县、奎屯市。玛纳斯河是昌吉与塔城的界河，混合型灾害洪水比例为50％，出现频次为0.14，受这条河流影响的地区为沙湾县、石河子市，以及昌吉的玛纳斯县，但受灾重的地区为沙湾县、石河子市、金沟河，受灾县为河湾县。

伊犁地区主要河流为伊犁河，混合型灾害洪水比例为72％，平均出现频次为0.35，因此这一地区是新疆混合型灾害洪水比例高、出现频繁地区。灾害较常发生在伊犁河第二大支流喀什河两岸，易受灾县市为伊宁市面上、尼勒克、巩留、新源、特克斯县。

混合型灾害洪水主要出现在呼图壁河、三屯河、头屯河和开垦河上，以三屯河为代表，混合型灾害洪水比例为50％，出现频次为0.18。受灾较多县市为玛纳斯县、呼图壁县和昌吉市。主要河流为乌鲁木齐河，混合型灾害洪水比例为57％，出现频次为0.14。洪水对乌鲁木齐县农田、渠道危害大，也常冲毁防洪堤。

混合型灾害洪水主要出现在巴州北部的开都河上。灾害洪水比例为69％，出现频次为0.24，受灾较多的县市为库尔勒市、焉耆县、和静县。混合型灾害洪水多出现在渭干河上，其次为阿克苏河。渭干河混合型灾害洪水比例为53％。出现频次为0.28，仅次于伊犁河出现的频次。受灾地区为沙雅县、新和县、拜城县。洪水造成灾害损失一是农田、渠道，二是小型水库。阿克苏河灾害洪水比例较低为31％，出现频次为0.17，受灾地区为阿克苏市、温宿县、乌什县。由于阿克苏河是塔里木河主要水源，当混合型洪水洪峰流量很大时，也会使塔里木河沿岸沙滩、尉犁产生灾害。

混合型洪水造成的灾害具有以下特点：

混合型洪水峰高量大破坏力强。混合型洪水峰高量大，来势猛，摧毁力强。根据对灾害性混合性洪水统计70％以上是5年一遇以上的洪水。如1988

年6月28日在伊犁河上发生的1920 m^3/s的洪水，重现期为20年一遇，洪量为57530万m^3，这场洪水由于峰高量大使0.67万亩农田受灾，倒塌房屋312间，损失合计103万元。常遇如5年一遇以下混合型洪水产生灾害，其原因是混合型洪水中冰川积雪融水成份大，洪量大。如1986年伊犁河5月9日的混合型洪水，洪峰流量为1210 m^3/s，洪水重现期为1年，但洪水历时长，从5月2日始至5月28日结束，洪量为85430万m^3，比1988年6月28日的洪水洪量还大，造成农田、渠系、防洪堤被冲。

河道、渠系没有进行清淤，洪水排泄受阻。新疆春季风沙大，大风将一些杂物吹到河床、过水涵洞、渠道内，使河道内漂浮物增多，漂浮物聚集在闸门、涵洞等水流束窄处，使洪水受阻，过水不畅，导致渠道、桥梁等建筑物冲毁。如1988年玛纳斯河7月14日发生422 m^3/s洪水时，因漂浮物太多堵塞玛纳斯河渠道，玛纳斯河东岸大渠被迫停水，水从河道走。下游夹河子水库是病险库，最多可蓄7110万m^3，安全库容6000万m^3，已蓄5200万m^3。大河行洪时间长，洪水灌入夹河子水库，将加大小库压力，对夹河子水库分洪，下游团场又将遭受一定损失。这就是在有些年份淤泥杂物多的河流上，洪峰流量不大也会造成灾害的原因。

水利工程老化。工程质量不高、不配套、排泄洪水能力低。水利工程老化，水库经多年运行后泥沙淤积，库容减少，病险库、渠多，抵御大洪水能力弱。一些水利工程质量差，隐患多，也是工程失事的一个原因。渭干河下游混合型洪水产生灾害有一部分就是由于水利工程造成的。自1960年以来渭干河混合型洪水产生灾害8次是水库垮坝，其中一年一遇洪水造成垮坝有3次。分析其原因，这一地区小水库多为县、乡一级，坝体为土坝，防洪能力低，有些无溢洪道，虽然是常遇洪水，但洪量较大，洪水不断涌入库内，使水库超负荷运行，造成坝后渗水或漫顶，从而失事给下游带来更大灾害。有些水库失事也有人为因素，新疆水库大多为平原水库，有些地区只单纯片面蓄水，冒险超蓄造成溃坝。

因此，新疆混合型洪水造成灾害的原因除了不可抗拒的自然因素外，还有工程、人为因素。

7.4.3 高山冰雪洪水灾害

高山冰雪洪水的特性，基本上反映了洪灾成因。就形成洪水大小，造成灾害的严重程度而论还受其他因素影响。成灾因素大概归纳为以下几个方面：

洪量大，持续时间长，对下游威胁大。高山冰雪洪水对下游的威胁主要是洪水长达几天甚至几十天维持不落，在有些河流上洪水排泄受阻，因而洪水洪峰流量不大，下游也会成灾，尤其在修有拦洪水库的河流上，由于洪量很大，造成水库垮坝。

前期高山降雪，高空气温变化幅度大，形成的洪水峰相对高，量大，对下游水利农田破坏力大。

出现时间晚的洪水会给下游带来灾害，八月下旬出现的洪水，水库已蓄满夏汛洪水，以满足第二年春灌用水，来了流量很大，且持续很长的洪水，对水库威胁很大。这也是喀什、和田高山冰雪洪水常造成水库垮坝的原因。

发源于喀喇昆仑山、昆仑山北坡的河流，防洪工程数量少，质量差，由于泄洪能力低，超警戒洪水出现频次高。如叶尔羌河年最大洪峰流量平均值为 1987 m^3/s，但当洪水达到 9000 m^3/s 时，就有险情发生。

第8章 冰川泥石流

8.1 冰川泥石流灾害的分布

冰川泥石流是指在高山冰川环境下由冰川洪水与冰川或其他寒冻风化沉积物所形成的特殊泥沙径流，它与其他地理环境下的泥石流现象有着类似的形成条件，即陡峻的沟谷地形、丰富的松散固体物质和充足的水源。显然，在不同的地理环境下，这些条件具有不同的存在和作用方式。冰川泥石流与冰湖溃决泥石流灾害发育在高山冰川分布区的外围，其灾害影响可达很远的下游河谷地带。

高山区冰川泥石流的发育程度主要取决于现代冰川作用和山地侵蚀所造成的地形切割程度。我国广阔的冰川分布区现代冰川作用的差异很大，其积消水准从东南部海洋性冰川的 3000 mm 以上至西北部大陆性冰川的 300 mm 以下。随着冰川大陆度的增加，冰川泥石流的分布和发育程度具有明显的减弱趋势。

海洋性冰川分布的念青唐古拉山东段、横断山脉和川滇西部山区，是我国冰川泥石流现象最发育的地区。这里河谷地带泥石流沟谷分布十分稠密，经常发生大规模的泥石流。其流量一般为每秒数十至数百立方米，最大可达 4200 m^3/s，泥石流的暴发频率平均在一年一次以上，最多可达一年 85 次。

喜马拉雅山区冰川泥石流的发育程度由东向西减弱。但这里的终碛湖溃决现象十分普遍，常形成大规模的冰湖溃决泥石流。喀喇昆仑山、帕米尔东段同时受到西风气流和印度洋季风的影响，冰川积累消融水平可达 1000～1500 mm 以上，该区冰川泥石流发育程度仅次于我国东部的海洋性冰川分布区。天山西段的冰川较东段发育，冰川泥石流主要分布在西段。这里某些土耳其斯坦型冰川发育的地方，常出现由冰川水体溃决形成的中小规模泥石流或冰雪。祁连山现代冰川的规模较小，在夏季积雪强烈消融情况下，祁连山北坡山麓地带曾出现较大的灾害性泥石流，但出现频率较低。高原内部山区由于现代侵蚀作用微弱和冰川作用的大陆度增高，冰川泥石流灾害较少发生。

由于现代冰川类型的不同，冰川泥石流发生的规模、频率与活动特征等亦相应地存在着差异。为此可将我国冰川泥石流划分为海洋型冰川区和大陆型冰川区两个区域（图 8.1）。

大陆型冰川区冰川泥石流　冰湖溃决洪水与泥石流　海洋型冰川区冰川泥石流

大型冰湖溃决点　大型冰川泥石流灾害点

图 8.1　中国冰川泥石流分布略图（据施雅风，1988）

8.1.1 海洋型冰川区

该区的冰川泥石流集中分布在西藏东南部山区以及西藏与四川、云南交界的横断山脉。其中尤以雅鲁藏布江下游的几条大支流—易贡藏布、帕隆藏布、东久河、尼洋曲、金珠曲和直接流出国境的丹巴曲、察隅河等河谷中的冰川泥石流分布最稠密，估计总数达数百条之多。其中又以著名的古乡沟、培龙沟、冬茹弄巴等近 40 条沟谷的冰川泥石流暴发的规模大、频率高、危害重。如 1953 年古乡特大冰川泥石流曾将 1000 万 m^3 的泥沙搬至山外，瞬间形成一面积达 3 km^2 的巨型冰川泥石流堆积扇，并堵断帕隆藏布江，使上游壅水，形成长 5 km 的大湖，淹没农田。

8.1.2 大陆型冰川区

该区的冰川泥石流分布零散，而且数量比海洋型冰川区的冰川泥石流要少，爆发周期也较长。它们主要分布于喜马拉雅山的中、西段北坡，唐古拉山东段以及我国西北地区的喀喇昆仑山、昆仑山、天山、祁连山、阿尔泰山等地。天山中段是我国新疆冰川泥石流的集中分布区，如博格达峰北坡的四工河冰川泥石流经常冲入原始森林，冲毁成片树木。在天山独库公路穿越的奎屯河源和库车河源，集中分布着 20 多条冰川泥石流沟和多处融雪泥石流，它们经常埋没公路，阻断交通。在帕米尔高原东北边缘的中巴公路沿线，冰川泥石流主要集中分布于盖孜河谷盖孜与布伦口之间，其中又以艾尔库然沟冰川泥石流发生频率较高，平均每年暴发 1～3 次。除上述典型的海洋型冰川区的冰川泥石流与大陆型冰川区的冰川泥石流外，在介于海洋型冰川区与大陆型冰川区之间的过渡地区，则发育着由冰碛阻塞湖溃决而形成的冰川泥石流。它们主要分布在喜马拉雅山的中、西段。如西藏定结县吉莱普沟于 1964 年 9 月 21 日下午，由于源头终碛阻塞湖溃决而形成大型冰川泥石流，流动距离达 30 km，形成巨型堆积垅。西藏历史上有记载的冰湖溃决型泥石流共有 14 个，还有一些由于历史久远而无详细资料。14 个冰湖溃决泥石流的分布特征见表 8.1

8.2 冰川泥石流的形成条件

8.2.1 冰川泥石流形成的一般条件

充沛的冰雪水源、丰富的新老冰碛物以及陡峻的沟谷地形，乃是形成冰川泥石流必不可少的主要条件。

表 8.1　西藏自治区冰湖溃决泥石流分布特征(刘伟,2006)

冰湖名称	所在地区	溃决日期/(年-月-日)	湖面海拔/m	冰湖面积/($\times10^5$ m^2)	溃流水深/m	溃决原因	湖区或沟谷面积/(km^2)	泥石流流量/(m^3/s)	成灾形式及危害程度
塔阿错	聂拉木县	1935-08-28	5240	613	10	冰滑坡		1036	洪水,泥石流
穷比吓玛错	亚东县	1940-07-10	4660	210	50	冰崩	40.0(湖区)		洪水,泥石流
桑旺错	康马县	1954-07-16	5150	53175	40	冰滑坡		10000	稀性泥石流,洪水,死亡约400人,淹没农田5733 hm^2,毁坏农田约86617 hm^2
吉莱错	定结县	1964-09-21	5271	5125	41	冰滑坡	88.8(沟谷)	6048	稀性及黏性泥石流,冲走12辆卡车,冲毁公路20 km
达门拉咳错	工布江达县	1964-09-26 1968-08-15	5210	1189	17	冰崩,冰滑坡	75.7(沟谷)	2812	洪水,稀性及黏性泥石流
阿亚错	定日县	1969-08-17 1970-08-17	5560	412	20	冰滑坡	16.8		洪水、稀性及黏性泥石流
隆达错	吉隆县	1964-08-25	5460	4191	22	冰崩,冰滑坡		3100	洪水,泥石流
坡戈错	索县	1972-07-23	4332	510	8	冰崩,冰滑坡	39.7(湖区)		洪水,稀性泥石流
扎日错	洛扎县	1981-06-24				冰崩,冰滑坡			洪水,泥石流
次仁玛错	樟木口岸	1981-07-11	4640	4194	32	冰崩,管涌	5.14(湖区)	15920	洪水,泥石流,死亡200人
金错	定结县	1982-08-27	5350	5112	25	冰崩			洪水,泥石流,冲毁8个村庄
光谢错	波密县	1988-07-15	3799	51225	19	冰崩,冰滑坡,管涌	123.8(沟谷)	1270	稀性泥石流,洪水,冲毁农田1114 hm^2,损失牲畜50多头,死亡5人,经济损失600万元
嘉龙湖	聂拉木县	2002-05-23 2002-06-29	4410	1213	15	冰体坠落		2.36×10^7	黏性、稀性泥石流及洪水,冲毁钢筋混凝土桥一座,经济损失约305万元。
得嘎错	洛扎县	2002-09-18	5316	1607	618	冰崩,冰滑坡	59.45(沟谷)	651.43	黏性、稀性泥石流及洪水,冲毁大小桥梁18座,死亡9人,经济损失3000万元

（1）充沛的冰雪融水。冰川融水、积雪融水、冰湖溃决洪水、冰崩与雪崩堆积体融水等，既是冰川泥石流这一特殊两相流中的液相组成部分，又是形成冰川泥石流的水动力条件。无论是大陆型冰川还是海洋型冰川，每到暖季由于气温回升而迅速融化。尤其是在西藏东南部发育有大量的亚热带季风海洋型冰川，冰川融水量远大于大陆型冰川。海洋型冰川区的冰川泥石流一般发生在每年的7—9月间。而西北大陆型冰川区的冰川泥石流一般暴发在7—8月间。

此外，每到暖季，冰川区的季节性积雪便大量融化，并促成泥石流的暴发。在天山地区单纯由积雪融水补给的融雪泥石流，有时可发生在3月份。如乌苏自1959年以来共发生8次融雪洪水与稀性泥石流，其中1977年3月25—26日的融雪泥石流流量即达167 m^3/s。

由于冰湖溃决洪水的突发性与快速排泄，常诱发规模巨大的冰川泥石流。如在西藏唐不朗沟源头8条现代冰川中最大的一条——达门拉咳冰川冰舌下，前端有一个面积为18.9万 m^2、深22 m、储水量达415.8万 m^3 的冰碛阻塞湖。1964年9月26日23时许，由于冰舌前端的冰体急速崩落至冰湖中，使湖水位骤然壅高，引起冰碛湖溃决，并形成了容重为2000 kg/m^3、龙头高10 m、流量达2010 m^3/s 的特大冰川泥石流。此外，在中一尼公路沿线由冰碛阻塞湖溃决引发的冰川泥石流危害也十分严重。冰崩与雪崩亦为冰川泥石流提供了丰富的冰雪水源。如古乡沟3～4号冰川的冰舌区经常发生冰崩，每年冰崩堆积体的融水量达180万 m^3，其中绝大部分参与源头区冰川泥石流的形成过程。

在天山奎屯河源的三岔河道班沟，每当5—6月气温回升时，冰川区的积雪加速消融，而且产生大量的雪崩和冰崩，冰雪崩体从海拔4000 m处崩落到比冰舌低100多米的沟底，急速融化的冰雪水冲蚀冰碛而形成冰川泥石流。

（2）丰富的新老冰碛物、冰水沉积物和雪崩岩屑。在冰川泥石流沟内，由于第四纪冰川作用盛行，从而形成了丰富的冰碛物。如在西藏古乡冰川泥石流沟源头，储存的古冰碛厚达300余米，总体积为4万 m^3。

现代冰川作用形成的新冰碛物和冰水沉积物，在冰川泥石流的形成中也占有十分重要的地位。如在古乡6条现代冰川冰舌区，分布着平均厚度达1～1.5 m的表碛，它们经冰川运动被搬至基岩陡坡处，多以冰崩和岩崩的形式崩落至源头主沟中，直接参与冰川泥石流的形成。雪崩在冰川泥石流的形成中起着重要的补给作用。在喜马拉雅山和天山，还分布着由雪崩岩屑与雪崩堆积融水共同作用而形成的雪崩泥石流。

（3）陡峻的沟床纵坡与有利的流域型态。大部分冰川泥石流沟都具有完整而典型的山谷型泥石流流域特征（图 8.2）。其上游为古冰川作用形成的三面环山和一面开口的漏斗状围谷盆地。中游为幽深而陡急的基岩峡谷，是源头形成的冰川泥石流借以转运和输移的流通区。下游则是位于沟外宽谷或平原的冰川泥石流堆积扇。

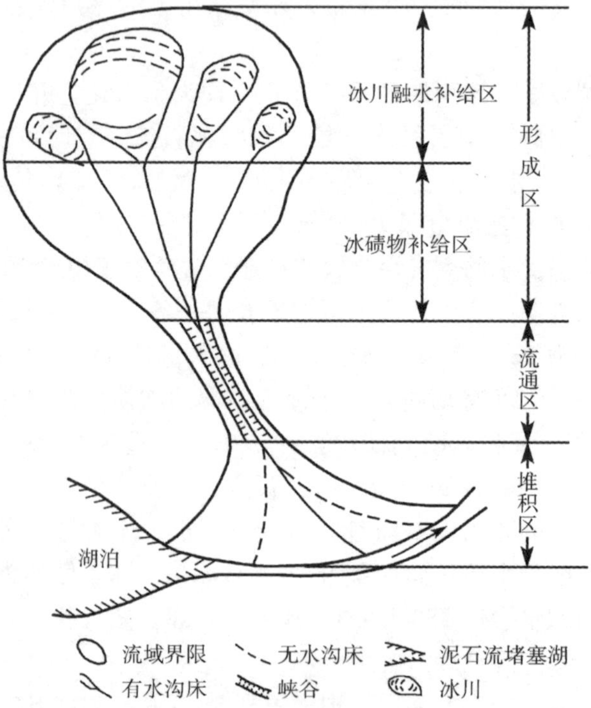

图 8.2　冰川泥石流形成和发育分区（施雅风，1988）

沟床纵坡的大小直接影响到冰川泥石流的形成和运动。在西藏东南部，70％的冰川泥石流主沟纵比降在 20％～30％，约 25％的冰川泥石流主沟纵比降达到 30％～50％。而在天山北坡的奎屯河源，由于大陆型冰川区的水源远不及海洋型冰川区的水源充沛，所以冰川泥石流的形成和运动就更多的依赖于由陡峻的沟床所提供的势能。据统计，约 20％的冰川泥石流主沟纵比降在 20％～30％，60％的主沟纵比降在 30％～50％，其中有 15％的主沟纵比降达到 60％。

8.2.2　冰湖溃决泥石流的形成条件

概括说来，冰湖发生溃决及其形成泥石流的基本条件主要有温度条件、降水条件、地形条件、物源条件、激发过程等。

（1）温度条件。西藏发生冰湖溃决的时间都在气温最高的5—9月。11月以后，冰湖结冰，冰川开始大量接受降雪，冰体扩大，冰川向下运动，大部分冰川都已进入冰湖。到5月，气温迅速回升，冰川加速融化，冰湖解冻，水位迅速上涨，这时很容易发生冰湖溃决，尤其是溢流型的溃决。从光谢错发生溃决的平均气温看，波密县1988年7月15日月平均气温是16.6℃，是当年气温最高的月份。但又比1986年同期低0.8℃，表明决定冰湖溃决的因素不仅有温度，而且还存在多个因素共同控制的现象。

（2）降水条件。西藏西部和北部地区年降水量30～100 mm，加上日照强烈，蒸发量大，不能形成稳定的、有一定冰川持续融化补给的冰湖，又多是无人区，故基本未发现冰湖溃决。理论上，在同一高程和气候条件下，降水量越大，冰川的补给量和规模就越大，形成的冰湖数量越多，而且冰湖的规模和进入冰湖的融水也越多，形成冰湖溃决泥石流的可能性越大。然而，在藏东地区，由于地形比高很大，高于海拔5000 m以上的山峰较少，限制了冰川的分布、数量和规模，加上该地区气温较高，降水总量虽然较大，但固体降水偏少，且融化速度快，所以溃决冰湖也不多。喜马拉雅山脉南坡年降水量1000～2000 mm，但固体降水也偏少，且地形陡峭，冰川与冰湖的规模小、数量少。因此，西藏发生冰湖溃决泥石流多数发生在年降水量400～1000 mm的区带上，往往发生在降水量最多的年份。如波密县年降水量800～1000 mm，光谢错发生溃决的1988年7月的降水量是自1980年以来7月份降水量最多的一年。

（3）地形条件。西藏发生溃决泥石流的冰湖，一般与冰川关系密切的后缘坡度常常大于5°，普遍在7°～12°之间。冰湖后缘的冰舌有的在后退中远离湖面（多数是补给范围较小的冰川），另一部分冰舌则接近或伸入冰湖内，冰舌表面的坡度变化对冰湖溃决作用很大。一般冰舌的坡度在3°～15°之间，冰川两侧冰体较薄和表面有深色覆盖物（沿途侧蚀掉入的块、碎石土）的冰川冰受强烈的阳光照射发生融化，融水在冰川下部形成潜流，使冰舌与地面因掏蚀作用而失去接触并悬空。地面坡度愈大，悬空的高度愈大。冰舌坡度大于8°时，很容易在冰川的跃动中发生冰舌断裂涌入湖中而导致冰湖溃决。

冰川终碛湖因受到冰川的反复刨蚀而多呈长条状，长轴方向两侧的冰川侧碛堆积坡度一般都大于30°，最陡的地段可达70°。冰川侧碛堆积厚度越大，坡度越陡，侧碛发生崩塌的可能性越大。当崩塌规模较大时，也会形成涌浪导致冰湖溃决。不论是冰川终碛湖还是冰斗湖，湖口总有一定的坡度，泄水口的坡度和水头压力越大，松散的冰川终碛垄就越容易发生管涌，管涌扩大后可以造成冰湖溃决。

冰川终碛垄受到其他冰川或河水的侧蚀而发生坍塌，也可以形成冰湖溃决，泄水口水流的向源侵蚀同样可以发生冰湖溃决。冰湖溃决口以下的沟道（流通区）纵坡降达到30‰以上、沟道宽度比较窄、沟道弯道多、宽窄变化大亦是形成冰湖溃决型泥石流的重要原因。

（4）物源条件。补给区的范围既决定了冰川的规模，又决定着冰湖的大小。冰湖的面积和冰湖的湖水体积（库容）是决定冰湖溃决的物质条件。根据统计和分析，研究区内溃决的冰湖的湖面面积在18.9～537.5万m^2之间，库容在6.07～1500万m^3之间。库容小于5.0万m^3时发生溃决造成灾害的可能性较小。湖口有较丰富的冰碛堆积，同时溃决口以下的沟道内和两侧谷坡坡脚要有充足的松散碎屑物质堆积，是形成冰湖溃决型泥石流的重要条件，否则，只能形成溃决洪水。

（5）激发过程。一般地，冰湖溃决都存在一个激发过程而突发。一是较正常年份或月份高的气温导致冰川特别是冰舌融化加剧，冰舌悬空（水枕机制）而发生断裂形成冰崩、冰滑坡，激起涌浪翻堤或冲毁终碛垄引起冰湖溃决；二是降水和融水明显增多，湖水猛涨使湖岸侧碛垄失去稳定发生大规模崩塌或滑坡引起冰湖溃决；三是在温度升高和降水增多的共同作用下，泄水口因流量增加而切割加剧，终碛垄出现管涌甚至迅速扩大，终碛垄失稳发生冰湖溃决；四是高海拔的冰湖补给低海拔的冰湖，形成湖链，湖链中上游湖泊在温度升高和降水增多的共同作用下，大量增加的流量注入到下游湖泊，形成漫坝溃决；五是两条近于相交甚至相交的冰川各自形成了与冰川运动方向一致的终碛湖，位置较高的终碛湖会受到位置较低的冰川的侧蚀导致终碛垄前缘失稳，或者终碛垄的泻水口加速向源侵蚀造成终碛垄直接溃决；六是坝体下部管涌引起塌陷造成冰湖溃决。

（6）演化成泥石流的条件。不论是哪种冰湖溃决，都有一个从洪水演化成泥石流的条件和过程。典型冰湖溃决多数情况下具有突发性甚至暴发性，溃决时一般都会有涌浪形成。小的涌浪会在终碛堤坝薄弱部位形成溃口，而后拉槽刷深，最后整个终碛堤坝崩溃。由于冰湖所在位置海拔都很高，形成的溃决湖水具有很大的动能，首先是冰川终碛堤的松散固体物质随涌浪进入洪流，接着在沿着沟道涌向下游的过程中不断冲刷河道，侧蚀河谷两侧谷坡，将河谷坡脚风化较深的古冰碛以及坡残积物带入洪流之中，随着块、碎石及土粒含量的增多，逐渐形成稀性泥石流、黏性泥石流。从冰湖溃决的溃口到溃决流体流出沟道的整个纵剖面上呈现出清水、洪水、稀性泥石流、黏性泥石流的沿程变化。随着高度的降低和动能的逐步释放与耗散，溃决洪水随浓度的增加和沟道的展宽而流速逐渐降低。接近沟口时流速已经明显减小，流量越到下游（受到沟槽蓄削作用）越少（流量与降雨型泥石流相反），一般二次汇入主流时自然就失去了泥石流的动能。与降雨型泥石流相比，具有持续时间短、越往下游其浓度越大、动能逐渐减小的特征。沟道的宽度变化会影响到泥石流的容重变化，沟道宽缓，泥沙随流速减小而减少，容重随之减小。沟道变窄，侵蚀能力和输沙能力增强，泥石流容重增加。

8.3 冰川泥石流的类型

目前国内外学者对冰川泥石流的类型尚无统一的认识。但根据冰川泥石流的主要特征及相关指标，可将其进行如下分类。

8.3.1 黏性冰川泥石流和稀性冰川泥石流

这是根据冰川泥石流的结构——流变类型来划分的。黏性冰川泥石流亦称结构型冰川泥石流，稀性冰川泥石流亦称紊流型冰川泥石流。它们的特征与区别主要表现在以下几方面。

照片 8.1 黏性冰川泥石流

（1）固体物质成分与含量。黏性冰川泥石流中的固体物质主要由黏土、粉砂、石块和巨砾组成（照片 8.1），其体积含量一般达 40%～60%，泥石流容重在 1800 kg/m^3 以上。有的高浓度的冰川泥石流，其固体物质的体积含量还高达 80%，相应的泥石流容重为 2300 kg/m^3 左右。

稀性冰川泥石流中的固体物质主要由砂和石块组成，黏土含量较少。固体物质的体积含量为 30%～40%，相应的冰川泥石流的容重为 1500～1700 kg/m^3。

（2）形成机制。冰川泥石流形成的途径较多，但主要为土动力成因与水动力成因两种方式。所谓土动力成因，是堆积在形成源地的冰碛物，当含水量达到过饱和状态时，便在重力作用下由蠕动到流动，沿沟床下泻而形成冰川泥石流。通过野外观测，发现土动力成因的冰川泥石流起动的临界坡度为13°～15°，临界体积含水量约12%。土动力成因的冰川泥石流多为黏性冰川泥石流，且规模较大。所谓水动力成因，是冰雪融水冲蚀原有沟床冰碛物和边岸坡积物而形成冰川泥石流。水动力成因的冰川泥石流多为稀性冰川泥石流。

(3) 流态。在黏性冰川泥石流中，固、液两相合为一个具有整体结构的均匀流体，在运动中，各部分的固体物质均保持相对不变或很少变化，紊动微弱，呈等速和层流运动流态。稀性冰川泥石流在运动过程中，水和黏土形成的泥浆体是搬运介质，而砂石则为被搬运介质。石块的流速小于浆体流速，常以跃动或滚动的方式运动，流态呈紊流状。

(4) 阻塞与阵流黏性冰川泥石流在运动中常有阻塞壅高现象，具有明显的阵性波状流特征。波状流的形成，还因为黏性冰川泥石流具有冰川体的特性而产生不均匀流动的缘故。如西藏古乡沟1964年7月22日发生的冰川泥石流，曾产生15次以上的“波”或“龙头”，波与波之间间隔的时间从1分钟到十几分钟。稀性冰川泥石流因其固体物质含量少，黏度小，所以在运动中不易产生阻塞和阵流现象，基本上是流畅的连续流。

(5) 流速与黏度。综合分析西藏东南部和新疆天山冰川泥石流，发现黏性冰川泥石流的流速一般为2～3 m/s，最大者可达7～8 m/s，而最小者不足1 m/s。其黏度大于0.3 Pa·s。而在河床条件相同的情况下，稀性冰川泥石流的流速要大于黏性冰川泥石流的流速。

(6) 破坏作用。黏性冰川泥石流来势猛，力量强，经常反映出大冲大淤的特征，而且以淤为主。由于它有很大的黏滞性和惯性，所以当遇到弯道和建筑物时，容易产生爬高和翻越现象。稀性冰川泥石流有冲刷也有淤积，但通常以冲刷为主。其破坏力一般要小于黏性冰川泥石流，但却大于洪水与一般水流。

8.3.2 根据水源条件划分的冰川泥石流类型

根据引发泥石流的补给水源，可以把冰川泥石流划分为冰川融水型、积雪融水型、冰崩雪崩型、冰碛阻塞湖溃决型、冰川阻塞湖排水型及冰雪融水与降雨混合型冰川泥石流，具体划分和主要特征如表8.2所示。

表 8.2 根据主要补给水源划分的冰川泥石流类型（施雅风等，2000）

类型	亚类	主要补给水源	活动特征
冰川融水型		冰川（尤其是海洋型冰川）急剧消融而形成的洪水	是冰川泥石流中最主要的类型。分布面积广，数量多，活动频繁。多发生在夏季晴日的午后和夜间
积雪融水型		积雪（尤其是季节性积雪）骤然融化而形成的洪水	分布范围多限于冰川之下。多产生在春季和初夏气温骤然升高时，频率低，规模大小不等，小于冰川融水型泥石流
冰崩雪崩型	冰崩雪崩堆积融化型	冰崩或雪崩堆积的冰雪迅速消融而形成的洪水	多形成于冰舌之下。规模一般较小，但当遇到大地震时则规模可能很大。出现的频率小于上列两类泥石流。多暴发在春、夏季
	冰崩雪崩堵塞型	冰崩或雪崩堵塞河道后发生溃决而形成的洪水	规模和频率一般均小于其他类型冰川泥石流，但具有更大的突发性
冰碛阻塞湖溃决型		冰碛阻塞湖溃决洪水	一般爆发规模大，来势猛，但频率小。开始多为黏性泥石流，随后即转为稀性泥石流
冰川阻塞湖排水型		冰川阻塞湖突发性排水	其中以支冰川阻塞主河道而发生溃决时规模最大。其余特征同上列冰碛阻塞湖溃决型泥石流
冰雪融水与降雨混合型		冰雪急速融化与降雨共同组成的强大水流	由于冰雪融水和降雨水叠加，所以规模很大，但频率小，仅发生在夏季

8.4 冰湖溃决泥石流的演化

冰湖溃决泥石流的沿程演化与由降雨和冰川融水激发的泥石流的演化特征有较大差异。前者往往由暴雨或冰川融水导致崩塌、滑坡或其他松散堆积物破坏失稳而先在源区形成，沿程不断侵蚀挟带固体物质，接纳支流汇入，达到峰值流量后规模逐渐减小，流速的沿程变化与流量变化趋势相似。而冰湖溃决泥石流的水源主要为冰湖溃决洪水，固体物质来源多样，受冰湖溃决洪水洪峰流量和持续时间、松散固体物质补给方式和数量以及沟床特征等因素的影响，冰湖溃决泥石流的流速、流量、性质和颗粒组成等的沿程演化较前者复杂。

8.4.1 影响冰湖溃决泥石流演化的因素

（1）冰湖溃决洪水特征。冰湖溃决洪水的冲蚀和挟沙能力决定着泥石流的沿程演化，主要表现在溃决方式和溃决水量两方面。冰湖溃决洪水演变有突变和渐变两种形式，前者的规模较大，洪峰大，历时短暂，暴涨暴落；后者流量变化较小，流速也较稳定，持续时间较长。溃决水量与冰湖大小、溃决口的宽窄、位置高低以及下切深度有关，同时受到冰雪融水和冰面湖、冰下湖溃决洪水后续补给等的影响。

（2）松散固体物质特征。水沙的相对数量关系决定着泥石流的流体性质。因此，松散固体物质的类型、数量、稳定程度和分布状况是影响冰湖溃决泥石流演化的基础。现代冰湖大多发育在末次冰期、新冰期和小冰期形成的终碛和侧碛垅以上沟道中，其下游段往往还存在着年代更老的多期终碛和侧碛垅，这些冰碛物的稳定性和体积在溃决初期就决定着泥石流的性质和规模；沟床中常堆积着冰水沉积物和洪积物，其数量和稳定程度与泥石流的进一步演化关系密切；沟岸两侧堆积着寒冻风化形成的倒石堆、滑坡和崩塌等斜坡重力侵蚀堆积物，其岸坡稳定性和易蚀性则会影响到泥石流的后续演化。

（3）沟床特征。沟床特征主要包括以下 3 个方面：沟床纵断面，即沟床长度和纵比降；沟床横断面，即沟床的宽度、沟槽深度、沟边形状及其可蚀性等；沟床的平面形态，即沟床的弯曲程度（弯道、直道）和部位（溃决口、上游、中游、下游）以及与主河交汇情况等。上述沟床特征决定着水流边界条件，也是影响泥石流演化的边界条件。

8.4.2 冰湖溃决泥石流演化的模式

受冰湖溃决洪水、松散固体物质和沟床特征的影响，冰湖溃决泥石流沿程演化复杂多变，可概括为以下 6 种模式：

（1）溃决洪水一稀性泥石流。这种模式一般是在大规模溃决洪水或沟床相对稳定条件下形成的。冰湖规模较大，溃决时大量水体突然释放，快速冲蚀冰碛物，在溃决口附近形成稀性泥石流。在沟床稳定，沟道较宽，沟道较为顺直，沟床纵坡均一，沿程岸坡和沟床物质补给相对分散，补给较为均匀，沟道中没有卡口、滑坡和崩塌堵塞体的情况下，稀性泥石流沿沟道顺流而下，沿程流量、流速、性质和颗粒组成变化较小。如哈萨克斯坦外伊犁阿拉套山图尤克苏冰川沟 1951 年 8 月 20 日暴发的特大冰湖溃决泥石流，就是由溃决洪水演化为稀性泥石流的。位于川藏公路 48 道班处的米堆沟，于 1988 年 7 月 15 日 23：00 时，上游光谢错溃决形成泥石流。泥石流容重 1.53 t/m^3，为稀性泥石流。沿程断面测量和计算结果表明，泥石流流速和流量沿程总体上呈衰减趋势，由于沿途地形条件和物质汇入，局部地段流速和流量有所增加。这说明了沟床特征和物资供给对泥石流沿程演化的影响。

(2) 溃决洪水—黏性泥石流。这种模式一般在溃决洪水相对较小，固体物质补给相对丰富的条件下形成。当溃决水体较少，而可被冲蚀的冰碛物相对丰富时，洪水在溃决口附近冲蚀冰碛物形成黏性泥石流。沿途沟床和沟岸多为基岩，沟道较为狭窄顺直，沟床比降较大，没有大规模降水和冰雪融水及支流水体补给，流体性质改变不大，一直保持着黏性泥石流性质直至沟口或汇入主河。该类泥石流多发生在规模较小的冰川沟谷内。如西藏定结县吉莱普沟 1964 年 9 月 21 日暴发的冰湖溃决泥石流。

(3) 溃决洪水—稀性泥石流—黏性泥石流。该类泥石流多发生在规模中等、沟床及岸坡堆积物丰富、沟床比降大的冰川沟谷内。冰湖溃决水量较大，溃决水体冲蚀冰碛物迅速形成稀性泥石流。中下游沟床堆积物质地松散，两侧岸坡不稳定或堆积物松散，可蚀性强，沟道狭窄，沿程固体物质补给充分，而没有大规模支流水体汇入，泥石流容重和流量逐渐增大，流体由稀性逐渐过渡到黏性。如西藏工布江达县唐不朗沟上游 1964 年 9 月 26 日暴发的冰湖溃决泥石流。

(4) 溃决洪水—黏性泥石流—稀性泥石流。溃决洪水较溃决之初有所发展，且固体物质补给速率小于洪水增加速率的情况下形成这种演化模式。由于溃决口位置较高，起始时溃决洪水流量小，在溃口附近先形成容重较高、规模较小的黏性泥石流。随着溃口的扩大和下切，溃决水体逐渐加大，形成更大的洪峰并冲蚀沟床和岸坡松散堆积物，而洪水流量的增加大于固体物质的补给量，从而黏性泥石流被稀释，逐渐演变为稀性泥石流。1981 年 7 月 15 日西藏聂拉木波曲章藏布沟次仁玛错特大冰湖溃决泥石流就是按这种演化模式发展的。

(5) 溃决洪水—稀性泥石流—黏性泥石流—稀性泥石流。该类泥石流初期的形成和演化同第（3）种模式。由于溃决水量的增加、降雨或冰雪融水补给、冰面湖和冰下湖的溃决、支流洪水的汇入等，使后期洪水流量增加，大量洪水在冲蚀沟床松散堆积物的同时，稀释先期形成的黏性泥石流，在洪水流量增加速率大于固体物质补给速率时，沟道中下游流体逐渐演变为规模更大的稀性泥石流。

(6) 溃决洪水—黏性泥石流—稀性泥石流—洪水。该类泥石流初期的形成和演化同第（4）种模式。由于溃决水量的增加、降雨或冰雪融水补给、冰面湖和冰下湖的溃决、支流较大洪水的汇入等因素，洪水流量迅速增加。而中下游沟床和岸坡较为稳定，松散堆积物少，固体物质补给少，洪水稀释稀性泥石流，逐渐演变为一般的挟沙洪水。这种演化模式的沟谷一般规模较大。如西藏定日县境内朋曲流域的阿亚错，在1968—1970年间连续3次暴发冰湖溃决泥石流和洪水。

8.5 冰川泥石流的活动特征

冰川泥石流在活动方面具有以下六点特征：

(1) 冰川泥石流基本上是冰川强烈退缩的产物。由于冰川退缩，大量碎屑（主要为内碛、底碛和中碛）从冰体内解脱出来，从而为冰川泥石流的形成提供了丰富的固体物质。同时，由于冰川退缩，又使大面积的基岩裸露，为以寒冻风化为主的冰缘作用提供了更加广阔的地盘，加速了土、砂、石块的积累和转运过程，加大了冰川泥石流的规模。由于气候变暖，冰川加速消融和退缩，亦为冰川泥石流的形成提供了充沛的水源。尽管如此，有时由于冰川前进也有产生冰川泥石流的可能性。如因冰川前进或跃动而使冰舌坠入冰湖中，从而爆发冰湖溃决型冰川泥石流。

(2) 初生冰川泥石流在类型上大多为黏性冰川泥石流。由于大多数冰川泥石流是冰碛物滑塌体在受到冰雪融水冲蚀作用后失去稳定性，沿着陡峻的沟床整体向下流动而形成，基本上属于土动力成因类型，所以在其形成和运动初期（此时可称为初生冰川泥石流或原生冰川泥石流）多属黏性冰川泥石流。

(3) 冰川泥石流多发生在下午和夜间。由于冰川和积雪的融化同气温密切相关，而一日的气温又以午后最高，所以大量的冰雪消融也出现在午后。此时，冰雪融水以比其他时间较大的流量冲蚀冰碛物而形成冰川泥石流。此外，激发冰川泥石流产生的冰崩、雪崩以及冰湖水位上涨漫堤溃决，也多数发生在气温升高的午后。所有这些，都使冰川泥石流暴发在下午和夜晚居多。

(4) 第一场冰川泥石流是在各种形成条件经过长期充分酝酿和准备的情况下出现的。尤其是多与冰崩、雪崩、冰湖溃决等突发性的强大力量有关，因此其规模往往最大。加之暴发前自然环境多较平静，人们对其危险多未觉察，无所防备，所以第一场冰川泥石流危害亦最严重。

(5) 冰川泥石流在其发展过程中，多呈现为活跃期与平静期相间的波浪式演进。由于冰川泥石流在其发展过程中并非所有条件永远同时具备，而当某一条件减弱甚至消失时，暴发次数将减少，规模将减小，甚至完全停息。反之亦然。因此，冰川泥石流在其发展过程中，常出现活跃期与平静期相间的周期性变化。如西藏古乡沟自1953年爆发特大型冰川泥石流之后，至1957年为活跃期；1958—1959年为冰川泥石流的平静期；1960—1965年又进入活跃期；1966年以后又进入另一个相对较长的平静期；到20世纪70年代末至80年代初曾短暂爆发，之后至今又处于平静期。

（6）冰川泥石流在运动过程中具有大冲大淤的特征。这是由于冰川泥石流中的稀性冰川泥石流以冲刷为主，而黏性冰川泥石流又以淤积为主，时冲时淤，所以冰川泥石流在通过沟道时就往往具有大冲大淤的特征，并使沟床发生时深时浅的剧烈变化。

8.6 西藏的冰川型泥石流

西藏冰川广为分布，冰川面积约2.74万km^2，藏东南地区是我国海洋型冰川的主要分布区，也是我国冰川型泥石流的主要集中分布区，然乌至林芝路段冰川型泥石流分布则更为密集，闻名世界的卡贡弄巴（古乡）泥石流、排龙泥石流、冬茹弄巴等冰川型泥石流沟均分布在该区域内，川藏公路、青藏公路、中尼公路也是冰川型泥石流的主要分布地段。由于本区受印度洋孟加拉湾暖湿气流的直接影响很大，该区降水量丰沛，气温亦较高，冰川积累消融强，运动速度大，在有利的地质地貌条件下，大量的冰雪融水与陡峻不稳定的松散固体物质遭遇形成冰川（积雪）融水泥石流，这类泥石流规模大、搬运力和破坏力极强，治理难度亦大。

混合型泥石流主要分布在八宿县以西、米拉山以东以及吉隆、亚东、聂拉木县等地，水动力来自中低山区的暴雨径流和高山区的冰雪消融洪水，灾害规模随流域面积的增大而加大，在高温加暴雨条件下极易暴发此类泥石流，规模多为特大型。

冰湖溃决型泥石流是由于现代冰川的强烈活动，导致冰川末端的冰碛湖出口的堤坝突然溃决产生大量的洪水，冲刷、搬运沟床及谷坡松散固体物质，使之逐渐形成冰湖溃决型泥石流，这类泥石流主要分布在西藏境内，有现代冰川和冰湖的广大地区。据记载，西藏境内20世纪共发生冰湖溃决共18次之多。在历次发生的冰湖溃决事件中，最为严重的是1954年7月16日发生在日喀则地区康马县的桑旺错溃决。1954年7月16日19时桑旺错南岸的两条冰川以冰滑坡形式瞬间倾入湖内，使湖水水位猛然升高，漫过北岸堤坝，使坝体薄弱部位下切刷深形成溃流，湖水水位很快下降40 m，估算最大洪峰流量达1×10^4 m^3/s，历时约8 h，洪水全过程约40 h。据《中国共产党西藏自治区江孜地区党史大事记》中记载“洪峰在7月17日凌晨到达江孜，下午

5时入雅鲁藏布江，造成年楚河流域重大灾害，仅江孜、白朗沿河两岸冲毁大小村庄170个，受灾户数3017户，16180人，淹死691人（不包括印度兵营、医院等所属200余人，除11人被解放军抢救脱险外，其余人员全被洪水冲走），倒塌房屋10074间，淹死大牲畜1730头（匹），羊6949只。这是江孜乃至西藏历史上从未有过的特大灾害”。1981年7月11日0：30，聂拉木县阿玛次仁冰川陡峭的冰舌段突然崩滑约700万m^3。冰体拥入湖内，湖水漫过溢流。据推算，最大流量为15920 m^3/s，洪峰过程约60 min，溃决水体总量1900万m^3，总计有400万m^3的固体物质参与了泥石流的形成与运动。友谊桥以下至逊科西水电站之间32.4 km地段上，平均流速达9.8 m/s。中尼两国交界处的友谊桥（1孔30 m钢筋混凝土拱桥，净高10 m以上）及两岸建筑物全毁，尼方境内的逊科西水电站部分被毁，死亡200余人。此类泥石流虽然分布不多，发生频率较低，但一旦发生，则危害极大。由于冰湖多分布在沟源，不仅海拔高度大，而且交通极其困难，很难收集到溃决前后的有关资料，况且造成冰湖溃决的影响因素又十分复杂，因此很难做出准确的预测预报，暴发时间和地点具有相当的偶然性，是一个非常难于控制的灾害，据航片和遥感判读，西藏境内有潜在危害的冰湖至少有57个（其中川藏公路沿线分布有14个，朋曲流域24个，波曲和绒辖藏布流域有19个）。

1964—1965年对西藏古乡沟的冰川泥石流研究表明，冰川泥石流的发育和暴发规律直接受到古冰川和现代冰川的控制，但其形成机理和径流特征与非冰川泥石流具有同一性质。按照泥石流的静、动力学特征，通常将泥石流划分为黏性的（结构的或层流的）、稀性的（非结构的或紊流的）和石洪三种类型，相应径流体的容重范围为1.9～2.3，1.6～2.0和1.3～1.8 t/m^3。1964年在西藏古乡沟观测到的85次冰川泥石流中，黏性泥石流占42次，稀性泥石流41次，石洪2次，泥浆（排除大石块）容重分别为1.7～2.24，1.17～1.67和1.17 t/m^3以上，黏性泥石流类似于天然条件下搅拌成的混凝土沿抖槽的流动，属于重力成因。而稀性泥石流和石洪则是泥浆或水流对石砾的搬运，属水力成因。

对于冰湖溃决泥石流，冰湖多位于无人居住的高寒地区，且冰湖发生溃决的比例和频率较低，居住在山下的居民对冰湖的变化并不清楚，也不了解冰湖溃决泥石流的危害，基本上没有任何实质性的防范措施。冰湖一旦突然溃决，数百万甚至数千万方的水体汹涌而下，形成规模各异的洪水、稀性泥石流、黏性泥石流，破坏力极强，常造成中、下游区域巨大的财产损失和严重的人员伤亡。

冰湖溃决泥石流突发性强，洪峰高，流量大，破坏力大，灾害持续时间短，波及范围广。大型—巨型冰湖溃决泥石流还有可能引发沿程沟壁的崩塌、滑坡等次生地质灾害，形成危害更大的地质灾害链，从而加大了冰湖溃决泥石流的规模、危害程度和危害范围。

冰湖溃决泥石流的危害后果常常超乎寻常，因为下游河道上及其两岸的所有工程设施如桥梁、公路、通信、电力设施以及防洪堤与居民住房的防洪标准，都是按照三十年一遇、五十年一遇和一百年一遇的正常洪水进行设防的，并没有考虑冰湖溃决这一特殊的因素，当冰湖溃决时，这些工程设施大多被冲毁。如 2002 年 9 月 18 日中午 13 时左右发生在洛扎县的得嘎错冰湖溃决泥石流灾害，冰舌断裂使涌入冰湖内冰川冰体积达 120 万 m^3，后经观测得知，大约 80％冰湖水体瞬间溃流，残留在冰湖内的大部分为巨大的冰川冰，成为后来的冰塔林地貌。另外，降雨型泥石流往往发生在雨后或暴雨期间，有预兆，而冰湖溃决泥石流在 5—9 月期间都可能发生，这是导致灾害损失加大的又一个原因。

8.7　冰川泥石流灾害的防治

冰川泥石流多分布在人烟稀少、交通不便和经济落后的边远山区。目前除在个别有居民点和有公路通过的冰川泥石流分布地区采取及时清淤和一些防护措施外，总的说来，防治冰川泥石流的工作还做得较少。

通过多年观察，发现由冰湖溃决而引起的冰川泥石流破坏力极大，危害最严重，加之它们分布在人烟稀少的高山高寒地区，人类经济活动较少涉及。所以，在目前技术和财力有限的条件下，应以“避”为主。对于处于危险状态的冰湖，则应采取加强监测和及时报警的办法，并提前疏浚堵塞口，不断以小流量逐渐排泄冰湖中的蓄水，从而避免其突发溃决而成灾。对于跨越冰川泥石流地区的公路桥梁，应该布设在沟道顺直和冲淤变化不大的地段。在桥梁设计中，应坚持深基础、大跨度、抗力强、单桥孔的原则。

在川藏公路通过冰川泥石流的某些路段，交通部门曾就地取材，利用当地丰富的木材资源修建了木结构的防泥石流走廊（类似于明洞），使冰川泥石流从走廊上部流过并排入旁边的大河中，而车辆与行人可在其下安然通过。在西藏比通沟口曾修建大跨度（主孔 30 m）和净空高（18 m）的桥梁，并加固基础，使冰川泥石流从桥下顺畅流过，多年来屡经冰川泥石流冲淤，该桥依然完好。西藏工布江达的群众在沟口修筑干砌块石和铅丝笼石坝以及导流堤，拦挡和排导冰川泥石流，还在出现冰碛阻塞湖溃决危险前选择有利地点炸坝，适当放走湖中积水，对防止冰湖溃决泥石流均起到了积极作用。

泥石流的灾害特征通常是以巨大的泥石流量摧毁或淤填建筑物。在科学研究与建设部门密切结合的过程中，已形成了一套与冰川泥石流进行斗争的原则与方法。例如，在公路建设中，对大规模泥石流采取“避开为宜”的原则，对中小规模的泥石流通常采取增大桥孔，加强桥台防护和集中桥下泻流等措施，或在有利地形下采取明洞、渡槽泻泄泥石流方法，都取得了良好的效果。

8.8 冰湖溃决泥石流的减灾对策

8.8.1 冰湖溃决泥石流的成灾特点

冰湖溃决泥石流多发生在6—9月。由于冰湖大都地处偏远，缺乏必要的监测，暴发频率较低，一旦冰湖突然溃决，湖中蓄积的数以百万乃至上亿立方米的水体瞬时倾泻而下，裹挟大量泥沙石块，形成规模巨大的泥石流，来势凶猛，流量过程线呈单峰尖瘦型，历时较短，破坏力极强，常造成巨大损失。因此，冰湖溃决泥石流具有突发性强、频率低、洪峰高、流量大、流量过程暴涨暴落、破坏力强和灾害波及范围广等特点。

由于冰湖溃决泥石流流量大，常堵断主河，引起主河回水淹没和二次溃决，形成更大范围或更大规模的次生灾害，给下游地区带来毁灭性的破坏。在喜马拉雅山区一些跨境集水区内的冰湖溃决泥石流，不仅对当地造成灾害，而且对下游的邻国也造成损失，成为一个国际性灾害问题。

8.8.2 冰湖溃决泥石流的减灾对策

根据冰湖溃决泥石流的形成、演化和成灾特点，提出如下减灾对策。

(1) 进行堆积坝稳定性评价和冰湖溃决风险分析。对于下游有重要防护对象的冰湖应对其堆积坝进行详细勘察，分析和计算冰碛坝的稳定性；在此基础上，进一步通过对气候变化、冰川运动、冰雪消融、冰湖水位变化等分析，确定冰湖溃决的危险程度、溃决的条件和概率、可能的流速和流量以及潜在的危害范围和程度，为减轻冰湖溃决泥石流灾害提供科学依据。

(2) 建立冰湖溃决泥石流灾害预警预报体系。对有潜在溃决危险而下游存在重点保护对象的冰湖，根据冰雪消融、冰湖水位变化和堤坝稳定等状况建立警报系统。一旦冰湖溃决形成泥石流，就可提前预警，避免和减少下游地区的灾害。

(3) 对潜在溃决危险冰湖进行遥感监测。由于冰湖溃决泥石流发生于高海拔的冰湖区，其预测和预报比降雨泥石流更加困难，难以对每一个冰湖安装预警系统监测，则遥感监测就成为大范围减灾的重要手段。利用卫星和航空遥感技术，在冰湖区每年（特别是高温多雨的夏季）或每隔一定时段进行遥感监测，分析遥感数据和图像，解析冰湖区地形地貌变化、土源变化、冰湖水文条件变化、植被变化和冰碛坝特征，预测冰湖溃决泥石流的发生和发展趋势。

（4）采用工程措施处理危险坝体，开发利用冰湖资源。对那些有潜在危险的冰湖，利用人工开挖排水通道、虹吸、抽水等措施，降低湖水位，减少湖水量，防止湖水漫顶溢流；对危险堤坝进行加固，防止渗漏、管涌和塌陷，防患于未然。另外，冰湖是天然的储水库，冰碛垅是天然堆砌的坝体。可以利用冰湖巨大的高差及势能，兴建水电站和灌溉设施，或将冰湖优美的湖区环境开发为游乐度假区，兴利除弊。

（5）划分冰湖溃决泥石流的危险区。冰湖下游地区往往有铁路、公路、水利设施、居民点和农田。在冰湖下游新建工程项目的可行性研究阶段，应进行灾害危险性评价，划定危险区，避免将工程建在泥石流危险区内。对于无法完全避开泥石流危险区的工程，应做好防治规划，修建防灾工程，确保主体工程建设不受泥石流危害，提高工程抗灾能力，保障工程安全。

（6）制定减灾预案，应对突发性特大灾害。除上述措施外，还应做好减灾预案，制定逃离路线，落实救助措施，储备救灾物资，保证在突发性特大灾害发生时，能及时预警，迅速启动救灾措施，组织人力物力抢险救灾，及时转移人员和财产，将人员伤亡和财产损失减到最小程度。

（7）建立减灾决策支持系统，健全减灾管理体制。条件成熟时，在上述工作的基础上，可考虑建立重大冰湖溃决泥石流灾害信息系统和减灾决策专家系统，并与监测系统结合，构成减灾决策支持系统，通过网络实现资源共享，及时传输灾情信息和减灾指令，逐步实现减灾的科学化和智能化。加强减灾基础知识的宣传和普及，增强当地人民的防灾意识和自我保护能力。进行减灾知识和技能培训，提高技术和管理干部的工作能力。健全减灾管理体制，建立群测群防体系、灾情速报制度、减灾指挥调度机制和责任落实办法，保证灾害的早发现、早预警和减灾的早决策、早落实，形成高效运转的减灾管理体系。

第9章 河流冰凌与凌汛

9.1 冰凌与凌汛的基本特点

冰凌——当大地回春，气温升高的时候，河流里的冰开始化解，解体的冰块随着河水向下流动，河流开封。但是并不是所有的河冰都这样斯斯文文地解冻，让河流顺利开河，有时候解冻来得很快，特别是气温猛升或水位暴涨，大块冰块汹涌而下，这样就容易造成冰凌。对于慢慢的解冻的开河方式叫“文开”河，对于迅速解冻容易引起冰凌的开河方式叫“武开”河。当上游已是春光明媚，下游还是冰封千里的时候，融水带着冰凌顺流而下，时而阻塞，水位抬高，时而溃决，横冲直撞，使下游冰层遽然胀破，于是形成巨大的冰排，向下猛冲，对桥梁堤坝危害严重。冰凌对桥墩威胁最大。春季淌凌时出现大冰排威胁桥墩时，需要用飞机或其他措施把冰排炸碎。由冰凌壅塞引起的暂时涨水，叫做凌汛。

冰凌的产生主要有3方面因素：动力因素、热力因素和河道形态。热力因素有太阳辐射、对流热交换、蒸发或凝结潜热、降水、降雪和河床热量等，主要是大气与水面的热交换。动力因子有流量、流速、水位和风，在黄河流域通常风的作用较小，主要是流量因素。河道形态包括河道走向、地理位置、地形地貌等。各种冰情的变化都是受这三种因素的制约。

冰塞是冬春季中国北方和加拿大等国许多河流经常发生的现象，也是引发凌汛灾害的主要原因。冰塞在河流封冻和解冻过程中均可形成，但以解冻过程中形成居多。冰塞的形成主要受天气条件、径流状况、河冰厚度和强度以及河流形态等，即热力、动力和地形因素的影响。解冻形成的冰塞是引起冰凌灾害的主要原因。暖气候引发河冰的解冻过程，包括河冰的热储量衰减、冰体初裂、移动、破碎、搬运、形成阻塞和最终消失。天气转暖冰盖强度衰减而冰体破裂和移动时，因融雪或降雨径流增加水位升高，冰盖将加快破裂并减少对河岸的附着力，而水流流速增加使河冰位移并破裂成更小冰块，解冻开始；水流搬动的冰块来到下一未解冻冰盖河段，在一定水力条件下即可堆积形成阻塞。一个地方冰塞可停留几分钟或几天，其长度可达几百米或数千米。冰塞引起的水位可远高于无冰塞径流的水位。

冬季，有的河段水流速度高，虽不能形成封冻冰盖，但形成的湍流使整个河水呈过冷却状态，易在全深度上分布有冰晶，也称水内冰。它在下游流速较平缓河段可堆积形成封冻冰盖。一定的河道形态区，足够的冰花、冰块也可形成冰盖且沿冰边缘向上游发展。当到了急流河段，冰花则下潜滞留堆积在冰盖下，冰盖和冰塞继续发展，甚至封冻边缘越过急流河段继续上溯，形成该河段冰塞的主体。

冰塞是多种因素综合作用的结果，其主要的形成条件归纳起来有：1）上游河段有足够数量的流冰量和冰强度；2）有输移大量冰块的水流条件；3）有阻止流冰下泄的边界条件，如河道比降由陡突然变缓的河段、水库的回水末端、河流的河口地区、河流的急转弯狭窄段和有坚硬冰盖的河段。

凌汛是一些冬春季水量较多的江河中在有冰凌期间的涨水现象，也就是冰凌对水流产生阻力而引起的江河水位明显上涨的现象。其表现主要在冬春季节，江河冰凌在演变及流动过程中，因冰凌对水流的堵塞作用，开河期还伴随蓄水增量释放，而引起的显著涨壅水现象，当河道里的冰凌严重阻塞水道时，涨水的速率快、幅度大，往往就会形成灾害。鉴于这种现象在整个封冻与解冻期间均可能发生，故称之为凌汛。产生凌汛的自然条件取决于河流所处的地理位置及河道形态。在高寒地区，河流从低纬度流向高纬度并且河道形态呈上宽下窄，河道弯曲回环的地方出现严重凌汛的机遇居多。这是因为河流封冻时下段早于上段，解冻时下段迟于上段。而且冰盖厚度下厚上薄。当河道下段出现冰凌以后，阻拦了一部分上游来水，增加了河槽蓄水量，当融冰开河时，这部分槽蓄水急剧释放出来，出现凌峰向下传递，沿程冰水越聚越多，冰峰节节增大。当上游的冰水向下游传播时，遇上较窄河段或河道转弯的地方卡冰形成冰坝，使上游水位增高。凌汛严重与否，取决于河道冰凌对水位影响的程度，通常只有在河道中出现严重的冰塞或冰坝后，才会引起水位骤涨，造成严重的凌洪。凌汛危害主要有三方面：1）冰塞形成的洪水危害。通常发生在封冻期，且多发生在急坡变缓和水库的回水末端，持续时间较长，逐步抬高水位，对工程设施及人类有较大的危害；2）冰坝引起的洪水危害。通常发生在解冻期。常发生在流向由南向北的纬度差较大的河段，形成速度快，冰坝形成后，冰坝上游水位骤涨，堤防溃决，洪水泛滥成灾；

3）冰压力引起的危害。冰压力是冰直接作用于构筑物上的力，包括由于流冰的冲击而产生的动压力，由于大面积冰层受风和水剪力的作用而传递到构筑物上的静压力及整个冰盖层膨胀产生的静压力。1929 年 2 月在山东省利津县冰坝堵塞河道，造成决口，淹没了利津、沾化两县 60 余村。不同的河流，冰塞形成有各自的特点。例如，中国的黄河九曲十八弯，途经 7 省（区），流经的地区经纬度跨度大，各河段气温差异大。每年冬天黄河许多河段不同步地结冰封河，特别是兰州到内蒙古河套、郑州花园口到入海口两个河段。那里，冬天一般下游比上游先封冻，且下游河段的冰层比上游厚得多；到来年春季，由于气温南高北低，开河（冰盖破裂融化）时间上游先于下游。此时上游大量冰块涌向下游，它们极易在弯曲、狭窄河段卡冰结坝，或堆积在下游冰盖前形成冰塞，造成凌汛灾害。

9.2 冰凌洪水分类与洪水特征

我国江河发生的冰凌洪水包含河道冰凌演变及流动过程中发生堵塞的急剧壅水，也包括西北高山及青藏高原上冰湖、冰川溃决及高山冰雪消融而形成的洪水。前者主要是反映了冬春期间，江河河道内冰凌洪水现象。相对伏汛而言，凌汛期流量变化比较平缓，但因冰凌堵塞河道，水位往往能壅得很高，引起洪水漫溢，造成灾害。例如黄河内蒙古河段、黄河下游河段、嫩江上游、松花江依兰以下河段及黑龙江上游河段，凌期频繁发生的冰凌洪水，往往危及人们生命与财产，故为人们关注。关于冰湖、冰川、高山冰雪消融而形成的洪水问题，随着西北地区及青藏高原经济发展，也日渐引起关注。这些类型冰凌洪水，在发生条件、形成地区、出现时间、洪水特性等方面与前者有很大的差别。特别是这些类型洪水虽然由冰湖、冰川溃决、积雪消融而引起的，但在河道内的流动过程中，主要是流量增减，引起水位涨落过程，而前者主要是河道内冰凌演变与流动中发生冰凌堵塞的壅水，水位涨落虽与流量变化有直接联系，但冰凌堵塞类型与程度则对水位高低影响更为重要。我们主要讨论江河河道内的冰凌洪水分类问题。

我国江河冰凌洪水可分类为冰塞洪水、冰坝洪水及融冰洪水三类。在分类研究上还有针对冰塞洪水和冰坝洪水，再根据形成河道条件、水力学条件进行的再分类研究，这些分类的研究，有利于加深对各种冰凌洪水规律的认识以及对其计算研究。

江河凌汛是我国北纬 35°以北地区及青藏高原上江河中一种特定的冰凌涨水现象。结合黄河、黑龙江、松花江等河道凌汛期冰凌洪水特点，根据凌汛期各种凌汛洪水成因、形成条件及其基本特征等方面情况，结合目前对冰凌洪水观测资料的情况及水利水电工程凌汛计算方法研究需要，可将江河河道因冰凌演变与流动过程中堵塞河道引起的洪水，分为冰塞、冰坝、融冰雪等三类冰凌洪水，但对三类冰凌洪水的含义作了适当调整。

冰塞洪水，大量冰花与碎冰在盖面冰下集聚，造成上游水位显著壅高的现象。这个冰花与碎冰显著聚积体形成后既可向上游发展，也能向下游缓慢推移。有时将所形成的冰凌聚积体及壅水现象统称之为冰塞。

冰坝洪水，大量的流冰下潜、挤压与堆积，使阻塞断面上游水位显著壅高的现象。冰块下潜、挤压和堆积所形成的巨大阻水冰堆积体，形似冰坝。故也有将冰坝壅水与冰坝体统称为冰坝。

融冰雪洪水，春季开河（江）期（冰盖破碎移动至消失期），槽蓄水增量（河网或河槽蓄冰雪量、流域土壤冻结水量及解冻期降雨、雪转化的径流量）融解释放而形成的洪水过程。

三类冰凌洪水各自特征主要表现为：冰塞洪水是流量不大，水位高，持续时间长；冰坝洪水表现为流量较大，水位上涨快，水位高，持续历时较短；融冰雪洪水的水位要高于畅流期同流量下的水位，流量沿程增加，但它的洪水过程特点与促使河流解冻的不同作用因素关系密切。在热力作用为主所形成的融冰洪水的水位与流量变化平稳，变幅小，时间较长；动力作用为主所形成的融冰雪洪水，槽蓄水释放速度快，且往往伴随大量且质地较坚硬的冰块流动，易形成冰凌堵塞，故涨水速率较快，水位较高，水位、流量变幅较大，洪水持续历时较短。

我国江河的三类冰凌洪水在形成条件、基本特点及相互联系等方面还存在一些地区差异。例如东北地区一些河流中，封河期流凌时间较短，冰塞洪水不多见，而封冻期流域土壤冻结蓄水量较多、且因开河较晚，河段中有较多数量春雨雪加入，对冰坝壅水及融冰洪水规模产生显著影响等。为此，在综合我国北方地区江河各类冰凌洪水特点及地区差异基础上，对三类洪水基本属性进行概括，具体见表 9.1。

表 9.1　江河凌汛期三类冰凌洪水基本属性比较表（高治定等，2007）

项目	冰塞洪水	冰坝洪水	融冰雪洪水
发生时间	封河（江）初期及封冻以后，持续时间长	一般在开河（江）期，不稳定封河段和人为因素可造成封河期间冰坝壅水，历时短则十几小时，长达 5 d，个别达十几天，	开河（江）期，局部河段持续历时 5～10 d，全河段可达 1 个月左右。

续表

项目	冰塞洪水	冰坝洪水	融冰雪洪水
生成地点	多发生在河道弯曲及比降由陡变缓处	与冰塞洪水基本相同。在封冻冰盖前沿及阻冰处亦形成	有封冻河段，但在上游先于下游开河（江）的河流中才表现突出
气温特征	强降温、持续低温	气温骤升 0℃以上，后有较大降温，波动幅度大	气温逐步回升 0℃以上。气温波动幅度较小
冰凌组成	冰花和碎冰块聚集在冰盖下	主要是大小不等的坚硬冰块和碎冰	大量酥软程度不同的破碎冰块
来水情况	流量较大，来量平稳或增加，沿程均能缩小过水断面，来水距离长	水丰、冰量大，来水距离短	沿程槽蓄水增量释放，包括河网、坡面土壤冻结水融解及解冻期降水汇流，来水距离长
壅水高度	取决于上游来水量和冰花量及断面堵塞程度。峡谷型河道壅水高度较大	取决于上游来水量和冰量，及冰质的强弱和断面堵塞程度。多数壅水位高	取决于上游来水量和流凌堵塞程度，高于畅流期同流量下的水位，低于冰坝、冰塞期壅水位
壅水长度	视来水、来凌量，低温持续时间，河道条件，壅水河长 10～20 km 或更长	头部壅水影响大，壅水长度一般 10～30 km。	随凌峰过程向下游演进，时间有先后、壅水程度不同的凌洪壅水河段常达数百千米，延至河口
河槽蓄水	产生大量河槽蓄水增量	逐段释放下泄的槽蓄水增量在冰坝上游被集中集聚储存	沿程逐段集中下泄，是减少的过程
凌峰	无明显洪峰	冰坝形成前可出现较大凌峰，冰坝溃决后可形成较大下泄凌峰	有明显凌峰过程、沿程增大
洪量	聚蓄在冰塞河段，一般达数千万立方米	聚蓄在冰坝河段，数量由几千万 m^3 至数亿 m^3	由河槽积蓄的冰水混合物释放构成，形成凌洪过程，沿程累积可达数亿 m^3 以上
演变特征	表现为形成、稳定和消融三个阶段	表现为形成、稳定和溃决三个阶段	表现为解冻，出现凌峰、高水位（涨差）涨、消过程
溃决状况	缓慢溃散	多受水力作用或人工炸开，突然溃决，两岸残留较多冰块	随着上游河段融冰过程结束及融冰洪水向下游演进，河道水流恢复到常流状态。
冲刷情况	有局部冲刷	有局部冲刷	沿程河道冲刷
冰凌灾害	局部严重的淹没损失	局部重大淹没损失，冰凌撞击破坏水利设施	一定范围的淹没损失，但一般较轻。

9.3 冰塞和凌汛灾害监测

黄河管理委员会黄河防汛总指挥部于2003年开始利用遥感技术监测黄河凌情。主要监测范围为：1）宁夏河段，全长397 km；2）内蒙古河段（含万家寨库区），全长830 km，位于黄河流域最北端，呈典型的大陆性气候，冬季严寒漫长，结冰期长达3～4个月，为稳定封冻河段，也是严重凌汛灾害易发河段；3）黄河下游河段。河段全长700 km有余，济南以下河段为重点监测区。根据获取的河道内冰情遥感影像，经图像处理和解译，可提供冰外缘线、冰面积、冰覆盖度、凌汛淹没区域以及冰情生成、从发展到消退整个过程的冰情变化信息，供有关业务部门使用。

具体的遥感内容包括：1）利用中分辨率卫星遥感资料对冰凌的发生、发展直到凌汛结束整个过程的动态变化进行实时监测，每1～3 d采集一次资料；2）在实时监测的基础上，根据防汛部门对凌情发生、发展时间的预报，选用较高分辨率卫星对关键时间段进行监测；3）对所有获得的数据进行计算机影像处理，地理位置配准，再以常规监测资料为线索，通过人机交互方式，解译、勾画出冰冻外缘线，计算冰面积、冰覆盖度等冰情变化信息（http：//www.yellowriver.gov.cn）（图9.1，图9.2）。

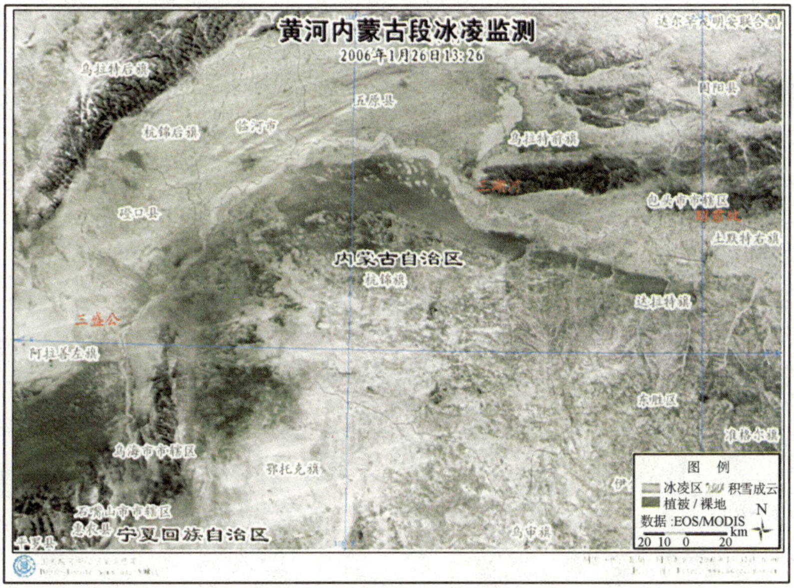

图9.1 卫星遥感技术监测的黄河内蒙古段冰凌情况

（http：//www. yellowriver. gov. cn）

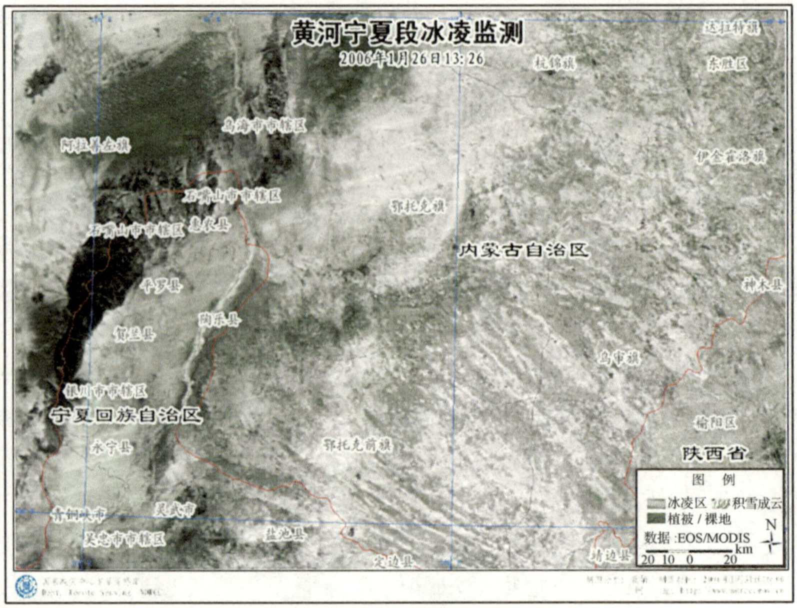

图 9.2 卫星遥感技术监测的黄河宁夏段冰凌情况

（http：//www. yellowriver. gov. cn）

如何监测冰塞发生的地段并及时发现或预测潜在的凌汛发生区域十分重要。如有些封冻河段有可能出现水鼓冰裂的“武开河”，有的河弯已开始卡冰结坝，水位在不断上升，这些均为潜在的冰塞凌汛险情。黄河水利委员会目前监测冰塞和凌汛灾害已采用地面和遥感相结合的综合监测法。地面监测一般在凌汛期，组织人员加强对沿河某些地区的观测和巡查，或设置水情自动测报系统，记录前一天的日平均流量（m^3/s）、日最低/平均气温（℃）和当天 8 时的凌情（是否封冻、流凌、冰密集度等情况）。

冰塞凌汛灾害遥感监测：根据上述冰塞凌汛的形成过程，冰塞凌汛灾害的遥感监测可分为两个阶段，一是冰塞形成监测；二是洪水形成监测。对于前者，机载遥感传感器包括航测以及航空测试雷达（SLAR）或高分辨率卫星遥感数据较适合；中低分辨率卫星遥感更适合于监测凌汛灾害。凌汛洪水，一般淹没速度快且有一定淹没区域（随冰塞强度、持续时间和上游来水量等的不同而异）。针对这一特点，遥感监测应选择具有一定地面分辨率和较高覆盖频率的数据源，以便快速识别淹没区界线和定量计算淹没区面积。对于前者，水与周围环境的反射光谱特性差异较大，因此，多光谱遥感数据有助于淹没区界线的确定。黄河凌汛遥感动态监测流程如图 9.3 所示。

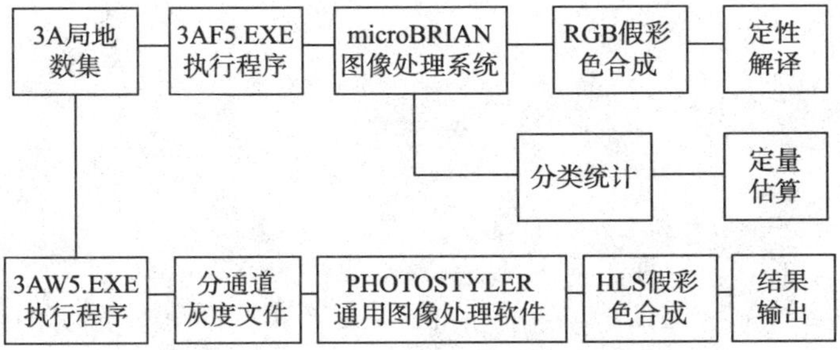

图 9.3　冰塞凌汛监测数据处理流程

监测过程中需注意：1）在监督分类前，先对不同日期的图像进行精确配准，纠正每张图像的几何畸变；2）在确保能包括全部灾区的情况下，使裁出的图像尽可能小，以减少干扰因素；3）对分类结果再根据目视解译以及逻辑分析判别进行适当修改。

由于冰塞及其引起的凌汛灾害受多种因子影响，尤其冰塞的形成受气候、水文、河道形态、人为干扰等多重要素的综合作用，仅用遥感手段获取的河冰信息和淹没范围，并不能有效地确定冰塞与凌汛灾害发生的危险程度或等级。因此，只有通过多种监测技术获取信息和综合分析，才能真正完成灾害监测的全过程。为此，需建立地理信息系统，以便把遥感信息与其他非遥感数据融合并将物理或统计模型结合起来，掌握冰塞发生的可能性或危险程度，从而为采取紧急措施提供依据和争取时间。一旦冰塞回水使河岸发生溃决，它又可监测淹没区的动态变化并进行灾情评估。总之，为监测灾害全过程，需要多种技术的结合以及对多种信息和数据的综合分析。

◆ 非遥感数据包括以下 3 方面：1）数字高程模型（DEM）：主要掌握河道比降、宽度、弯曲度等；2）气象与水文资料：冰塞形成的热力和动力因素、各种模型（如封冻、解冻、冰塞壅水和水库防凌调度等）参数；3）河流冰情地面观测资料：包括人工观测和水情自动测报系统。

◆ 遥感技术监测包括以下 4 方面：1）河流封冻与解冻；2）河冰密集度：用于掌握流冰量；3）河冰分类：主要区别冰盖、流冰和无冰河段；4）凌汛淹没区遥感信息提取，确定受灾区域。

◆ 全球定位系统技术应包括以下 3 方面：1）冰塞位置定位；2）险情河段定位；3）淹没区边界定位（已发生凌汛灾害）。

◆ 地理信息系统技术应包括以下 3 方面：1）综合遥感与非遥感资料，主要是将与冰塞或凌汛灾害有关的动态与非动态数据综合起来，进行时空分析；2）运行各类模型，综合判别冰塞或凌汛灾害形成的可能性或危险程度以及凌汛灾情评估；3）结果输出。

9.4 我国典型地区的凌汛特点

9.4.1 额尔古纳河冰坝凌汛

额尔古纳河是黑龙江的右上源，流经大兴安岭西北坡，为中俄界河。在黑龙江省漠河县洛古河屯附近与俄罗斯境内的石勒喀河相汇后始称黑龙江，亦称黑龙江上源。海拉尔河与达兰鄂罗木河在阿巴该图山附近相汇后（117°50′E，49°32′N，海拔 543 m），始称额尔古纳河。额尔古纳河流域是我国唯一的面积较大的寒温带地区，也是我国最寒冷地区之一。按气候分区，属于大兴安岭严寒雨水较多区。该流域地处西伯利亚边缘，水文气象条件具有西伯利亚河流特点，受冻土积雪影响，年径流量多集中在春季，年最高水位和最大流量也多出现在凌汛期，冰坝出现概率为我国河流最高区。

额尔古纳河一般在 10 月 10—20 日间地面稳定冻结，10 月下旬中河流开始秋季流冰，持续半个月左右，于 11 月上旬末封冻。地面稳定解冻日期在 4 月下旬，4 月末到 5 月初河流解冻流冰，春季断面流冰时间 5 d 左右，5 月上旬初到旬末，自上而下先后进入畅流期（见表 9.2）。春季流冰期干流及海拉尔河、根河、牛耳河等河均发生过冰坝。

表 9.2 主要河流的冰情出现日期（孙冬等，2006）

河名	站名（对应的中国地名）	距河口/km	地理座标		冰情出现日期（MM-DD）			
			北纬/N	东经/E	春季流冰	流冰终止	秋季流冰	封冻
海拉尔河	嵯岗		49°19′	118°07′	04-25	04-27		11-01
根河	黑山头		50°13′	119°31′	04-24	04-26	10-31	11-10
激流河	满归		52°03′	122°03′	05-04	05-11	10-21	11-14
额尔古纳河	凯拉斯图伊（俄）	827	49°50′	118°23′	04-29	05-02	10-26	11-08
额尔古纳河	新楚鲁海图伊（俄）（小河子）	603	50°24′	119°18′	04-29	05-04	10-26	11-09
额尔古纳河	奥洛赤（俄）（室韦）	425	51°21′	119°53′	05-03	05-07	10-25	11-08
额尔古纳河	乌留平斯科耶（俄）（伊木河）	145	52°46′	120°01′	05-03	05-07	10-24	11-11

额尔古纳河从西南流向东北，跨纬度 5°约 500 多千米，上下游地形差异显著。南部系呼伦贝尔草原区，地势低平，温度偏高，春季受热早于下游，北部为山区，地势高，温度低，受热滞后，南北温差大，年平均气温相差 3～5℃。南部开河较早，比北部平均早 3 d，遇到冬季降雪量偏大，特别是开河

前几天普降雨雪，气温骤升，大量积雪集中融化汇入河中，形成倒开河和武开河，极易发生冰坝。根据额尔古纳河4个水文站观测资料（1951—1989年）统计，根河河口以上额尔古纳河河段发生冰坝次数很少；根河河口到奥洛赤（室韦）发生冰坝次数稍多；奥洛赤（室韦）到奇干，发生冰坝的次数最多，奇干以下发生冰坝的次数较多（见表9.3）。其中，中下游河段冰坝发生率占50%左右，奥洛赤冰坝发生率达89.7%，冰坝河段年最高水位出现在凌汛期的概率占50%以上，奥洛赤46.2%的年份，年最高水位出现在冰坝凌汛期，乌留平斯科耶前五位洪水中，第2、4、5位洪水出现在冰坝凌汛期。

冰凌洪水涨落急剧，洪水演进迅速，对沿河造成的灾害往往不次于夏汛。近半个世纪以来最严重的冰坝凌汛当数1960年，该年干支流普遍出现倒开河，洪水所到之处几乎连续卡坝成灾。1960年4月下旬，在吉拉林镇（对岸为俄奥洛赤镇）至临江间形成冰坝。水位升高，出槽漫溢，大冰排上岸进街，吉拉林镇许多民房和建筑物撞毁，造成严重灾害。

表9.3　历史冰坝发生情况（孙冬等，2006）

站名	发生冰坝年份	发生冰坝		年最高水位发生在冰坝凌汛期		历年平均年最高水位	
		年数	频率（%）	年数	频率（%）	夏汛	冰坝凌汛
凯拉斯图伊（俄）	1957、1985	2	5.1	1	2.6		
新楚鲁海图伊（俄）（小河子）	1952、1953、1957、1960—1962、1966、1971、1973、1974、1978、1981、1982、1986、1987、1989	16	41	4	10.3		
奥洛赤（俄）（室韦）	1954、1955、1957—1989	35	89.7	18	46.2	3.4	3.12
乌留平斯科耶（俄）（伊木河）	1951、1952、1955、1956、1959、1961—1967、1973、1974、1977、1981—1983、1986	19	48.7	22	56.4	4.82	4.96

乌留平斯科耶，历年凌汛平均最高水位4.96 m，高于历年夏汛平均最高水位4.82 m，历年夏汛、春汛最高水位比较见图9.4。

通常，对冰坝凌汛的成因归结为河流固定因素、水力因素和热力因素。这些因素在额尔古纳河均较完备和突出，并且相辅相成，互为转化。气温急剧回升后，促成冰雪融化，汇入河槽后促使以水流动力为主的解冻开河。额尔古纳河从低纬度向高纬度流动纬距相差500多千米，由上游平原流至下游山区，下垫面条件的变化，使上下游气温受热条件均具有明显的不同而造成倒开河。中下游干支流流经大兴安岭山区，气候温润、冬季积雪和春季（临开河期）降水量相对较为充分，河槽蓄冰量较大，凌春汛具有充足的水量和冰量，有利于形成冰坝。以1960年特大冰坝凌汛为例，冬春水文气象要素变化列于表9.4。

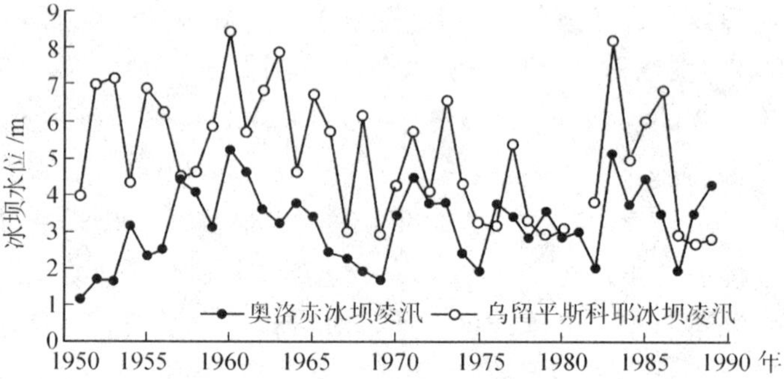

图9.4 历年凌汛平均最高水位变化（孙冬等，2006）

表9.4 冰坝成因要素统计（孙冬等，2006）

项目	上游区		中游区		下游区	
	数值	比历年	数值	比历年	数值	比历年
上年9—10月平均降水（mm）	106.0	103.0%	88.3	81.6%	105.7	83.3%
单站9—10月平均降水（mm）	158.0	119.9%	168.0	213.4%	112.1	118.6%
11—3月平均降水（mm）	21.6	60.0%	26.9	32.9%	33.6	21.3%
4月开江期平均降水（mm）	7.8	−33.2%	2.9	−29.3%	22.3	−6.1%
最大冰厚（m）	1.17～1.40	偏大	1.4—1.47	偏大	1.40—2.00	偏大
封河日期（月—日）	11—17	晚1天	11—14	晚6天	11—14	晚4天
干流封河水位（m）	2.70	高35 m	2.41	高41 m	2.96	高0.94 m
支流封河水位（m）	609.29	高12 m	18.21	高66 m	40.76	高2.16 m
干流开河日期（月—日）	04—23	早9日	04—25	早7日	04—25	早7日
冰坝最高水位（m）	4.34	高88 m	5.23	高76 m	8.44	高4.51 m
支流最高水位（m）	611.59	高11 m	18.21	高66 m	40.76	高2.15 m

注：干流资料由俄罗斯水文年鉴统计，支流资料由我国一侧水文站水文年鉴统计。

该次冰坝凌汛，前期和临开江期水文气象要素特别突出。前秋气温偏高，降水偏多；冬季气温偏低，冰雪偏大；封河偏晚，水位偏高；开河日期上下游比历年明显偏早。由表9.4可见，前秋9—10月平均降水量，高出历年平均值的80%以上。其中单站降水量超出历年100%～200%以上。黑山头站10月份降水量83.7 mm，比历年16.3 mm高出67.4 mm，超出历年400%以上。由于秋汛滞后，河槽蓄水量大，封江水位偏高多在1 m以上。该年冬季（11—2月）气温偏低，冰厚普遍偏大。以上因素的变化和异常，为冰坝凌汛提供了充足的水量和冰量。

在临开江的 4 月中下旬，上游气温骤升，并伴有一场降水，气温上升和降水促成积雪融化，雨雪水量迅速汇入河槽，在上游形成洪峰。进入山区束狭的河槽后，冰凌洪水波以叠加组合的形式向下游演进，洪水波变短变陡，在未解体的冰缘造成冰凌堆积卡塞，壅高水位，形成滚动式开河。以水力作用为主的倒开河和武开河，酿成了历史上突出的冰坝凌汛。在支流上也普遍形成冰坝，最高水位高出历年 1～2 m，额尔古纳河干流高出历年 3～4 m。

额尔古纳河从南向北流动，下垫面受热条件不一，由平原流向山区，气候相对湿润，雨雪相对较为充沛，在气候异常年份，前秋和冬春雨雪集中；下游河槽束狭，冰盖解体滞后，开河日期上游早于下游，每年都是倒开河等，这些都是该河冰坝凌汛频繁发生的原因。

9.4.2 松花江凌汛

松花江位于东北地区的北部，流域地处 41°～52°N，冬季漫长，气候寒冷。一般 11 月封冻，翌年 4 月解冻，封冻期长达 130～160 d，多年平均最大冰厚 1.0～1.4 m。每年解冻开江期，由于降雨、积雪融化以及河流开江时河槽蓄水量和蓄冰量的急剧释放，将会形成凌汛，也称冰凌洪水。有的年份在特定的气候条件下，在特殊地形的河段，将会发生灾害性的凌汛。一般凌汛洪峰流量不是很大，但由于冰块的堵塞，水位往往很高，陡涨陡落，过程尖瘦，有的年份年最高水位出现在凌汛期。

影响凌汛大小的主要因素有三个方面：一是冬季降雪量和开江期的降水量，它直接影响河流水流动力条件，特别是开江期的降水量是影响凌汛大小的直接因素；二是热力条件，冬季气温低有利于冰厚增长，特别是三月中下旬气温偏低，有利于冰层厚度和冰质的保护，使开江时流冰量大且质地坚硬，另外开江期气温回升的速率，将明显影响融雪径流汇集的速度；三是河道地形条件和河流走向，如河道平原峡谷相间、弯道、浅滩等地形都易使开江时流冰不畅，自南向北流向的河流，容易发生倒开江形势，上游开江的流冰下泄不畅，形成冰坝，加剧冰凌洪水。

松花江的北源

松花江的北源——嫩江发源于大兴安岭伊勒呼里山，嫩江县以上为上游段，全长 661 km。河流穿行于大小兴安岭支脉延伸构成的山岳地带，河谷开阔，河流蜿蜒弯曲。嫩江上游段河网发育，支流众多，流域形似扇状，沿程水量增加迅速，汇流快而集中。嫩江上游地处 49°～52°N 的高纬地区，冬季气候寒冷，气温低于 0℃的天数约 170 d。河流每年于 11 月初进入封冻期，翌年4月下旬开江，封冻期长达160 d，最大冰厚达1.30 m。春季气温回升迅速，开江前夕冰盖厚度仍在1.0 m左右，且冰层结构良好仍很坚硬，当水力条件充分时，容易形成武开江，产生冰坝。

每年春季，随着西伯利亚冷高压的不断北撤，西南暖湿气流入侵，冷暖空气交绥的锋面不断北进，降水开始增多，特别是嫩江上游段，由于大、小兴安岭构成的形似喇叭口以及不断抬升的地形，使嫩江上游的降水明显比中下游为大。开江期由于流域尚有积雪，地表尚未解冻，因而此时的降雨，径流系数很大，甚至可大于1。如果开江前夕有集中的降水，则产流量大，加上流域支流众多形似扇状，汇流快而集中，容易形成武开江，并在有利地形的河段形成冰坝酿成冰凌洪水。

嫩江上游是冰凌洪水的多发区，易发生冰坝的河段主要集中在石灰窑至库漠屯107 km河段内，据嫩江上游石灰窑、库漠屯水文站实测资料统计，年最高水位出现在凌汛期的约占40%，而且凌汛水位也能达到很高，库漠屯1957年凌汛水位达234.71 m。该水位在本站55年实测系列中位居第二，它比本站实测最高洪水位235.00 m（1955年7月6日）仅低0.29 m，相当于畅流期20年一遇洪水的水位（详见表9.5）。但由于上游地区人烟稀少，目前尚未造成严重灾害。嫩江中下游河谷开阔位置偏南，一般开江比上游早3～5 d，因而凌汛缓和。

松花江的南源

松花江的南源——第二松花江沿长白山北坡自南向北流。上游河谷深窄，多急滩弯道。由于两岸山体高，江面日照少，冰层较厚，解冻期消融较慢，在特定的气候条件下极易发生武开江并形成冰坝，发生较为严重的凌汛，如上游地区的松江河、抚松、白山等地常发生冰凌洪水，其中白山站年最高水位出现在凌汛期的几率达40%，但其最高凌汛水位并不突出，有资料以来的最高凌汛水位为294.05 m（1962年），其仅相当于畅流期多年平均洪峰量3020 m^3/s的水位，加上沿岸村屯较少，一般不成灾害。但自1982年白山电站建成蓄水后，白山河段的冰坝也随之消失。另外，丰满以下河段自1942年11月丰满水库建成蓄水后，水库调蓄了水流的热量，最冷的一月份出库水温仍达3℃左右，下游70～100 km河段不封冻，以下河段冰盖厚度也明显变薄，封冻天数也较同地区为少，因而没有明显的凌汛。

松花江的干流

松花江干流自三岔河汇口向东偏北流，通河以上河段开江较早，很少形成冰坝，凌汛形势缓和。松花江干流自通河以下转由西南向东北流，一般下游开江要晚于上游，据统计佳木斯开江日期较依兰晚3 d，另外其间南岸支流牡丹江和倭肯河开江日期比干流早 2～6 d（参见表 9.5），这种倒开江及支流开江早于干流的特点，促使松花江干流依兰以下河段流冰不畅。另外依兰至富锦 365 km 的河段河道地形极为复杂，其间有著名的三姓浅滩、依兰的缩窄段、汤原附近的五股流（江心有七个浅滩，将江道分割为五股水流）、敖其的 S 型弯道，以及佳木斯市、桦川县附近河道密布的浅滩等，这些地点极易发生冰凌堵塞形成冰坝。因此松花江干流依兰以下河段是冰凌洪水的多发区。据依兰、佳木斯、富锦站历年资料统计，年最高水位出现在凌汛期的几率约为 20%～30%，佳木斯 1994 年凌汛最高水位达 79.43 m，1981 年达 78.89 m，位居该站 45 年实测系列的第二、三位，仅比实测最高洪水位 80.63 m（1960 年 8 月 27 日）低 1 m 多，接近十年一遇洪水的水位。由于松花江干流下游两岸地势平坦，城镇、居民和工矿企业较多，常造成较大灾害。例如 1981 年凌汛在依兰至富锦 365 km 河段内出现 16 处冰坝，冰坝头部堆冰高 6～13 m，拥高水位 3～5 m，河水出槽，冰排上岸，给沿江城镇的工农业造成了严重损失。佳木斯市江南岸的造船厂被淹，顺流而下的冰排将大型载货木船挤得粉碎，一寸粗的钢缆拦腰切断，港岸护堤钢板被撞击出一个个大坑；发电厂的一台机组被淹，市区对面的柳树岛上的农场 5 分钟内全部被淹，400 多名农场职工被冰凌洪水围困，后经炮轰和炸药爆破，才破除冰坝转危为安。该年佳木斯市近郊和依兰、桦川两县被淹没冲毁的耕地达 15 万亩。

表 9.5　松花江主要水文站冰情特征（刘翠杰等，2003）

河流	站名	纬度/N	多年平均				年最高水位出现在凌汛期			凌汛		大汛	
			封江日期/月—日	开江日期/月—日	封冻天数/d	最大冰厚/m	统计年数/a	出现次数	%	最高水位海拔/m	年份	最高水位海拔/m	年份
嫩江	石灰窑	50°04′	11—14	04—18	161	1.25	36	11	30.6	251.03	1960	253.01	1955
嫩江	库漠屯	49°27′	11—04	04—19	167	1.39	55	21	38.2	234.71	1957	235.00	1955
嫩江	嫩江	49°11′	11—11	04—17	158	1.31	39	4	10.3	221.15	1973	222.06	1955
第二松花江	白山	42°44′	11—26	04—09	135	1.10	24	10	41.7	294.05	1962	301.68	1960
松花江	哈尔滨	45°46′	11—25	04—08	134	1.00	40	4	10.0	115.58	1982	120.30	1957
松花江	依兰	46°20′	11—17	04—13	138	1.08	40	12	30.0	94.87	1989	99.09	1960
松花江	佳木斯	46°50′	11—22	04—16	146	1.13	45	10	22.2	79.43	1994	80.63	1960
松花江	富锦	47°16′	11—23	04—18	144	1.02	40	10	25.0	60.75	1957	61.02	1960

9.4.3 黄河下游冰凌凌汛

黄河下游是一个不稳定封冻河段，也是严重凌汛灾害易发河段，冰情变化剧烈而复杂（照片 9.1），历史上曾以决口频繁、难以防治而闻名。由于凌汛情况复杂，防守困难，所以历史上素有“夏汛好守，凌汛难防”，“凌汛决口，河官无罪”之说。

照片 9.1 黄河下游段的河流结冰及冰凌

据历史资料不完全统计，在 1883—1936 年的 54 年中，黄河下游山东境内就有 21 年发生决口，口门多达 40 多处，平均 5 年两决口。1949 年后，比较严重的凌汛年份有 1950/1951 年度、1954/1955 年度、1968/1969 年度、1969/1970 年度、1972/1973 年度、1978/1979 年度、1984/1985 年度。这些年份有的发生堤防决口，有的产生严重冰坝，有的发生严重凌汛漫滩，从而造成了不同程度的灾害损失。如 1951 年和 1955 年，由于当时黄河下游的堤防质量较差，加之防凌经验不足，凌汛期曾发生两次堤防决口，造成了较大的凌汛灾害损失；1968/1969 年度，由于气温降幅大，低气温维持时间长，下游出现了三封三开的局面。

一般每个凌汛期是一次封冻一次解冻，少数年份二封二开甚至三封三开，而有的年份还有不封冻的现象。封冻长度相差较大，最大封冻长度 703 km（1968/1969 年度）。1950—2001 年黄河下游的 52 个凌汛年度中，有 44 个凌汛年度形成封河，8 年未封河。最早封河日期为 12 月 3 日（1998 年），最晚封河日期 2 月 16 日（1978 年），最早开通日期为 1 月 4 日（1989 年），最晚开通日期为 3 月 18 日（1969 年）。最长封河长度为 703 km，封冻最上首为河南荥阳。

自三门峡水库的运用方式由单一调节改变为全面调节后，黄河下游的凌灾有所减轻，特别是小浪底水库投入运用后，黄河下游的凌情更趋和缓，发生严重凌灾的机遇大大降低。但由于影响下游防凌因素复杂，有些因素短期内尚无法得到根本性改变，黄河下游防凌仍将是长期任务。小浪底水库修建后，具有较大的库容，与三门峡水库联合防凌，可以进一步减轻下游凌汛威胁。

黄河下游凌汛严重程度主要取决于气温（热力因素）、大河流量（水动力因素）及河道主槽边界条件。从热力条件看，黄河从20世纪80年代初已连续发生近20年的暖冬天气，已接近由暖转冷的气候变化周期。从水流条件看，凌汛期无论流量大小，只要平稳变化，就能促使凌情平稳变化，虽然小浪底水库能控制下泄流量稳定，但下游冬季引黄供水受天气影响较大，易引起大河流量突变。从河道边界条件看，下游河道主槽连年淤积萎缩，排洪能力降低，历史上容易卡冰结坝的弯道地形并未根本改变。由于凌汛期大河流量较小，小流量封河是必然的。

根据近几年凌汛特点，小流量封河具有封冻发展快、冰盖低、冰下过水能力小的特点，在暖冬情况下，通过加强引黄供水调度，能够确保封冻河段水流平稳，安度凌汛。因此，防凌形势仍然严峻。近年来，由于黄河下游气温持续偏高，以及黄河来水偏枯和下游引黄水量迅速增加等原因，黄河下游凌情出现了许多新的特点，其主要表现在不封河年份多，小流量封河年份增多，封河日期偏晚，开河早，封冻期短，封冻长度短，冰量少。黄河下游近年来小流量封河情况见表9.6。

表9.6 黄河下游近年小流量封河情况表（侯新闻等，2003）

年度	封河当日利津站平均流量（m^3/s）	封河日期（月—日）
1991/1992	23.0	12—24
1997/1998	23.0	12—09
1998/1999	53.0	12—04
1999/2000	66.0	12—09
2001/2002	32.0	12—14
2002/2003	72.0	12—09

凌汛期风险调度后，所造成的小流量封河对黄河下游防凌非常不利，应引起足够的重视：1）小流量可能造成下游提前封河。由于流量小，动能条件不足，稍遇冷空气就有可能造成封河，而气温的短暂升高，又易促使开河，形成多次封、开河的局面，对防凌工作十分不利；2）封河冰盖低，易卡冰形成冰塞、冰坝。由于目前黄河下游河道淤积严重，小流量封河时，冰盖低，冰下过流能力较小，一旦遇到寒冷的冬季，引水量减少，河道流量增加，将

很容易造成冰塞（如1982年1月清河镇冰塞）。因此，冰凌灾害的危险仍不容忽视；3）给预报、调度造成新的困难。因小流量流速小，水流剪切力较小，封冻时水体失热所耗热量也就小。因此，一次弱的冷空气过程就可能造成小流量封河。1991－1992年度的封河流量为23 m^3/s，封河当日和封河前3日平均气温分别只有－1.1℃和0.9℃，而黄河下游引水形成的小流量过程难以掌握，从而给封河预报带来一定难度，同时也给凌汛期水库的水量调度带来新的问题。

9.4.4 黄河中游凌汛

黄河中游是指内蒙古河口镇至河南省桃花峪约1200 km的黄河干流，其中河口镇（头道拐）至陕西省潼关河段，因流向由北向南，一般称北干流（图9.5）。此段因河道特性不同又分为两段，上段河口镇至禹门口为晋陕峡谷，长725 km，两岸多为高山，俗称大北干流，著名的“壶口瀑布”即位于此河段；下段禹门口至潼关河段，长132.5 km，河道宽阔，为典型的游荡性堆积河道，俗称小北干流。

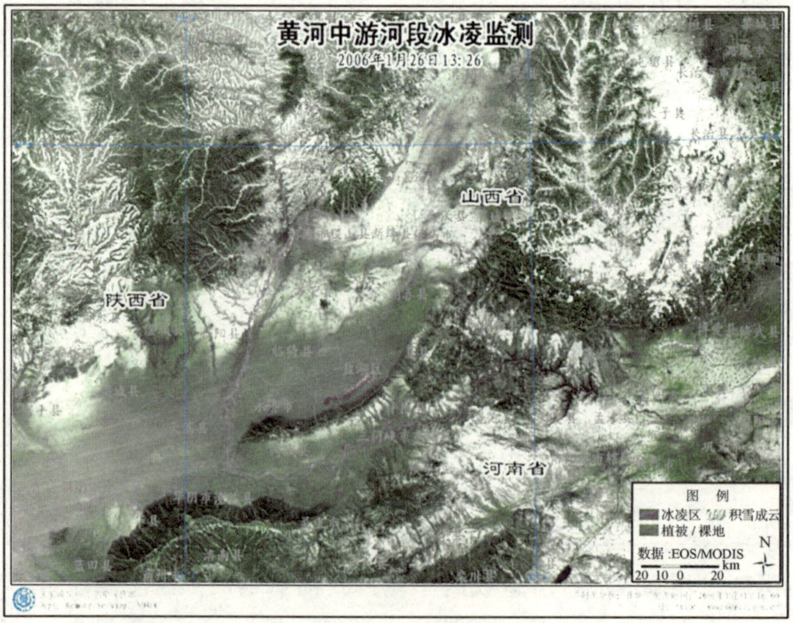

图9.5 卫星遥感监测的黄河中游段冰凌情况（http：//www. yellowriver. gov. cn）

黄河小北干流，长132.5 km，为晋陕两省界河。河宽2.4～18.8 km。河道面积1107 km^2，其中滩区657 km^2，总落差52 m，河床比降为0.3‰～0.5‰。在此区间汇入的较大支流有汾河、涑水河、渭河、北洛河、湡水河等。该河段河床宽浅，水流散乱，洪水猛涨猛落，主流摆动频繁，滩区变化剧烈，素有“三十年河东，三十年河西”之说。历史上著名的“咸丰故道”位于该河段下段。

根据沿河县志考证，该河段自明代万历48年（1620年）至民国18年（1929年），有14年封河，大约22年出现一次，期间清康熙元年（1662）至康熙29年（1690）出现6次，平均时间不足5年。历代县志关于灾情的描述较少，其中封冻河段较长、灾情较为严重的有明万历48年和民国18年两次。有这样的描述：“河冻坚冰，车马可渡，次年正月始解”、“清光绪二十年（1894）正月，黄河冰水漫溢，冲没120户人家的苍头镇码头，几千亩麦田变成冰场”，其余多为“冰封”，“结成冰桥，车马可行”等凌情记载。

1949年后，凌情有了详细的记载，较小的凌灾出现过3次：1964年12月中旬，冰坝壅水，淹没左岸河津连伯、永安、太阳等村滩地6658亩；1977年2月，冰块壅水，冲断陕西韩城河段防洪工程900 m，淹没耕地3000余亩。看管堤坝民工被围困；1991年陕西合阳芝川工程下首形成冰坝，20余户农民被困，5000亩耕地被淹。

近年来，小北干流凌灾加剧。1996年1月中旬，潼关河道出现冰塞，随后封冻逐渐上延，25日发展到黄淤48断面，封冻河段长达27 km。致使壅水高达1.1～1.49 m，历时20 d之久，仅槽蓄水量达3.25亿m^3。永济城西工程壅起水位达337.15 m，相当于龙门站13500 m^3/s的洪水位，而此时龙门站日平均流量仅575 m^3/s。水挟冰块流向晋陕两岸广大滩区，左岸永济和芮城两县淹没耕地8万亩，涉及8个乡镇61个村庄10万人口；右岸陕西的雨林乡、朝邑农场、兰空农场等12个乡镇或单位受灾，淹没耕地17万亩，受灾人口1.54万人。两岸滩区井、路、房以及电器设备、防洪工程等都遭到破坏，直接经济损失2.5亿元。

2000年2月7日，禹门口下游10 km处的大裹头先封后塞，8日10：40，小石咀改建工程上段500 m水位达380.15 m，超过坝顶0.2 m，当时龙门站日平均流量442 m^3/s，但水位相当于16000 m^3/s洪水位。9日凌晨河道封塞长度达8 km，10日河道封塞延伸到禹门口。从禹门口到汾河口工程大裹头约50 km^2的河道，形成了一个巨大的“冰库”。11时清涧湾部分坝段出现溢流，8～9号裆壅冰超出坝面1 m，水位383.23 m，超出坝顶0.34 m。15：00溢流长度达1950 m，15：35，8～9号裆溃决，决口长度62 m。造成淹滩1万亩，围困山西铝厂水源井和当地井60余眼以及电力线路设备等，直接经济损失达3000万元。

黄河小北干流河道1968年开始修建治河工程，截至1995年尚无严峻凌情和太大凌灾。继1996年元月该河段出现百年不遇的凌灾后，2000年2月又出现了冰坝壅水超过防洪工程坝顶，实属罕见。

黄河小北干流河段由凌灾较小、较少，演变为频繁大灾，分析原因，主要因素有三方面，一是河道条件，二是上下游水利枢纽运用方式，三是寒流侵袭。

（1）河道条件对凌汛致灾的影响

河道条件是凌情发展的决定性因素。致灾的原因则是河床淤高，滩槽不分，巨冰无道，易进难出。唐宋以前，黄河禹潼段河道稳定，水量丰富，岸高槽深，流冰畅通，所以史书中没有冰坝壅水淹滩的记载。明清时期，正是因为河道游荡，河床拓宽，泥沙淤积，才发生了1894年的凌灾。但由于每隔数年河床就会发生“揭底”形成窄河槽，所以高河床、巨冰、寒流三者遭遇的机遇并不大，因此，凌灾也很少。治河工程修建后，河道边界条件发生了变化，丁坝的局部阻冰现象造成了1977—1991年的3次局部凌灾。

但是自1977年发生揭底后，至今23年没有发生揭底。特别是自1986年龙刘两库联合调度蓄水后，小北干流来水来沙条件发生变化。水少沙多，河床每年淤积抬高约10 cm。淤积的结果，使河底高程抬升，主槽缩窄变小，发育成众多支汊小串沟。滩槽高差减小，由原来的2 m左右减小到1 m左右，基本上是滩槽同淤。平滩流量由原来的5000 m^3/s降为3000 m^3/s，河道输冰能力急剧下降，使禹门口以上山区河道所载大量巨冰进入小北干流宽河道后只能搁浅，勉强能漂浮的冰块也往往在窄河段或节点处壅挤相卡，形成冰坝。1996年元月在潼关卡冰形成冰坝，2000年2月在河津大裹头卡冰形成冰坝，因此河床条件变化是形成凌灾最主要的因素。在近期两次凌灾中，游荡性河段的特点也体现得比较突出。1996年和2000年凌汛，都是冰块先堵塞了右岸河道主槽，主流随后挟冰块向左岸摆动，很快左岸河道也被堵塞。壅水冲决防护工程，淹没两岸广大滩区。

（2）水利枢纽运用方式对凌汛致灾的影响

1960年9月三门峡水库蓄水后，曾加剧了小北干流的淤积，后经两次改建和改变运用方式，淤积问题得到缓解，但1985年汛后潼关高程还保持在海拔326.57 m水位。1986年龙羊峡水库建成蓄水，改变了该河段的来水来沙条件，使龙门站汛期多年平均水量急剧减少，加速了该河段的淤积速度。1973年10月至1998年10月，禹门口至潼关泥沙淤积了6.69亿m^3，1985年10月至1998年10月就淤积6.85亿m^3。潼关高程持续上升，1992年汛前达到海拔328.36 m，此后一直在海拔328m水位以上。1995年汛后潼关高程为海拔328.17 m，1999年汛后为海拔328.18 m，都属历史最高水平。显然1996

年1月和2000年2月两次大灾都与这种河床条件有关。

三门峡大坝库区长113.5 km，每年11—12月为凌前蓄水，1—3月为防凌蓄水，库区冰盖末端有些年份可影响到潼关，对小北干流产生影响。

万家寨水利枢纽1998年10月1日下闸蓄水，原设计正常运用方式为：11月库水位在海拔970～975 m。12月至次年3月在海拔975～977 m之间。凌汛开河期间降至海拔970 m。而事实上内蒙古河段的凌情迫使枢纽1—2月份就要大量泄水。1999年3月3日库水位曾降到海拔930.5 m，下泄流量在1000～2000 m^3/s左右。

每年1—2月份，万家寨水库为上游防凌要放水，三门峡水库为下游防凌要蓄水，凌汛期上游大流量会加大输送到小北干流的冰量。

（3）寒流对凌汛致灾的影响

寒流对小北干流凌汛致灾不容忽视。1996年元月和2000年2月小北干流的两次凌灾都遭遇到寒流侵袭。1996年元月18—20日，风陵渡平均气温降低11℃，其中19日由2.5℃降到−10℃；永济蒲州平均气温降低10℃，其中19日是由2.4℃降到−7.8℃。凌灾即自元月18—20日从潼关封冻始，23日发展到上源头，25日发展到黄淤48断面。2000年2月4日禹门口至大裹头日平均气温−1.7℃，至6日回升到+2.3℃，2月7日气温突升到+8.0℃，当日晚骤降到−7.8℃，同晚河津大裹头附近便出现冰塞，2月8日10时小石咀工程出现漫顶，11时清涧湾工程出现漫顶，15：35清涧湾垮坝62 m，可见凌情与凌灾的发展与气温的变化相关性极强。

防御措施

广泛开展冰情观测。每年12月初至翌年3月上旬，应加强对天桥电站—禹门口河段的冰情巡测，加密小北干流河段冰情的观测点与测次，对气温、水温、流冰花、流冰、岸冰、封河流量、开河流量等进行规范观测，并进行整编，为深入研究小北干流防凌积累经验，提供科学依据。

建立万家寨水利枢纽—禹门口凌情信息网络，利用枢纽控制凌情。河小北干流凌汛期，万家寨水利枢纽下泄流量大小对小北干流凌情变化影响很大，收集万家寨水利枢纽与龙门站的相关凌情资料就显得非常重要，如枢纽冬季泄水与龙门流量关系曲线及到达龙门的时间曲线等都是小北干流防凌不可缺少的技术参数。

加快河道整治。在游荡性河道出现冰塞、冰坝后，采用人工打冰、大炮轰击、飞机炸冰等破冰措施效果并不理想，因为游荡性河道一般都比较宽阔，冰塞范围都非常大，不是人力在很短的时间内所能够排除的。加之黄河多泥沙的特殊性，使炸冰等措施无济于事，唯只有通过加快河道整治，改善河势，增强小北干流河道的行洪输沙能力，减少流冰期冰凌堆积造成冰塞、冰坝发生的几率才是根本。

现有防洪工程应逐步加高，适应防凌要求。黄河小北干流两岸现有防洪工程都是自1968年逐步修建起来的。工程设计是以洪水位确定的坝高，经过河道不断淤积后，许多工程已达不到设防标准，近几年的凌汛也表现出坝高不能满足防凌的要求，所以加高工程已很必要。

防凌队伍进一步加强，时刻准备采取应急措施。不论在治河工程、枢纽运用等方面采取了何种防凌工程措施，巡堤查险、防凌队伍的组建等非工程措施建设也相当重要。凌情具有随机性和突发性，要有应战特殊情况的准备，小北干流曾出现过－24.5℃的极端最低气温记录，说明防凌永远不能松懈。实践证明，周密的防凌部署可以使灾害减小到最低限度，且凌情的发展过程较洪水缓慢，可以有时间采取必要的措施，因此防凌队伍和对凌情的灵敏反应很关键。

9.4.5 新疆近年来的冰凌灾害

2005年12月13日开始，伊犁河支流特克斯河自恰甫其海水库上游喀拉托海和喀拉达拉河段发生严重冰凌。受两次强降温天气的影响，冰塞封冻长约15 km。封冻面积达13 km^2，河水漫溢，造成两个牧业村受灾。

2006年1月10日15时，伊犁河察布查尔县托布中心托海依村河段的河叉处流冰两次受阻并不断堆积，形成冰塞，由于该段伊犁河纵坡较缓，沿河居民点及农田地势较低，河水上涨由叉口涌入地势较低的居民点及农田，发生冰凌灾情。1月13日14时，该河段再次发生冰凌堵塞，河水上涨，形成冰凌洪水。两次冰洪造成包括军分区农场在内的233户1430人受困，其中90户牧民房屋、村小学（800 m^2）、村医疗所（120 m^2）和水塔进水。冲毁各类桥涵25座、防渗渠500 m，淹没农田4000亩、冬草场1万亩及部分水稻和饲草料，4000头牲畜被困。2006年1月10—16日，巩留县羊场排水渠由于积冰，渠水漫渠发生冰洪。2006年1月4日，开都河和静县巴润哈尔莫墩连心桥下游河道出现封冻。结冰河道长约2 km，导致开都河北胡青衙门村受到冰凌洪水的威胁，沿岸有约700亩滩地被淹，造成上述受灾区上百户农牧民房屋进水，部分水利及其他设施受损，数千亩农田及草场受淹，尚未造成人员伤亡。2006年1月中旬，伊犁河干流察布查尔县羊场和布占3村段出现冰凌封河，河水漫溢，发生冰凌灾害。

2007年12月25日始，伊犁河支流特克斯河上游河面出现浮冰，受持续低温影响，在特克斯县喀拉托海乡河段出现大面积壅塞，致使河流水位雍高，形成冰凌洪水，长度达 11 km。由于当地预防措施到位，提前将沿河居住的 60 多户牧民及 1.8 万头牲畜转移安置，因此，此次冰凌洪水未造成人员及财产损失。

2008 年由于前期气温骤降，在昭苏县阿合牙孜河上游山区河道内形成冰坝。2008 年 1 月 19 日，冰坝消融溃决致使积聚的水量集中下泄，形成冰凌洪水，水头高约 4 m，历时 30 分钟。将正在沿河进行森木塔斯电站地勘钻探的价值 30 万元的钻探设备冲至下游 200 m 处。由于伊犁河谷气温骤降，河道内浮冰增多，阻塞河道、抬壅水位，致使伊犁河流域特克斯、霍城、昭苏、察布查尔等县河道相继发生冰凌洪水。其中，2008 年 1 月 24 日 0 时左右，伊犁河干流察布查尔县绰霍尔乡至托布中心一带，河道冰凌蔓延约 10 km 左右，部分河段冰凌已经翻堤上岸，危及农牧民 40 户，淹没次生林、草场近 2 万亩，1 个旅游景点进水，1 户牧民房屋被淹，被迫转移群众 24 户、牲畜 4640 头（只）。初步估算，直接经济损失约百万元，无人员伤亡。因近期气温变化异常，伊犁河支流喀什河浮冰增多，在巴依托海段积聚形成冰坝，壅高水位形成冰凌洪水。2008 年 2 月 3 日夜，洪水漫入喀什河次生林一名林业看护站职工家中，致使 3 人被迫上房顶待援，通过手机向外求救。2008 年 2 月 4 日，受上游浮冰不断增多的影响，伊犁河干流南岸察布查尔县清水湾段再度遭受冰凌洪水袭击，淹没草场、次生林 8500 多亩，1.95 km 的铅石笼堤坝损毁，两个旅游景点进水，淹没水深 20～35 cm，无人员伤亡。直接经济损失约 55 万元。灾情发生后，该县委、政府，州、县水利局、防洪办领导迅速赶赴现场组织指挥抢险救灾，紧急转移农牧民 6 户，牲畜 200 头（只）。2008 年 2 月 5 日凌晨 3：00 左右，伊犁河干流北岸伊宁市英也尔乡六、七段发生严重冰凌聚集冻结形成冰坝，冰凌洪水翻堤上岸，造成 18 人被困，350 亩耕地、3500 亩次生林地、2000 余平方米房屋、30 吨鱼和 1 万只鸡被淹（照片 9.2）。据初步估算，直接经济损失超过 150 万元。

照片 9.2　2008 年 2 月 5 日伊犁河干流北岸伊宁市英也尔乡河段冰凌决堤及洪水淹没的房屋（苏洪超提供）

2007年入冬以来，伊犁河谷受持续低温影响，连续发生了严重的冰凌洪水灾害。2007年12月下旬至2008年1月，伊犁河流域特克斯河喀拉托海乡段、霍城县切德克苏河上游、昭苏县阿合牙孜河上游、哈什河上游、伊犁河干流南岸察布查尔县卓霍尔段等区域相继出现了较为严重的冰凌洪水灾情。2月初，由于伊犁河谷连续5天出现升温天气过程，伊犁河上游河道结冰融化，大量浮冰顺河而下，在伊犁河大桥下游25～40 km段再次积聚冻结形成冰坝，从而抬高河道水位，形成冰凌洪水。洪水漫过南、北岸半永久防洪堤，直接进入南岸察布查尔县绰霍尔乡、清水湾旅游景区和北岸伊宁市英也尔乡六、七段村。2000年以来，冰凌洪水在此段河道南岸翻堤出现过4次，但在北岸翻堤实属罕见。经州水文、水利、防洪有关专家现场查看，此段河道水位，相当于3000 m^3/s左右洪水时的水位（超过设防30年一遇的标准）。2008年年1月份以来，由于持续低温，博州博尔塔拉河、大河沿子河部分河段冰层雍高漫出河岸。近日，由于气温逐渐回升，河道内及漫出河岸的冰层融化，造成地势较低处的农田及居民区受淹。截至目前，博州因冰凌洪水已搬迁安置居民7户、28人，受灾农田7000亩。未造成人员伤亡。随着气温快速回升，伊犁河封冻的河面逐渐融化，河道内浮冰增多。2008年2月27日凌晨2：00左右，浮冰在伊犁河干流察布查尔县绰霍尔乡段近500 m的河道内大量堆积，致使河流水位雍高，形成冰凌洪水。河水漫过河堤形成宽约50 m的过水断面，导致处于河滩地上的该乡布战村7户牧民房屋进水，11名群众被洪水围困。

第10章 冰雪灾害的综合评估、能力建设及防灾预案编制

10.1 冰雪灾害的综合评估体系

冰雪灾害，包括冰川和冰湖溃决洪水，引发冰川泥石流，雪崩、风吹雪和牧区雪害等，在中国西藏东南部、喀喇昆仑山、帕米尔以及天山西部等地区比较普遍和严重，影响当地山区工农业和畜牧业、交通、旅游的可持续发展。

10.1.1 冰雪灾害评估系统建设

冰雪灾害评估是防灾减灾的重要环节，冰雪灾害的评估是指在灾害发生的全过程中，对灾害的自然特点、对社会的损害程度作出估计和判断。

冰雪灾害评估系统的建设目标：建立冰雪气候灾害评估系统，提高评估灾害对经济与社会影响的能力，为拟定防灾减灾对策、灾后重建及救助、赔偿等提供依据。冰雪灾害影响评估要特别针对与经济、社会和人民生活密切相关的极端气候事件、重大天气灾害和重大突发性事件，进行重点评估。

1）建立完整的评价体系。应用科学定量的分析方法，开发冰雪灾害指标评价技术和评估方法，建立冰雪灾害客观指标评价体系。完整的评价体系包括：评价目标、评价指标、评价模式、评价结构、评价群体和偏好等。

2）建立冰雪灾害预估系统。根据可能发生的冰雪灾害特征，结合灾区的经济密度、人口密度、减灾实力、预测灾害能力等综合指标，灾前预先估测冰雪灾害的损失。评估灾害对经济、社会活动可能产生的影响，提出相应的对策建议，为政府和公众采取措施降低灾害的影响提供科学依据。

3）建立冰雪灾害后评估系统。根据对受灾范围，人口伤亡程度，健康状况的破坏，被毁生产和生活条件及其他经济损失和环境损失的客观统计，对

出现的灾情作出客观评价，提供较准确的灾情损失统计数据。

10.1.2　冰雪灾害应急响应系统建设

冰雪灾害应急响应系统是冰雪灾害预警系统工程的重要组成部分。主要目标：建立完善的组织领导系统，在政府灾害管理体系的统一框架下，建设冰雪灾害应急服务系统。

制定国家处置冰雪灾害应急预案，明确职责，为各级人民政府启动和终止冰雪灾害应急预案、组织冰雪防灾减灾提供决策依据和建议。

和所有其他灾害一样，冰雪灾害的发生也同样具备灾害源、灾害载体和承灾体 3 个方面。进入 21 世纪以来对冰雪灾害的研究已经不能仅满足于判别和预测，因为所有过去的研究大部分集中在灾害源、灾害载体上，而承灾体由于缺乏易损性分析影响了预警乃至决策的实施。一个完整的冰雪灾遥感动态监测系统包括了预报、预警、评价和决策群多过程，如图 10.1 所示。预警是其中的目的所在，是针对承灾体和救灾的研究。

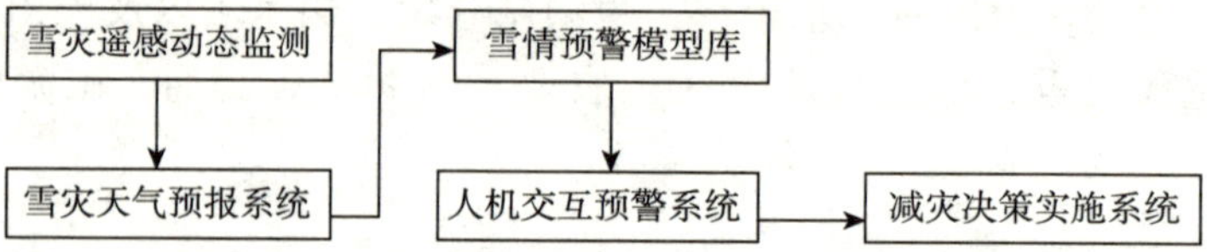

图 10.1　（冰）雪灾（害）预警系统技术框架

显然，整个预警系统是以冰雪灾动态监测模块为基础。但冰雪灾害天气预报系统和灾情预警模型两模块也无不渗透着遥感技术应用。前者必须有气象卫星观测的支撑，而后者需要引入卫星监测得到的大面积、长时间序列地面积雪参数，构建灾情预警模型。

10.2　把冰雪灾害的评估和应对纳入国家减灾规划和能力建设中

我国是世界上自然灾害最为严重的少数国家之一。全国 74%的省会城市、62%的地级以上城市位于高地震烈度危险区，70%以上的大城市、50%以上的人口分布在气象、地震、地质和海洋等灾害严重的地区。近年来，在世界范围内巨灾不断发生的背景下，我国也相继发生了一些重、特大灾害。20 世纪 80 年代以来我国自然灾害频发，直接影响了国民经济和社会发展。20 世纪 90 年代连续发生大水灾，我国财政每年都要拿出大量的资金进行防灾救灾和灾后重建。图 10.2 是 1978－2002 年我国水旱灾害导致的农业受灾面积变化，以及救灾支出情况。

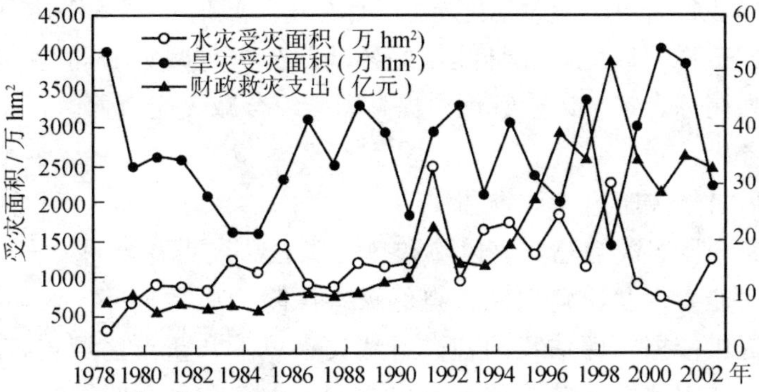

图 10.2　我国水旱灾害基本情况（1978－2002 年）（根据《中国统计年鉴》1990—2003 年编制）

同时，我国的减灾能力还存在许多薄弱环节，中西部农村民居多数未设防，灾害预警预防的总体水平较低，社会公众的减灾意识不足；减灾法制建设滞后于减灾实践的需求，各级政府及各部门的减灾责任尚不明晰，缺少减灾基本法，地方政府和基层的应急预案缺乏可操作性；应急处置的协调机制还不健全，减灾资源缺乏且没有充分发挥作用，空白与重复建设同时存在；迫切需要完善减灾体制、机制和法制建设，迫切需要加强减灾工作的综合协调，发挥减灾资源的整体优势。

随着气候变暖和环境进一步恶化，全球极端气候事件和巨灾不断发生。我国也同样面临着越来越严重的自然灾害威胁。20 世纪 90 年代以来，我国进入新的灾害多发期，自然灾害呈现频次增加、损失加剧、灾害连锁反应、多灾并发等特点，年均受灾人口 3.7 亿人，农作物受灾面积 7.4 亿亩，因灾倒塌房屋 418.2 万间，紧急转移安置人口 400 多万人，直接经济损失超过 1000 亿元，灾害损失比 1980 年代高出 40%，自然灾害形势日趋严峻。

灾害对经济发展造成的影响是直接的，对自然和对社会造成的影响则是长远的、多方面的。我国自然环境的承载能力较弱，人和自然的矛盾日趋突出。2005 年 1 月召开的第二次世界减灾大会，形成了《加强国家和社区的抗灾能力：2005－2015 年行动纲领》，要求各国政府应把减轻灾害风险纳入中央和地方的社会经济发展规划中，加强综合灾害风险管理，发挥减灾资源的整体优势，减少潜在的灾害风险。

自然灾害在发生机理上往往呈现群发性特点，一次重大灾害可以衍生一系列次生灾害，形成灾害链。灾害的发生影响方方面面，对社会、经济、文化等都产生破坏作用，需要对灾害的损失做出综合的、全面评估；灾害管理包括减灾备灾、灾害预警、灾害应急、恢复重建等多个环节；不仅应发挥各个政府部门的职能作用，还需要企业、个人和非政府组织等各方面的参与，共同做好减灾工作。因此，在继续做好各部门分灾种减灾的同时，必须加强综合减灾，强调综合灾害风险管理，提高国家综合减灾能力。

主要任务为：

（1）开展自然灾害风险调查和评估

全面调查全国各类自然灾害风险和减灾能力，查明主要的灾害风险隐患，摸清我国减灾能力现状，建立完善自然灾害风险隐患数据库，为增强我国防灾减灾能力提供依据；评估我国各类自然灾害风险和重点区域灾害风险，揭示灾害隐患和减灾薄弱环节；编制完成全国、省级和重点区域的自然灾害综合风险图。

（2）增强自然灾害信息获取、处理和服务能力

充分利用现有各部门灾害监测预警资源，推进监测预警基础设施的综合运用与集成开发；加强预警预报模型和高新技术运用，建立灾害预警预报决策支持系统；建立各部门灾害信息的沟通、会商、通报制度，建设灾害信息共享平台并定期更新、维护；加强对灾害信息的分析、处理，提高灾害信息服务水平。

（3）建立健全国家自然灾害救助体系

建立和完善国家四级灾害应急救助指挥体系，全面提高国家灾害应急救助指挥体系的科技水平和管理水平；

（4）建设综合减灾示范社区

加强社区居民家庭防灾减灾准备，建立应急状态下社区弱势群体的保护机制；提高城乡社区对灾害的综合防御能力。

（5）开展减灾科普宣传教育

强化各级政府的防灾减灾责任意识；建立政府部门、新闻媒体和社会团体协作开展减灾宣传教育的合作机制，推广地方减灾经验、宣传成功减灾案例，面向公众宣传减灾知识，将减灾知识纳入学校教育内容，开展减灾的普及教育和专业教育，建设减灾科普教育基地；开展面向减灾工作者的教育培训，提高减灾队伍的整体素质。

（6）提高应对巨灾的综合防御能力

研究重点区域应对巨灾的风险管理政策措施，制定应对巨灾的综合防御方案；加强对巨灾发生机理、活动规律及次生灾害相互关系研究；探索制定适合我国国情巨灾保险和再保险政策，发挥保险、金融在减灾中的作用。

（7）建设减灾科技支撑体系

加强综合减灾的科学研究，特别注意灾害链、灾害群、灾害系统的研究，提高对灾害发生机理和规律的认知水平；在国家科研院所建设综合减灾的科研基地；建设综合减灾的技术标准体系，提高综合减灾的标准化水平。

（8）提高灾害救助装备和技术水平

建设灾害救助应急通讯联络系统，提高对灾害信息获取、灾害应急处置的时效性；加强自然灾害救助机构的自身建设，加大国家经费投入，提高救灾队伍的装备水平和处置能力；加快减灾领域科研成果向现实生产力转化,，促进减灾产业发展。

（9）动员社会力量参与减灾

充分发挥社会团体在灾害救助中的作用，组织各方面力量参加紧急救援、社会捐赠、卫生防疫、恢复重建等灾害救助工作；依托基层社区、共青团组织以及非政府组织，建立形式多样的减灾志愿者队伍。

10.3 西藏危险冰湖溃决监测系统建设

10.3.1 西藏危险冰湖溃决的现状

西藏的冰川分布于喜马拉雅山北坡、冈底斯山、念青唐古拉山和羌塘内陆区以及昆仑山、喀喇昆仑山北坡、唐古拉山南坡和横断山脉，总面积为27402.74 km^2，占全国冰川总面积的46.7%；雅鲁藏布江流域分布有4366条冰川，总面积6579.44 km^2。朋曲流域分布有979条冰川，225个冰湖。

自第四纪以来，西藏的冰川经历了多次前进与后退。因此，在冰川前缘残留有为数众多的冰川湖泊。这些冰川湖泊的湖面面积大小不等，小的不足1 km^2，一般在几个平方千米，大的可达几十平方千米。有些冰川湖泊与现代冰川紧紧相邻，其中有的现代冰川与积雪陡峻的耸立在湖畔。一旦发生冰崩、雪崩、冰滑坡等现象时，会有大量的冰雪倾注到冰川湖里。致使湖水位急剧上升，形成漫顶溢流的水流切蚀，进而造成湖周围冰碛堤被冲毁，即冰川湖溃决。冰川湖泊一旦溃决后，巨大的水量便奔腾咆哮而下，形成汹猛的洪水。

冰川湖泊的溃决主要发生在西藏南部，海洋型冰川和大陆型冰川之间的过度地带上。每次溃决所发生的时间，都在气温高、降水量多的7—9月份，并多在午后或夜间发生。冰舌往往以冰崩或冰滑坡的形式跌入冰川湖泊里，这是造成冰川湖溃决的最主要原因。此外，冰川湖的储水量、终碛堤坝顶的宽度、终碛堤坝背水边坡的坡度等，也都是决定冰川湖溃决的关键条件。

西藏境内有潜在危害的冰湖（冰川终碛湖）至少有57个之多，主要分布在川藏公路79～88道班路段、朋曲流域以及藏南地区，监测内容主要包括气温、降水和冰湖面积、湖水体积等，监测采用设立自动监测站、遥感以及RS、GPS技术进行信息采集。

由于西藏特殊的地理环境，境内分布有大量的冰湖。冰湖溃决形成的冰川洪水和泥石流灾害发生机率虽然相对较低，但这类灾害极具突发性，难以控制，造成的损失也极大。20世纪西藏已知共发生冰湖溃决18次之多，每次冰湖溃决都形成了巨大的冰雪灾害，给当地人民群众生命财产造成了极大的危害。因此，加强冰湖监测系统及预报预警系统建设，在西藏显得十分必要。

冰湖溃决洪水灾害典型事件

(1) 1964年9月21日发生在拿当曲支流上的吉来普错冰川冰湖溃决洪水和泥石流，不仅影响到朋曲流域，而且涉及下游的尼泊尔局部地区。冰湖溃决洪水给中国和尼泊尔造成了重大的经济损失。

(2) 位于朋曲流域的阿依错冰川在1968—1970年连续3年发生3次冰湖溃决洪水，给下游的人民群众带来了严重的灾害。

(3) 2002年9月18日13时许，位于山南地区洛扎县贡祖（鼓粗）沟上游查拉推日（打拉日）雪山发生雪崩，致使德嘎普湖水位暴涨，湖堤决口，引发了特大洪水和泥石流灾害。死亡9人，冲毁农田191亩*、林卡100余亩、水渠8条（长7.5 km）；冲毁5.5 kW水电站1座及部分防洪堤；毁坏县级公路17 km、乡村公路8 km、桥梁13座；冲走牲畜293头（匹、只），边防公路中断，损失重大。

近些年，由于温室效应使全球变暖，从而影响了大气环境，加剧了冰雪融化。雪线抬升、冰湖水位变化的问题已成为人们普遍关注的问题。20世纪60年代到90年代，西藏各地平均气温变化有较大的一致性。从60年代到90年代平均气温呈波动上升的趋势，90年代平均气温最高且气温增幅较大，有明显的增暖趋势。全球气温的升高对流域水文特性产生的影响已不容忽视。特别是对于分布有大量冰川、冰湖的流域，应加强监测，将冰湖溃决造成的灾害降低到最大限度。据分析结果显示，仅朋曲流域、波曲和绒辖藏布就分布有43个具有潜在溃决可能性的冰湖。

10.3.2 冰湖溃决灾害预测预警决策系统建设

(1) 冰湖溃决洪水灾害调查及基础资料收集

1) 对冰川分布较多，冰雪灾害发生频繁的区域开展灾害调查；

* 1亩=1/15公顷≐666.7 m^2

2）基本资料的收集、整理：①近些年来，有很多的研究机构都相应地开展了青藏高原冰川研究工作，并做了大量的野外调查工作，对前人研究成果进行收集、整理。②收集全区气温、降水、径流资料；③收集冰川、湖泊分布区域的社会经济情况；④收集冰川、湖泊分布区域的自然地理概况；⑤收集覆盖全区不同年代的遥感影像数据；

（2）专题研究

1）随着全球气候的变暖，青藏高原的湖泊发生了显著变化，对西藏自治区冰湖进行编目是一项非常必要的基础性工作。

2）冰湖溃决洪水的研究。研究内容包括冰川编目及潜在危害冰湖确定，潜在危害冰湖的遥测及遥测结果的分析、研究。

（3）数据库系统的建立

1）溃决洪水灾害数据库。根据调查资料建立冰湖溃决洪水灾害数据库，主要记录已发生的冰湖溃决洪水灾害的基本情况。主要包括：灾害发生的地理位置、灾害发生的时间、规模、影响范围、已造成的危害和潜在的危害。

2）基础资料数据库。主要包括冰川、冰湖分布区域的地形地貌、地质结构、土壤类型、土壤含水量、水文气象资料及航片、卫片等遥测资料；冰川、冰湖的基础资料。

3）社会经济情况数据库。冰川、冰湖分布区域内基础设施的分布、人口密度、GDP产值、城镇分布等资料，作为分析冰湖溃决洪水灾害对象及风险性的依据。

4）地理数据库及地理信息系统建立结合气象监测、预警规划进行。

（4）评估决策系统的建立

此系统是建立在对存在潜在危险冰湖溃决洪水的湖泊进行的。包括以下几个内容：①利用遥感数据影像LANDSAT、TM、ETM＋对冰川进行编目并分析确定潜在危险冰湖。②建立详细的潜在危险冰湖1∶1万或1∶5万的空间属性地理数据库。③对危险冰湖进行遥测，利用每年监测的卫星影像，对湖泊周围的地形及湖泊的不同要素的变化进行分析评价。④野外勘察，目的是对冰湖溃决洪水产生的危害提供决策依据。⑤对潜在危险冰湖进行多学科的综合研究分析。⑥对危险性较大的湖泊，制定减灾措施。⑦确定监测方法，开展常规监测。⑧在危险冰湖的下游及周围，安装水位、气象、地质、土壤含水量等必要的监测仪器设备，对湖泊进行监测。对监测数据采用多种途径进行整理分析，通过完整的预警发布系统，将冰湖溃决洪水带来的灾害降低到最大限度。⑨通过政府各级职能部门的相互协调，对可能产生的冰湖溃决洪水灾害进行防灾、减灾预案的制定。⑩建立区级、地（市）级冰湖溃决洪水灾害预测减灾分中心，结合气象监测、预警规划进行。

10.4　西藏冰雪灾害预报救灾指挥系统

10.4.1　建立的必要性和紧迫性

西藏自治区自1816—1934年间，共发生特大冰雪灾害25次，其中1827年西藏那曲地区和阿里地区普降前所未有的大雪，造成大量人畜死亡；1990年3—4月在藏南和那曲地区发生的特大冰雪灾害，导致200多万头牲畜死亡，部分牧户的牲畜全部死绝，拉萨市近10万人的肉食供应靠外省的支援，其经济损失达8亿元人民币。1995年2—3月在西藏那曲地区发生50年罕见的冰雪灾害，造成直接经济损失2亿元人民币。1997年11月—1998年4月发生在那曲、阿里等地区的冰雪灾害，更以其持续时间长，损失惨重而受到党和政府的高度重视。事实证明，冰雪灾害历来就是威胁西藏地区畜牧业生产的大敌，至今仍是制约西藏地区社会经济发展的主要障碍之一。

从自然属性而言，冰雪灾害是一种自然的天气和气候现象，其本身是不可避免的；但通过对其致灾因子、致灾过程和承灾体的研究，了解冰雪灾害发生的环境背景、成灾过程及对承灾体的影响，并借助于当今高新技术，特别是遥感与地理信息系统技术以及数值预报等方法，对冰雪灾害进行动态监测、预报和损失评估。为政府指挥防灾、抗灾和救灾提供科学、准确、快捷的决策支持，把冰雪灾害造成的损失减少到最低限度是完全可能的，其社会和经济效益将是十分可观的。

我国开展牧区雪灾研究已有多年，利用遥感数据、气象台站观测数据和社会经济数据等，在遥感与地理信息系统一体化技术支持下，对我国积雪强度特征和牧区雪灾的分级标准、危险程度等做了理论性和系统性研究。并在建立背景数据库的基础上，实现对试验区雪灾的动态监测。其结果可直接服务于政府部门的抗灾减灾决策。虽然我国的冰雪灾害研究已取得了长足的进展，但对于大范围冰雪灾害发生的机制及其与灾害环境的相互作用，灾害过程的实时监测，雪灾损失评估等工作尚处于试验阶段；对雪灾的早期预警，雪灾发展趋势预测等尚处于探索阶段和研究阶段。建立一个为政府部门制定防灾救灾规划、具体安排防灾救灾措施、合理安排和筹措救灾资金、布局灾后灾区恢复重建等目的的冰雪灾害预报救灾指挥系统具有重要的实际意义和社会意义。

10.4.2 冰雪灾害预报救灾指挥系统目标

通过对各种灾情机理的分析，建立冰雪灾害评估系统；利用遥感技术和地理信息系统动态监测灾害的产生、发展过程以及形成；在此基础上，建立冰雪灾害救灾指挥系统。提高西藏对冰雪灾害的快速反应能力及防范能力，将冰雪灾害造成的损失减少到最低点。

10.4.3 冰雪灾害预报救灾指挥系统建立

冰雪灾害预报救灾指挥系统由一个背景数据库和三个分系统组成，包括冰雪灾害的遥感动态监测系统、冰雪灾害评估系统和冰雪灾害实时预警系统。

（1）冰雪灾害背景数据库

冰雪灾害背景数据库是拟建立的三个系统的前提和基础。

根据西藏自治区的地域特点和冰雪灾害遥感监测、灾情评估、适时预报和救灾指挥的技术要求，冰雪灾害背景数据库的信息内容主要包括三个方面，一是地面实况数据（统计资料），二是有关专题图件的数字化信息（图形资料），三是不同时相的遥感数据。

◆ 地面实况数据包括以下内容：①社会经济（含牲畜种群结构、居民分布、交通与通讯等）统计数据；②历史与实时的气象观测资料；③草地资源现状资料；④历史时期冰雪灾害损失统计资料；⑤历次抗灾救灾能力背景数据。

◆ 专题图件的数字化信息包括：①基础图件；②专题图件（草地、水系、气候、交通、区划等）。

◆ 遥感数据包括 NOAA、TM 等。

◆ 冰雪灾害背景数据库实时更新

（2）冰雪灾害的遥感动态监测系统

西藏冰雪灾害的主要致灾因子是暴风雪、雪崩、冰湖溃决、泥石流等。要对这些致灾因子进行监测和评估，利用遥感监测是实施本项目的基本手段，是实时更新冰雪灾害背景数据库的主要途径，同时也是进行灾情评估和实施救灾指挥的前提条件和基本保证。主要研究内容有：①应用各种平台的多时相、多波段的遥感数据提取致灾因子，监测它们的动态变化；②遥感数据的获取和应用；③基于遥感动态监测的冰雪灾害预测模型。

（3）冰雪灾害评估系统

目前，灾害评估在国内外尚无一套完整的评估指标体系，也无完整的统计方法和标准。因此，需要在建立灾害损失评估的理论和方法的基础上，建立客观、科学的灾害损失评估系统。灾害的经济损失评估一般分为两部分进行：风险评估和灾害损失评估。风险评估是对灾害发生的可能性和灾害可能带来的危害程度进行客观评估；灾害损失评价是在灾害发生当中和之后做出的，为救灾规划、实施和指挥的基础。

灾害损失风险评价体系

围绕四个风险要素建立风险评估体系：①灾害发生的概率；②抗御灾害与规避灾害的可能性；③风险对象的易损度；④灾害强度，共有四个不同尺度。①最大强度；②最小强度；③平均强度、④风险对象在其所处灾害区所处位置的相对强度。

冰雪灾害损失评价体系

围绕以下要素建立损失评价体系：①人口受灾损失指标（受灾人数、户数、伤残与死亡人数）；②灾害经济损失指标（工业与农牧业）；③建筑业损失指标；④交通运输业损失指标；⑤其他间接或潜在损失指标（商业、医疗、金融等）

（4）冰雪灾害实时预警系统

（5）救灾指挥系统

10.5 西藏自治区冰雪灾害防灾预案编制

为了说明防灾减灾的重要性，尽最大可能减少冰雪灾害造成的危险和破坏，我们这里介绍西藏自治区编制的冰雪灾害防灾预案（草案），作为各方做好防、救、抗各项工作准备的参考方案。

冰雪灾害防灾预案是为预防冰雪灾害，事先做好防、救、抗各项工作准备的方案。

冰雪灾害和其他自然灾害一样，既具有自然属性，又有社会属性。由于冰雪成灾速度快，受灾区大多为经济相对不发达地区，人口分散，交通、通讯不便，预报、保护和救护难度大。冰雪灾害的防御多采用躲灾、避灾方法，房屋、公路和铁路应尽量避开冰雪灾害高风险区，成灾气象灾害发生时人应及时躲避。

“预案”制定的原则

（1）贯彻“安全第一，常备不懈，以防为主，防抗救相结合”的原则，落实行政首长负责制、分级管理责任制、分部门责任制、技术人员责任制和岗位责任制。

（2）反映各地冰雪灾害的致灾原因和致灾特点，对冰雪灾害主要是采取预防和避让措施，通过预案的实施，能切实保障人民生命安全，减少财产损失。

一、总则

为了规范我区冰雪灾害防治管理工作，指导各级政府、各单位有效预防冰雪灾害，在重大冰雪灾害发生时能迅速、有效地采取应急措施，避免和减少因冰雪灾害给我区经济和社会发展造成损失，特制定本预案。

二、组织机构及职责范围

成立以自治区主要领导负责的西藏自治区冰雪灾害防灾减灾指挥部，指挥部办公室设在自治区水利厅，与自治区防汛抗旱指挥部办公室合署办公。各级防汛抗旱指挥部为同级人民政府防灾减灾的指挥机构，负责人为各级政府主要负责人。各级计划、财政、水利、国土、气象、交通、广电、农业、林业、地矿、城建、乡（镇）等部门要在政府统一领导下，实行分级管理和分部门负责的原则，切实加强领导，履行各自职责，密切配合，协同作战，做好冰雪灾害的防御工作。防灾预警系统是涉及面广的社会性、公益性系统工作，在自治区政府的统一领导下，各级部门协同作战，才能做好防灾工作。

三、防灾措施

实行“属地管理、分级负责”的原则。

（一）加强预防措施

建立健全冰雪灾害防治工作领导体制和机制，加强冰雪灾害及其防治基本知识宣传和普及活动，加大新闻媒体对环境保护的宣传力度，切实增强全社会的防灾减灾意识。灾害多发区及重点灾害区负责人要熟知隐患点的冰雪灾害防灾预案。结合西藏冰雪灾害的实际情况，冰雪灾害的预防主要采取监测、避让、搬迁等措施。

（二）建立防灾监测预报预警系统

建立监测、通信及预警系统，是防治冰雪灾害一项重要的非工程措施。系统的建立将为提前预见冰雪害的发生，有效减少或避免冰雪灾害导致的人员伤亡和财产损失，提供重要支撑。充分利用现有气象站网、水文站网、地质灾害站网、通信系统及信息网络以及现有的预警信息分析、加工处理、产品制作系统。在此基础上，建立监测、通信及预警系统一体化的防灾体系。

通过详细调查，基本查明冰雪灾害危险点的分布状况，对于规模大、危害严重的灾害隐患点的监测，以专业队伍为主，群众配合，派专业技术人员，通过专门仪器进行监测；一般灾点，以群众监测为主，专业技术人员予以指导，可将监测与防治任务落实到具体单位和个人，由危险点所在乡镇选派责任心强的村民通过技术培训，成立监测组，制定岗位责任制，划分责任区，在专业队伍的指导下，开展简易监测，制定以人员和财产转移为主要内容的防灾预案。从县到乡，层层签订责任书，实行行政首长负责制和分级管理责任制，形成以群测群防为基础、专业性较强的站网式为先导、群专结合的预警预报体系。

在进一步完善群测群防网络的同时，重点加强站网式监测体系建设，利用相对成熟的理论和基本可靠的预报判据，对重要灾害危险点，采用高新技术，提高自动化水平，基本实现监测数据的适时采集、自动分析、自动预警和预报，最终建成基本完善的冰雪灾害防灾指挥系统。

（三）划分灾害范围，成立应急抢险队

成立以基层民兵为主体的应急抢险队，每个灾害点（村组）均需根据本区域地形及人员分布情况确定若干名信号发送员。调查本地区冰雪灾害的类型、特点，明确细化危险区、警戒区和安全区的范围，具体到村组、到人。调查“三区”范围内的村组、人口。依据地形特点、冰雪灾害类型、人口数量以及工程情况等，标明危险区、警戒区向安全区转移的路线，注明临时避灾的地点。划定成灾冰雪灾害等级，确定避灾的预警程序、规定预警信号和信号发送的手段和责任人、转移路线、转移人员安置办法和地点、转移安置任务的分工，制定人员转移安置的原则和纪律，转移后的生活安置、医疗等。

四、保障措施

在西藏自治区冰雪灾害防灾减灾指挥部的统一安排下，组织各级部门在汛期前后及对突发性冰雪灾害开展冰雪灾害调查、灾害监测预报、防灾预案修订等工作。坚持和完善汛期值班制度、险情巡查制度和灾情报告制度，做好冰雪灾害防治责任的鉴定、协调好冰雪灾害基本知识的宣传教育工作。

成立以国土、水利、气象、交通等部门组成的汛期防灾检查组，加强落实冰雪灾害的监测工作，对已布置的监测点要继续监测、作好记录，对变形逐步加剧的灾害体要实行汛期24小时值班巡查制，作好临灾预报，避免人员伤亡和财产损失；检查组每到一处应积极向各级领导及群众宣传防灾知识，并向当地群众讲解冰雪灾害观察判别方法，让群众认识冰雪、洪水、泥石流等灾害，特别是灾害前兆；现场传授和指导危险区群众在紧急情况下采用什么方式和路线撤离避险；并将其制作成“明白卡”发放到危险区群众手中。检查各危险区的主要冰雪灾害点及突发性冰雪灾害，对突发性冰雪灾害应调查灾害类型、规模、位置、成因、稳定性、危害性、受灾损失、编制防灾预案等，调查后应迅速写出调查报告，报上级主管部门。对已有冰雪灾害点应着重检查其有无新的变形迹象及防灾预案的落实情况，并收集监测资料；通过汛期检查，将重大冰雪灾害点防灾预案落到实处。指导群众抗灾救灾，并完善乡（镇）、村的群专结合及群测群防体系，层层落实，责任到人。

根据各地具体情况，为灾害区群众办理人身财产保险，减少因灾害造成的损失。充分利用监测网络通信、110、119、120等通信平台，快速准确地反馈灾害信息，为救灾提供第一时间准备。

五、临灾和灾后应急措施

根据冰雪灾害突发性和点状分布的特点，一旦发生冰雪灾害先兆或灾害，应采取以下措施：

（1）当地人民政府立即实施防灾预案中预定的报警、疏散、避灾、应急抢险方案，采取果断措施作出应急处理，并立即上报上级人民政府和西藏自治区冰雪灾害防灾减灾指挥部办公室。

（2）抢险救灾指挥机构应在第一时间进入现场，了解灾害发生的原因，分析灾情趋势，果断采取措施，防止灾情扩大，有条不紊的按预案实施避灾和抢险救灾，最大限度地减少灾害损失。凡已发生的灾害点，都要有专题调查报告，报上级人民政府和西藏自治区冰雪灾害防灾减灾指挥部。

（3）各级政府要积极组织领导灾区群众在灾后尽快恢复生产、生活设施。同时，作出冰雪灾害防治对策，该搬迁的，坚决搬迁；该实施治理工程的，必须筹措资金予以治理，确保人民生命财产安全。

主要参考文献

蔡琳，陈赞廷．中国江河冰凌．郑州：黄河水利出版社，2008

车涛，晋锐，李新等．近 20a 来西藏朋曲流域冰湖变化及潜在溃决冰湖分析．冰川冻土，2004，**26**（4）：397-402

车涛，李新，Mool P K 等．西夏邦马峰东坡冰川与冰湖泊变化的遥感监测．冰川冻土，2005，**27**（6）：801-805

陈仁升，康尔泗，吴立宗等．中国寒区分布探讨．冰川冻土，2005，**27**（4）：470-475

陈兴芳．1995-1996 年冬季高原地区雪灾气候分析．气象，1997，**23**（6）：40-43

陈储军，刘明，张帜．西藏年楚河冰川终碛湖溃决条件及洪水估算．冰川冻土，1996，**18**（4）：347-352

陈晓清，崔鹏，杨忠，齐永青．喜马拉雅山中段波曲流域冰湖溃决危险性分析与评估．冰川冻土，2007，**29**（4）：509-516

崔鹏，马东涛，陈宁生等．冰湖溃决泥石流的形成、演化与减灾对策．第四纪研究，2003，**23**（6）：621-628

董文杰，韦志刚，范丽军．青藏高原东部牧区雪灾的气候特征分析．高原气象，2001，**20**（4）：402-406

高治定，张建，彭彦铭，宋伟华．江河凌汛期冰凌洪水分类问题探讨．黄河规划设计，2007（2）

高治定，张志红，宋伟华. 中国江河凌汛概况. 黄河规划设计，2007（3）

郝璐，王静爱，满苏尔，杨春燕．中国雪灾时空变化及畜牧业脆弱性分析．自然灾害学报，2002，**11**（4）：42-48

郝璐，王静爱，史培军等．草地畜牧业雪灾脆弱性评价—以内蒙古牧区为例．自然灾害学报，2003，**12**（2）：512-571

郝璐，高景民，杨春燕．草地畜牧业雪灾灾害系统及减灾对策研究．草业科学，2006，**23**（6）：48-54

胡中明．中高纬暴雪形成的统计分析和机理研究．南京：南京气象学院硕士学位论文，2003：1-80

可素娟，王敏，饶素秋等．黄河冰凌研究．郑州：黄河水利出版社，2002

侯新闻，刘继雪，刘小红．2002-2003 年黄河山东河段凌汛特点分析．冰川冻土，2003，**25**（S2）：255-257

李培基．青藏高原雪灾时空分布特征．见：牧区雪灾的分析研究．北京：气象出版社，1998：15-18

李硕，冯学智，左伟．西藏那曲牧区雪灾区域危险度的模糊综合评价研究．自然灾害学报，

2001，**10**（1）：86-91

李秀芬，朱教君，贾燕等．2007年辽宁省特大暴风雪形成过程与危害．生态学杂志，2007，**26**（8）：1250-1258

刘潮海．西藏喜马拉雅山区冰湖及其溃决特征．见：第四届全国冰川冻土学术会议论文集（冰川学）．北京：科学出版社，1990：141-150

刘翠杰，刘月英，马雪梅等．松花江凌汛．冰川冻土，2003，**25**（S2）：262-265

刘景时．天山南坡昆马力克河冰川阻塞湖暴发洪水及其对河流水情的影响．水文，1993，**1**：25—29

秦大河．我国冰冻圈动态过程及其对气候、水文和生态的影响机理与适应对策．国家重点基础研究发展计划（973计划）项目申请书，2007

潘正彬，王瑞红．黄河游荡性河道河冰防御措施探讨．冰川冻土，2003，**25**（S2）：245-249

沈永平．气候变化热门话题丛书——冰川．北京：气象出版社，2003：1-105

沈永平，王顺德，王国亚等．塔里木河流域冰川洪水对全球变暖的响应．气候变化研究进展，2006，**2**（1）：32-35

沈永平，丁永建，刘时银等．近期气温变暖 叶尔羌河冰湖溃决洪水增加．冰川冻土，2004，**26**（2）：234

施雅风，姚檀栋，黄茂桓等．中国冰川与环境．北京：科学出版社，2000

施雅风．中国冰川概论．北京：科学出版社，1988

施雅风，沈永平，李栋梁等．中国西北气候由暖干向暖湿转型问题评估．北京：气象出版社，2003，1-148

孙冬，肖迪芳，孙晓俊．额尔古纳河坝凌汛．黑龙江水专学报，2006，**33**（2）：53-55

辛晓冬，姚檀栋，叶庆华等．1980-2005年藏东南然乌湖流域冰川湖泊变化研究．冰川冻土，2009，**31**（1）：19-26

王静爱，孙恒，徐伟等．近50年中国旱灾的时空变化．自然灾害学报，2002，**11**（2）：1-6

王欣，刘时垠．冰碛湖溃决灾害研究与进展．冰川冻土，2007，**29**（4）：626-635

王彦龙．中国雪崩研究．北京：海洋出版社，1992：1-244

魏向阳，李旭东，蔡彬．小浪底水库运用后黄河下游防凌问题分析．冰川冻土，2003，（S2）：241-244

肖迪芳，刘之平，郭军，李桂芬．嫩江上游冰坝凌汛的计算和预报．冰川冻土，2003，（S2）：273-278

谢自楚，И. В. 谢维尔斯基，张志忠等．天山积雪与雪崩．长沙：湖南师范大学出版社，1996：1-174

徐道明，冯清华．西藏喜马拉雅山区危险冰湖及其溃决特征．地理学报，1989，**44**（3）：343-352.

颜亮东，李凤霞，何彩青，周秉荣，伏洋．青海高原牧区雪灾等级预警方法研究．青海气象，2006，（2）：12-16

应成亮．公路风吹雪雪害防治技术研究．长春：吉林大学交通学院博士论文，2007
张祥松，施雅风．中国的冰雪灾害及其发展趋势．自然灾害学报，1996，**5**（2）：76-85
张祥松，周聿超等．喀喇昆仑山叶尔羌河冰川湖突发洪水研究．北京：科学出版社，1989
赵敬红，张志云．天津地区大到暴雪对城市交通的影响评估分析．见：中国气象学会 2008 年年会论文集．北京：中国气象学会，2008：2344-2347
中国气象局．中国气象灾害大典（综合卷）．北京：气象出版社，2007
中国气象局．中国气象灾害图集．北京：气象出版社，2007
中国气象局．中国气象局第 16 号令《气象灾害预警信号发布与传播办法》，2007
周秉荣，李凤霞，申双和等．青海高原雪灾预警模型与 GIS 空间分析技术应用．应用气象学报，2007，**18**（3）：373-379
周陆生，汪青春，李海红等．青藏高原东部牧区大-暴雪过程雪灾灾情适时预评估方法的研究．自然灾害学报，2001，**10**（2）：58-65
周陆生，李海红，汪青春．青藏高原东部牧区大—暴雪过程及雪灾分布的基本特征．高原气象，2000，**19**（4）：450-458
周石硚，谢自楚．雪崩危险度评价的类型、特征和方法．自然灾害学报，2003，**12**（2）：45-50
周聿超．新疆河流水文水资源．乌鲁木齐：新疆科技卫生出版社，1999
Huggel C，Kääb A，Haeberli W，*et al*. Remote sensing based assessment of hazards from glacier lake outbursts：A case study in the Swiss Alps. *Can. Geotech. J.*，2002，**39**：316-330.
LIGG/WECS/NEA. Report on First Expedition to Glaciers and Glacier Lakes in the Pumqu (Arun) and Poiqu (Bhote-Sun Kosi) river basins，Xizang (Tibet)，China，Sino-Nepalese Investigation of Glacier Lake Outburst Floods in the Himalayas. Beijing，China：Science Press. 1988.
Mckillop R J，Clague J J. A procedure for making objective preliminary assessments of outburst flood hazard from moraine-dammed lakes in southwestern British Columbia. *Nat Hazards*，2006，DOI 10.1007/s11069-006-9028-7.